信息技术人才培养系列规划教材

慕课版

立体化服务，从入门到精通

C语言程序设计案例教程

王正万 刘日辉 盛魁 ◎ 主编　冯莹莹 郭洪涛 莫兵 ◎ 副主编
明日科技 ◎ 策划

人 民 邮 电 出 版 社
北 京

图书在版编目（CIP）数据

C语言程序设计案例教程 ： 慕课版 / 王正万, 刘日辉, 盛魁主编. -- 北京 ： 人民邮电出版社, 2020.6(2022.1重印)
信息技术人才培养系列规划教材
ISBN 978-7-115-52679-3

Ⅰ. ①C… Ⅱ. ①王… ②刘… ③盛… Ⅲ. ①C语言－程序设计－高等职业教育－教材 Ⅳ. ①TP312.8

中国版本图书馆CIP数据核字(2019)第259672号

内容提要

本书作为C语言程序设计案例教程，系统全面地介绍了C语言程序开发所涉及的各类知识。全书共分12章，内容包括搭建C语言环境、C语言基础、C语言核心技术、C语言常用算法案例、模拟ATM机界面程序、单词背记闯关练习、学生成绩管理系统、企业雇员管理系统、STC火车订票系统、手机通信云管家、趣味俄罗斯方块游戏、防空大战游戏。全书前3章主要讲解C语言开发必备的基础知识，第4章介绍常用的算法案例，后面8章分别讲解了8个案例，以帮助读者熟悉项目开发流程、增加项目开发经验，达到学以致用的目的。

本书是慕课版教材，各章节都配备了以二维码为载体的教学视频，并且在人邮学院（www.rymooc.com）平台上提供了慕课。此外，本书还提供所有实例和项目的源代码、制作精良的电子课件PPT、基础知识视频讲解、项目开发完整视频讲解。其中，源代码全部经过精心测试，能够在Windows 7、Windows 8、Windows 10系统下编译和运行。

本书可作为应用型本科计算机专业、软件工程专业和高职软件专业及相关专业的教材，同时也适合C语言爱好者和初、中级的C语言项目开发人员参考使用。

◆ 主　　编　王正万　刘日辉　盛　魁
副 主 编　冯莹莹　郭洪涛　莫　兵
责任编辑　李　召
责任印制　王　郁　陈　犇
◆ 人民邮电出版社出版发行　　北京市丰台区成寿寺路11号
邮编　100164　　电子邮件　315@ptpress.com.cn
网址　https://www.ptpress.com.cn
固安县铭成印刷有限公司印刷
◆ 开本：787×1092　1/16
印张：17.25　　2020年6月第1版
字数：472千字　　2022年1月河北第2次印刷

定价：59.80元

前言 Foreword

为了让读者能够快速且牢固地掌握C语言开发技术，人民邮电出版社充分发挥在线教育方面的技术优势、内容优势、人才优势，潜心研究，为读者提供一种“纸质图书+在线课程”相配套，全方位学习C语言开发的解决方案。读者可根据个人需求，利用图书和“人邮学院”平台上的在线课程进行系统化、移动化的学习，以便快速全面地掌握C语言开发技术。

一、如何学习慕课版课程

本课程依托人民邮电出版社自主开发的在线教育慕课平台——人邮学院（www.rymooc.com），该平台为学习者提供优质、海量的课程，课程结构严谨，用户可以根据自身的学习程度，自主安排学习进度，并且平台具有完备的在线“学习、笔记、讨论、测验”功能。人邮学院为每一位学习者，提供完善的一站式学习服务（见图1）。

图1　人邮学院首页

为使读者更好地完成慕课的学习，现将本课程的使用方法介绍如下。

1. 用户购买本书后，找到粘贴在书封底上的刮刮卡，刮开，获得激活码（见图2）。

2. 登录人邮学院网站（www.rymooc.com），或扫描封面上的二维码，使用手机号码完成网站注册（见图3）。

图2　激活码

图3　注册人邮学院网站

3. 注册完成后，返回网站首页，单击页面右上角的“学习卡”选项（见图 4），进入“学习卡”页面（见图 5），输入激活码，即可获得该慕课课程的学习权限。

图 4　单击“学习卡”选项

图 5　在“学习卡”页面输入激活码

4. 获得该课程的学习权限后，读者可随时随地使用计算机、平板电脑、手机学习本课程的任意章节，根据自身情况自主安排学习进度（见图 6）。

5. 在学习慕课课程的同时，阅读本书中相关章节的内容，巩固所学知识。本书既可与慕课课程配合使用，也可单独使用，书中主要章节均放置了二维码，用户扫描二维码即可在手机上观看相应章节的视频讲解。

6. 学完一章内容后，可通过精心设计的在线测试题，查看知识掌握程度（见图 7）。

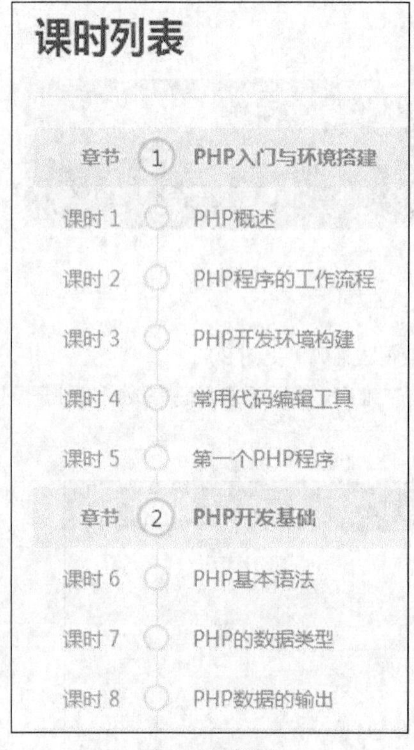

图 6　课时列表

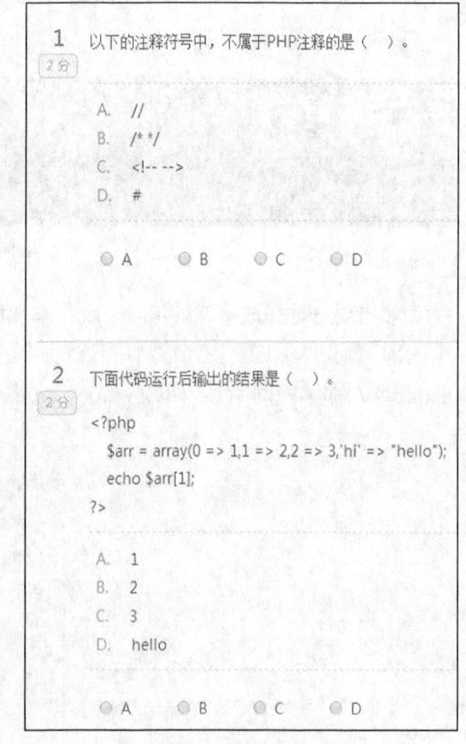

图 7　在线测试题

7. 如果对所学内容有疑问，还可到讨论区提问，除了有大牛导师答疑解惑以外，同学之间也可互相交流学习心得（见图 8）。

8. 书中配套的 PPT、源代码等教学资源，用户也可在该课程的首页找到相应的下载链接（见图 9）。

关于人邮学院平台使用的任何疑问，可登录人邮学院咨询在线客服，或致电：010-81055236。

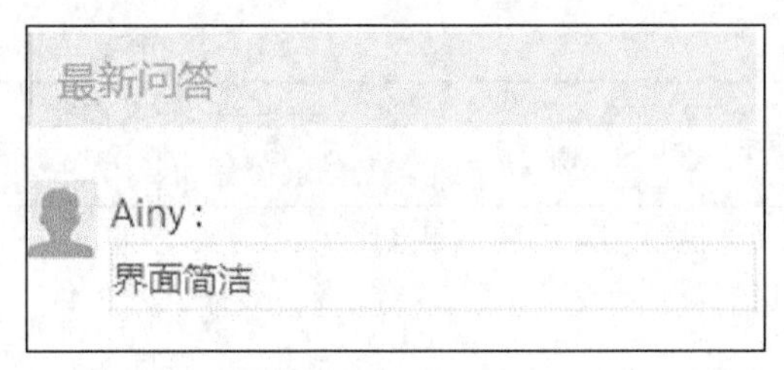

图 8　讨论区

资料区

文件名	描述	课时	时间
素材.rar		课时1	2015/1/26 0:00:00
效果.rar		课时1	2015/1/26 0:00:00
讲义.ppt		课时1	2015/1/26 0:00:00

图 9　配套资源

二、本书特点

C 语言是一门基础且通用的计算机程序设计语言，具有高级语言和汇编语言的特性。C 语言可以广泛应用于不同的操作系统，如 UNIX、MS-DOS、Microsoft Windows 及 Linux 等，还可以应用于很多硬件开发，例如，嵌入式系统的开发。由于 C 语言是一门相对简单易学且比较基础的程序设计语言，因此 C 语言一直受到广大编程人员的青睐，是编程初学者首选的一门程序设计语言。

在当前的教育体系下，案例教学是计算机语言教学的最有效的方法之一，本书将以案例为主线，讲解 C 语言项目开发的各个方面。

本书作为教材使用时，课堂教学建议 40～48 学时。各章主要内容和学时建议分配如下，教师可以根据实际教学情况进行调整。

章	主 要 内 容	课堂学时
第 1 章	搭建 C 语言环境，包括 C 语言简介、搭建 C 语言开发环境、熟悉 Dev C++开发工具	1～2
第 2 章	C 语言基础，包括数据类型、常量、变量、表达式与运算符、选择语句、循环语句、跳转语句、数组	3～4
第 3 章	C 语言核心技术，包括函数、指针、结构体、结构体数组、结构体指针、共用体	5～6
第 4 章	C 语言常用算法案例，包括排序算法、查找算法、经典算法、计算机等级考试算法实例	3～4
第 5 章	模拟 ATM 机界面程序，包括需求分析、系统设计、技术准备、公共类设计、欢迎模块设计、输入密码模块设计、取钱模块设计、退出系统模块设计、运行项目	3～4
第 6 章	单词背记闯关练习，包括需求分析、系统设计、技术准备、公共类设计、预处理模块设计、开始界面设计、积分规则界面设计、显示最高分设计、系统逻辑设计、显示结果界面设计	3
第 7 章	学生成绩管理系统，包括需求分析、系统设计、公共类设计、功能选择界面设计、录入学生成绩信息设计、查询学生成绩信息设计、删除学生成绩信息设计、修改学生成绩信息设计、插入学生成绩信息设计、统计学生人数设计	3
第 8 章	企业雇员管理系统，包括需求分析、系统设计、技术准备、公共类设计、系统初始化设计、系统登录设计、主界面功能菜单设计、添加员工信息设计、删除员工信息设计、查询员工信息设计、修改员工信息设计、统计员工信息设计、系统密码重置设计	4
第 9 章	STC 火车订票系统，包括需求分析、系统设计、公共类设计、主函数设计、输入模块设计、查询模块设计、订票模块设计、修改模块设计、显示模块设计、保存模块设计	4

续表

章	主 要 内 容	课堂学时
第 10 章	手机通信云管家，包括需求分析、系统设计、公共类设计、功能菜单设计、通信录录入设计、通信录查询设计、通信录删除设计、通信录显示设计、通信录数据保存设计、数据加载设计	3 ~ 4
第 11 章	趣味俄罗斯方块游戏，包括需求分析、系统设计、技术准备、公共类设计、功能菜单设计、游戏主窗体设计、游戏逻辑设计、开始游戏、游戏按键说明模块、游戏规则介绍模块、退出游戏	4 ~ 5
第 12 章	防空大战游戏，包括需求分析、系统设计、技术准备、公共类设计、游戏主窗体设计、碰撞检测设计、开始游戏设计、为游戏应用添加图标	4 ~ 5

由于编者水平有限，书中难免存在不足之处，敬请广大读者批评指正。

编者

2020 年 3 月

目录
Contents

PART01

第1章

搭建C语言环境

本章知识要点

- C 语言的发展历史及特点
- Dev C++的下载与安装
- 如何创建第一个 C 语言程序
- C 语言程序的基本元素
- Dev C++开发工具

C 语言是一门基本的计算机语言，它在计算机教育和应用中发挥着非常重要的作用。作为进入编程领域的入门语言，其开发工具有多种，如记事本、VC++ 6.0、Visual Studio、Dev C++等，本书使用 Dev C++作为开发工具来编写和执行C语言程序。本章将对Dev C++开发工具的使用以及C语言程序的基本组成元素进行讲解。

1.1 C 语言简介

C 语言是一种面向过程的语言，同时具有高级语言和汇编语言的优点。对于大多数程序员来说，C 语言是学习编程的首选语言。本节对 C 语言的发展历史和特点进行简单介绍。

1.1.1 C 语言的发展历史

从程序语言的发展过程可以看到，以前的操作系统等系统软件主要是用汇编语言编写的。但由于汇编语言依赖于计算机硬件，程序的可读性和可移植性都不是很好，为了提高可读性和可移植性，人们开始寻找另一种语言。这种语言应该既具有高级语言的特性，又不失低级语言的优点。于是，C 语言产生了。

C 语言是在 UNIX 的开发者丹尼斯·里奇（Dennis Ritchie）和肯·汤普逊（Ken Thompson）于 1970 年开发出的 BCPL 语言（简称 B 语言）的基础上发展和完善起来的。19 世纪 70 年代初期，AT&T 公司贝尔实验室的程序员丹尼斯·里奇第一次把 B 语言改为 C 语言。

最初，C 语言运行于 AT&T 公司的多用户、多任务的 UNIX 操作系统上。后来，丹尼斯·里奇用 C 语言改写了 UNIX C 的编译程序，UNIX 操作系统的开发者肯·汤普逊又用 C 语言成功地改写了 UNIX，开创了编程史上的新篇章。UNIX 成为第一个不是用汇编语言编写的主流操作系统。

美国国家标准委员会（American National Standards Institute，ANSI）对 C 语言进行了标准化，于 1983 年颁布了第一个 C 语言标准草案，后来于 1987 年又颁布了另一个 C 语言标准草案，最新的 C 语言标准 C99 于 1999 年颁布，并在 2000 年 3 月被 ANSI 采用。但是由于未得到主流编译器厂家的支持，C99 并未得到广泛使用。

尽管 C 语言是在大型商业机构和学术界的研究实验室研发的，但是在开发者们为第一台个人计算机提供 C 编译系统之后，C 语言就得以广泛传播，并为大多数程序员所接受。MS-DOS 操作系统的系统软件和实用程序都是用 C 语言编写的。Windows 操作系统大部分也是用 C 语言编写的。

C 语言可以广泛应用于不同的操作系统，如 UNIX、MS-DOS、Microsoft Windows 及 Linux 等。

1.1.2 C 语言的特点

C 语言是一种通用的程序设计语言，主要用来进行系统程序设计，具有如下特点。

1. 高效性

谈到高效性，不得不说 C 语言是“鱼与熊掌”兼得。从 C 语言的发展历史也可以看到，它继承了低级语言的优点，产生了高效的代码，并具有友好的可读性和编写性。一般情况下，C 语言生成的目标代码的执行效率只比汇编程序低 10%~20%。

2. 灵活性

C 语言的语法不拘一格，可在原有语法基础上进行创造、复合，从而给程序员更多的想象和发挥的空间。

3. 功能丰富

除了 C 语言中原有的类型，开发者还可以使用丰富的运算符和自定义的结构类型，来表达任何复杂的数据类型，完成所需要的功能。

4. 表达力强

C 语言的特点体现在它的语法形式与自然语言的语法形式相似，书写形式自由，结构规范，并且只需简单的控制语句即可轻松控制程序流程，完成烦琐的程序要求。

5. 移植性好

由于 C 语言具有良好的移植性，因此 C 程序只需要简单修改或者不用修改即可进行跨平台的程序开发操作。

正是由于C语言拥有上述优点，因此它在程序员中备受青睐。

1.2 搭建C语言开发环境

1.2.1 Dev C++的下载与安装

Dev C++是Windows环境下C/C++的集成开发工具。该工具包括多页面窗口、工程编辑器以及调试器等，工程编辑器集合了编辑器、编译器、链接程序和执行程序，并提供高亮语法显示，以减少编辑错误，能满足初学者与编程高手的不同需求，是学习C或C++的首选开发工具。本节将对Dev C++的下载及安装进行详细讲解。

1. 下载Dev C++

下面介绍下载Dev C++的方法，具体步骤如下。

（1）打开百度，在搜索框中输入“Dev C++”，按回车键，搜索结果如图1-1所示。

（2）单击搜索结果中的第一条记录，进入网站，单击“Download”按钮进行下载，如图1-2所示。

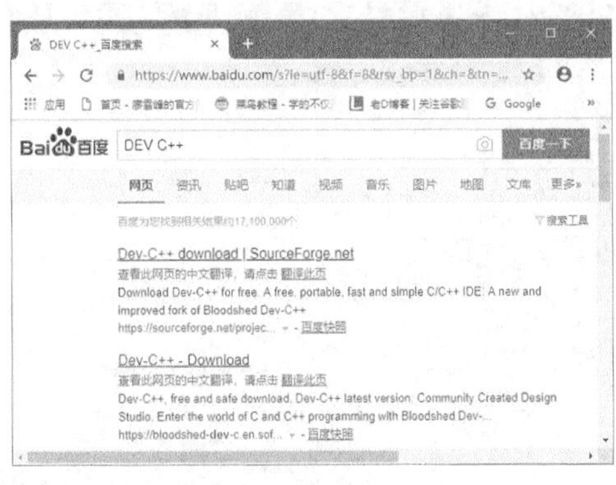

图1-1 搜索Dev C++

图1-2 下载Dev C++

2. 安装Dev C++

在Windows 10下，安装Dev C++的步骤如下。

（1）双击已下载完毕的安装文件，进入Dev C++的安装向导对话框。首先是Installer Language对话框，用来选择语言环境，这里选择“English”，单击“OK”按钮，如图1-3所示。

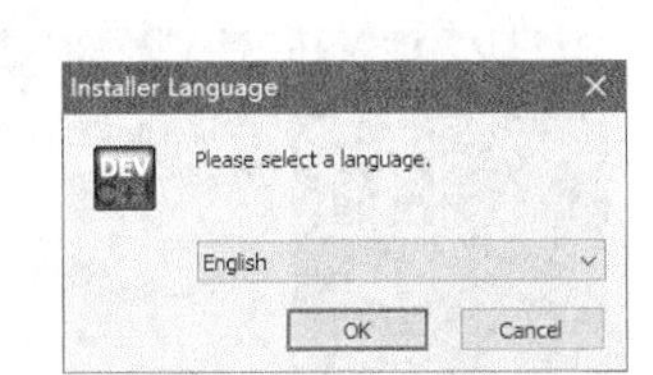

图1-3 Installer Language对话框

（2）进入License Agreement对话框，直接单击“I Agree”按钮同意许可协议，如图1-4所示。

（3）进入Choose Components对话框，在该对话框中可以选择要安装的组件，这里采用默认设置，直接单击“Next”按钮，如图1-5所示。

（4）进入Choose Install Location对话框，在该对话框中可以选择要安装的路径，选择完安装路径后，单击“Install”按钮，如图1-6所示。

（5）进入Installing对话框，该对话框中显示安装进度，如图1-7所示。

（6）所有组件安装完成后，自动进入安装完成对话框，如图1-8所示，单击“Finish”按钮即可。

3. 启动并配置Dev C++

安装完Dev C++之后，就可以使用了。通过双击桌面上的Dev-C++快捷方式图标，或者在开始菜单中找到 Dev-C++，就可以启动 Dev C++。在第一次启动时，需要对其进行配置，步骤如下。

（1）首先选择要使用的语言，这里选择“简体中文/Chinese”，单击“Next”按钮，如图 1-9 所示。

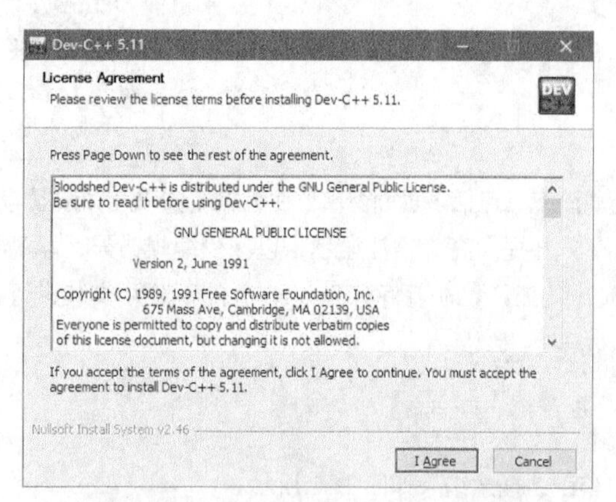

图 1-4　License Agreement 对话框

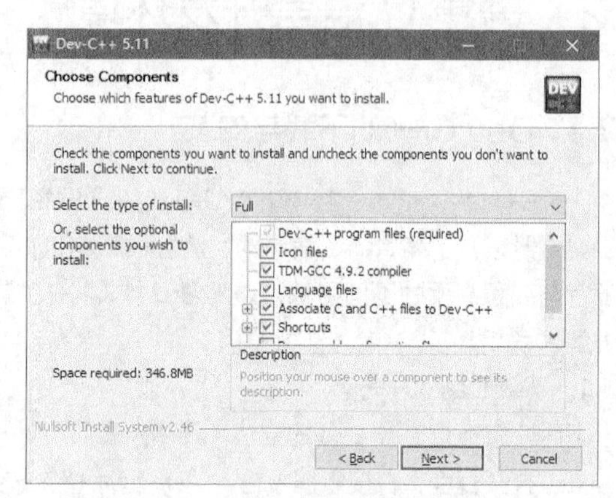

图 1-5　Choose Components 对话框

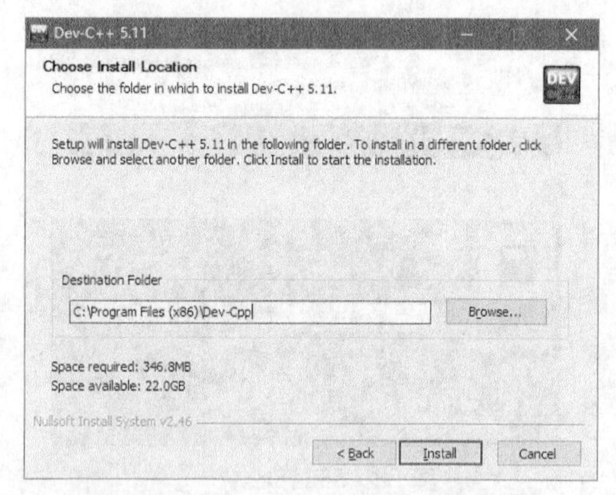

图 1-6　Choose Install Location 对话框

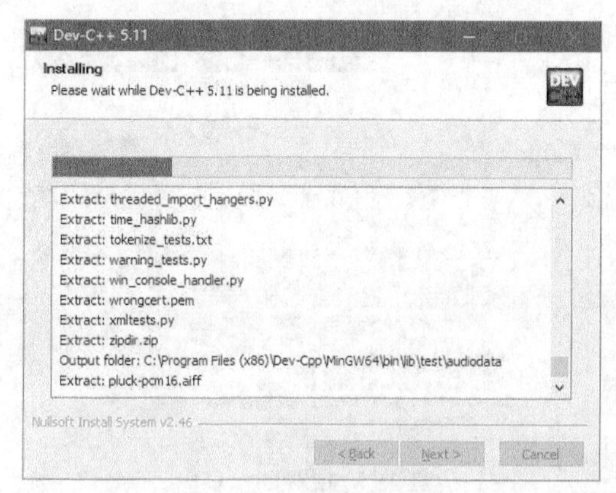

图 1-7　Installing 对话框

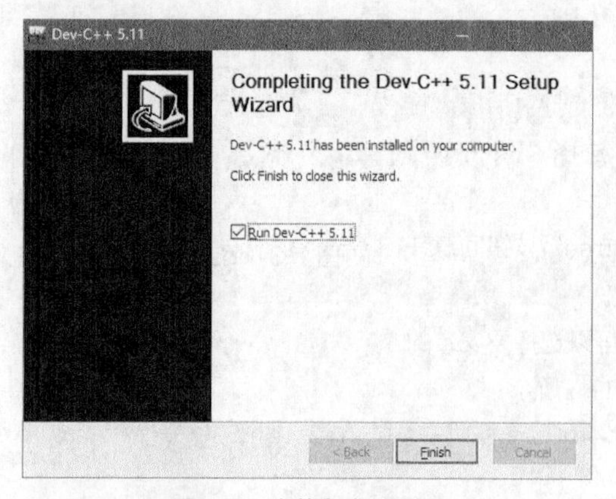

图 1-8　安装完成对话框

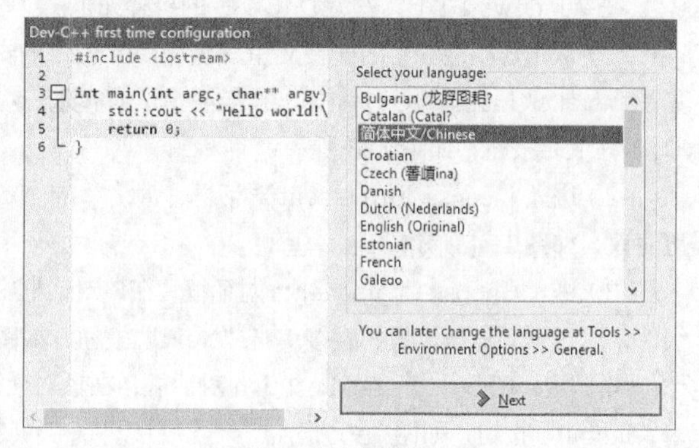

图 1-9　设置语言

（2）选择要使用的主题，这里可以对字体、颜色和图标进行设置，如图 1-10 所示，设置完成后，单击“Next”按钮。

（3）完成 Dev C++的设置，并单击“OK”按钮，启动 Dev C++，如图 1-11 所示。

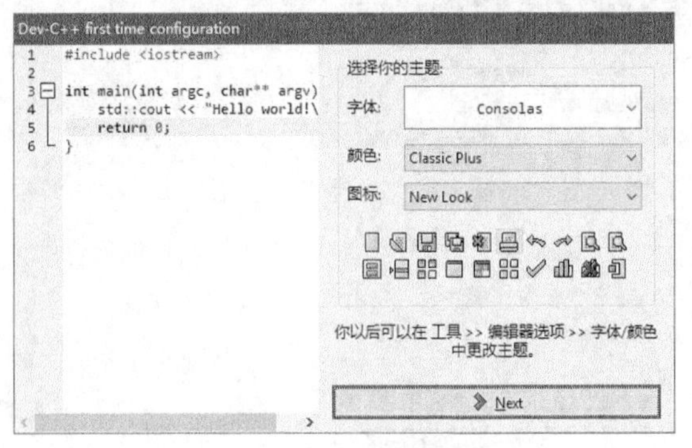

图 1-10　设置主题

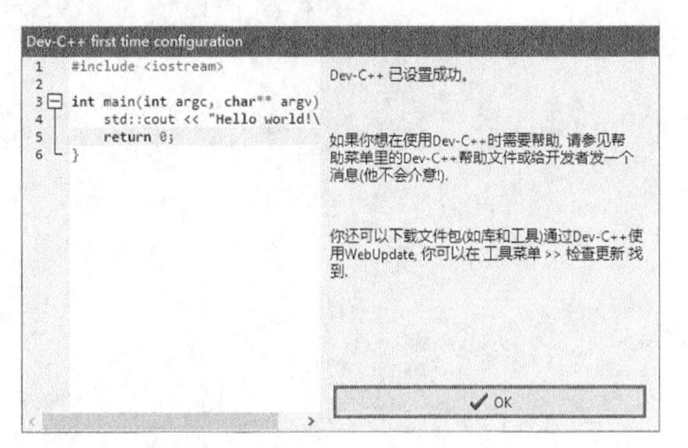

图 1-11　完成 Dev C++的设置

1.2.2　第一个 C 语言程序

使用 Dev C++创建第一个 C 语言程序的步骤如下。

（1）打开 Dev C++开发工具，在菜单中选择“文件”→“新建”→“源代码”，如图 1-12 所示。

（2）在 Dev C++开发工具的右侧出现一个“未命名 1”空白区域，如图 1-13 所示，该区域即可编写 C 语言代码。

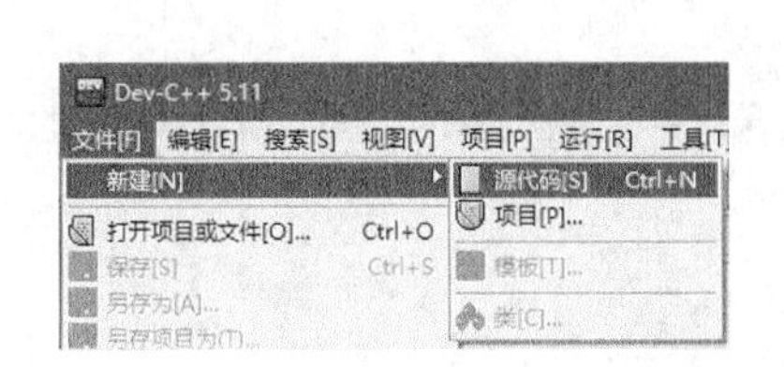

图 1-12　选择“文件”→“新建”→“源代码”

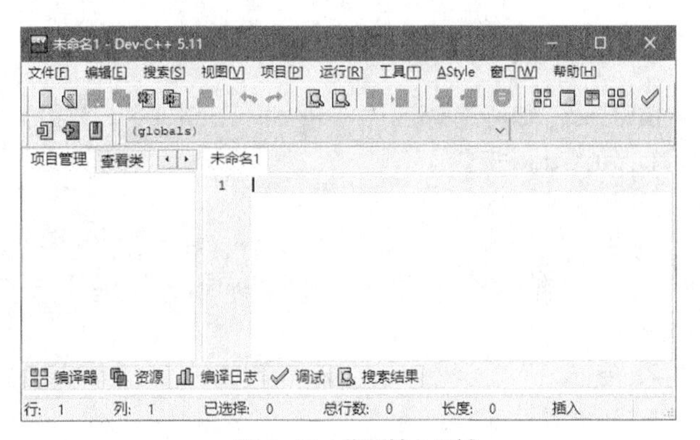

图 1-13　代码输入区域

在图 1-13 所示的代码输入区域输入下面的代码：

```
#include<stdio.h>

int main()
{
    printf("Hello,world! I'm coming!\n");     /*输出要显示的字符串*/
    return 0;                                 /*程序返回0*/
}
```

（3）按下组合键 Ctrl+S，弹出对话框。在该对话框中，首先在“保存类型”列表中选择“C source files（*.c）”，然后在“文件名”文本框中输入要保存的 C 语言程序名称，单击“保存”按钮，如图 1-14 所示。

（4）通过上面的步骤即可创建一个 C 语言程序。接下来需要对该程序进行编译和运行，编译和运行分别单击 Dev C++开发工具工具栏中的相应按钮即可，如图 1-15 所示。

程序运行结果如图 1-16 所示。

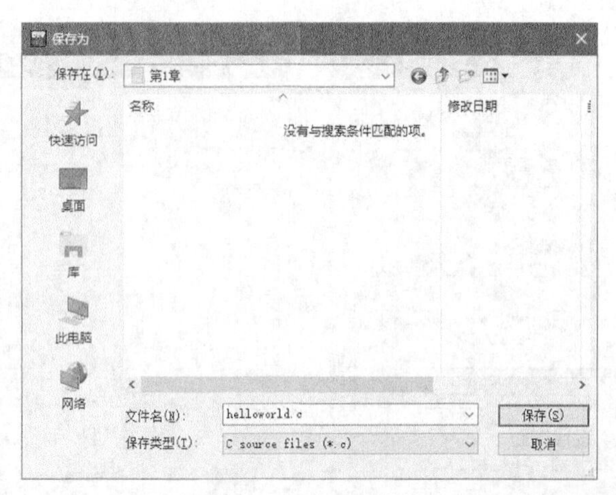

图 1-14　保存程序

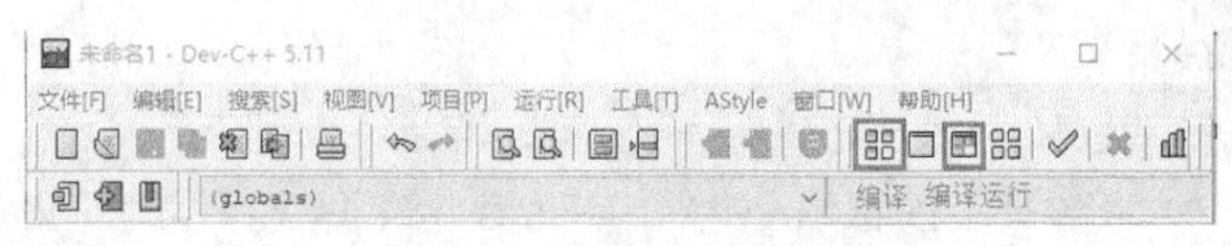

图 1-15　编译和运行程序

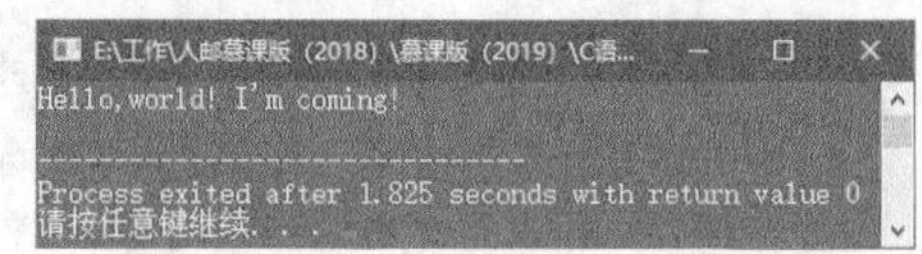

图 1-16　一个简单的 C 程序

1.2.3　C 语言程序的基本元素

前面讲解了如何创建第一个 C 语言程序，本节将以该程序为例对 C 语言程序的基本组成元素进行讲解。

1. #include 指令

前面代码中的第 1 行：

```
#include<stdio.h>
```

这个语句的功能是进行相关的预处理操作。include 称为文件包含命令，后面尖括号中的内容称为头部文件或首文件。

2. 空行

代码中的第 2 行为空行。

C 语言是较灵活的语言，因此格式并不是固定不变、拘于一格的。也就是说，空格、空行、跳格并不会影响程序。有的读者就会问：为什么要有这些多余的空格和空行呢？其实这就像生活中在纸上写字一样，虽然拿来一张白纸就可以在上面写字，但是通常还会在纸的上面印上一行一行的方格或横线，隔开每一行文字，以求美观和规范。合理、恰当地使用空格、空行，可以使编写出来的程序更加规范，有利于日后的阅读和整理。在此也提醒读者，在写程序时最好将程序书写得规范、干净。

不是所有的空格都没有用，两个关键字之间的空格（如 else if）如果去掉，程序就不能通过编译。这里先进行一下说明，读者在以后章节的学习中会慢慢领悟。

3. main 函数声明

代码中的第 3 行：

```
int main()
```

这一行代码代表的意思是声明 main 函数为一个返回值是整型的函数。其中的 int 称为关键字，这个关键字代表的类型是整型。

函数中这一部分称为函数头。每一个程序中都会有一个 main 函数，那么 main 函数起什么作用呢？main 函数就是一个程序的入口部分。也就是说，程序都是从 main 函数头开始执行的，然后进入到 main 函数中，执行 main 函数中的内容。

4．函数体

代码中的第 4～7 行：

```
{
    printf("Hello,world! I'm coming!\n");            /*输出要显示的字符串*/
    return 0;                                         /*程序返回0*/
}
```

上面介绍 main 函数时，提到了一个名词——函数头。读者通过这个词可以进行一下联想：既然有函数头，那也应该有函数的身体吧？没错，一个函数分为两个部分：一是函数头；一是函数体。

代码中的第 4 行和第 7 行这两个大括号括起了函数体，函数体也可以称为函数的语句块。第 5 行和第 6 行这一部分就是函数体中要执行的内容。

5．执行语句

代码中的第 5 行：

```
printf("Hello,world!I'm coming!\n");                  /*输出要显示的字符串*/
```

执行语句就是函数体中要执行的内容。这行代码是这个简单的例子中最复杂的，但虽然看似复杂，其实也不难理解，printf()是产生格式化输出的函数，可以简单理解为向控制台输出文字或符号。括号中的内容称为函数的参数，也就是要输出的内容。

6．return 语句

代码中的第 6 行：

```
return 0;
```

这行语句使 main 函数终止运行，并向操作系统返回一个整型常量 0。前面介绍 main 函数时，说过返回值是整型，此时 0 就是要返回的整型值。在此处可以将 return 理解成 main 函数的结束标志。

7．注释

在程序的第 5 行和第 6 行后面都可以看到关于这行代码的文字描述：

```
printf("Hello,world! I'm coming!\n");                 /*输出要显示的字符串*/
return 0;                                              /*程序返回0*/
```

这类对代码的解释描述称为代码的注释。代码注释的作用，相信读者现在已经知道了。对！就是用来对代码进行解释说明，便于日后自己阅读或者他人阅读源程序时理解程序代码含义和设计思想。其语法格式如下：

```
/*注释内容*/
```

或

```
//注释内容
```

虽然没有强行规定程序中一定要写注释，但是为程序代码写注释是一个良好的习惯，这会为以后查看代码带来非常大的方便，并且如果程序交给别人看，他人也可以快速地掌握程序思想与代码作用。因此，编写格式规范的代码和添加详细的注释，是一个优秀程序员应该具备的好习惯。

8．关键字

我们第一个 C 语言程序中的 int、return 等，都是关键字。C 语言中有 32 个关键字，如表 1-1 所示。今后的学习中我们将会逐渐接触到这些关键字的具体使用方法。

表 1-1　C 语言中的关键字

auto	double	int	struct
break	else	long	switch
case	enum	register	typedef
char	extern	union	return
const	float	short	unsigned
continue	for	signed	void
default	goto	sizeof	volatile
do	while	static	if

在 C 语言中，关键字是不允许作为标识符出现在程序中的。

9. 标识符

在 C 语言中，为了在程序的运行过程中可以使用变量、常量、函数、数组等，就要为这些形式设定一个名称，而设定的名称就是所谓的标识符。

外国人的姓名一般将名字放在前面而将家族的姓氏放在后面，而在中国恰恰相反，是把姓氏放在前面而将名字放在后面。从中可以看出，名字是可以随便起的，但是也要遵循一定的习惯。在 C 语言中设定一个标识符的名称是非常自由的，可以设定自己喜欢、容易理解的名字，但还是应该在一定的基础上进行自由发挥。下面介绍一下设定 C 语言标识符应该遵守的一些命名规则。

（1）所有标识符必须由字母或下划线开头，而不能使用数字或者其他符号作为开头。下面是一些错误的写法和正确的写法的比较。

```
int !number;                          /*错误，标识符第一个字符不能为其他符号*/
int 2hao;                             /*错误，标识符第一个字符不能为数字*/

int number;                           /*正确，标识符第一个字符为字母*/
int _hao;                             /*正确，标识符第一个字符为下划线*/
```

（2）在设定标识符时，除开头外，其他位置可以是字母、下划线或数字。

标识符中有下划线的情况：

```
int good_way;                         /*正确，标识符中可以有下划线*/
```

标识符中有数字的情况：

```
int bus7;                             /*正确，标识符中可以有数字*/
int car6V;                            /*正确*/
```

（3）英文字母的大小写构成不同的标识符，也就是说，在 C 语言中是区分大小写字母的。下面是一些正确的标识符。

```
int mingri;                           /*全部是小写*/
int MINGRI;                           /*全部是大写*/
int MingRi;                           /*一部分是小写，一部分是大写*/
```

从这些列出的标识符中可以看出，只要标识符中的字符有一项是不同的，其代表的就是一个新的名称。

（4）标识符不能是关键字。关键字是定义一种类型所使用的字符，标识符不能使用。例如，定义整型时，会使用 int 关键字，标识符就不能使用 int。但将其中的字母改写成大写字母，就可以通过编译。

```
int int;                              /*错误! */
int Int;                              /*正确，改变标识符中的字母为大写*/
```

（5）标识符最好具有相关的含义。将标识符设定成有一定含义的名称，可以方便程序的编写，并且以后再进行回顾时，或者他人想进行阅读时，具有含义的标识符能使程序便于观察、阅读。例如，在定义一个长方体的长、宽和高时，只图一时的方便可以简单地进行定义。

```
int a;                          /*代表长度*/
int b;                          /*代表宽度*/
int c;                          /*代表高度*/
```

但也可以用含义明确的标识符。

```
int iLong;
int iWidth;
int iHeight;
```

从上面列举的标识符可以看出，标识符如果不具有一定的含义，没有后面的注释就很难使人理解其作用。如果将标识符设定得含义明确，那么通过直观的查看就可以了解其功能。

（6）ANSI 标准规定，标识符可以为任意长度，但外部名必须至少能由前 8 个字符唯一地区分。这是因为某些编译程序（如 IBM PC 的 MS C）仅能识别前 8 个字符。

1.3 熟悉 Dev C++开发工具

熟悉 Dev C++ 开发工具

1.3.1 Dev C++的主界面

Dev C++的主界面主要由菜单栏、工具栏、项目资源管理器视图、源程序编辑区、编译调试区和状态栏组成，如图 1-17 所示。

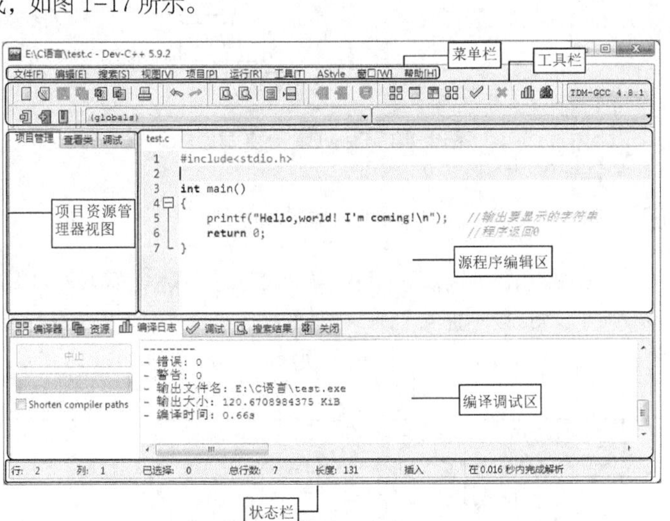

图 1-17　Dev C++的主界面

在 Dev C++中运行 C 语言程序有如下三种方式。

（1）在 Dev C++的菜单栏中选择“运行”→“编译运行”。

（2）使用快捷键 F11。

（3）单击图标。

1.3.2 菜单栏和工具栏

通过 1.2.1 节中的步骤，将 Dev C++的界面改为中文后，菜单栏中各项的作用通过中文名字可以一目了然，这里主要介绍一下 Dev C++界面中的工具栏。工具栏由许多小图标组成，各自的用途如图 1-18 所示。

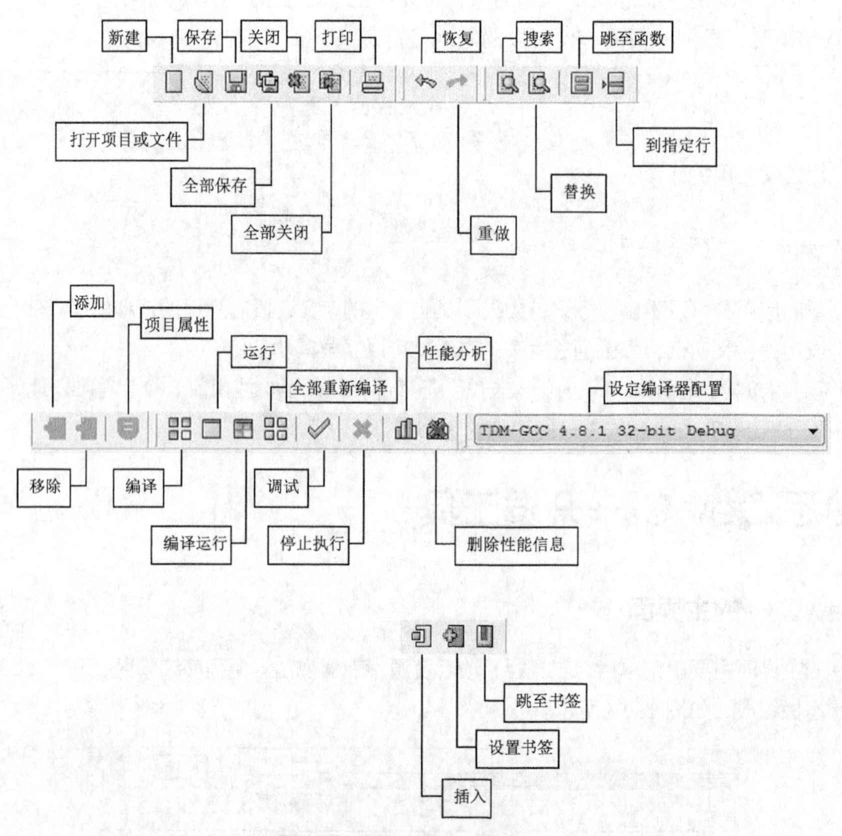

图 1-18　Dev C++的工具栏

1.3.3　常用快捷键

在程序开发过程中，合理地使用快捷键，不但可以降低代码的错误率，而且可以提高开发效率。因此，掌握一些常用的快捷键是必要的。Dev C++提供了许多快捷键，可以通过以下步骤进行查看。

（1）在 Dev C++的系统菜单栏中选择“工具”→“快捷键选项”，如图 1-19 所示。

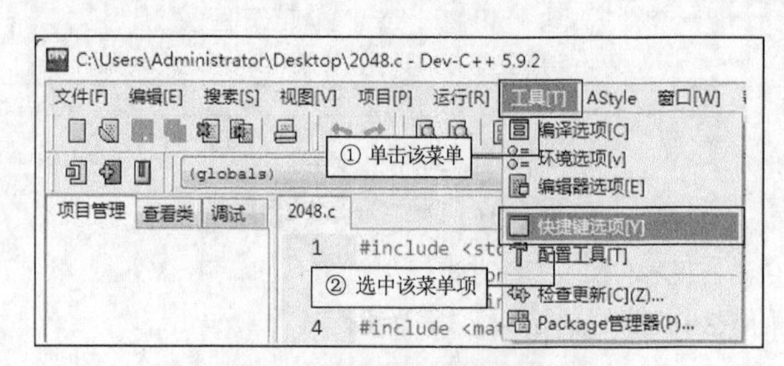

图 1-19　选择“快捷键选项”

（2）在配置快捷键对话框中，可查看 Dev C++中的各种快捷键，如图 1-20 所示。

（3）在图 1-20 所示的列表中，显示了 Dev C++中提供的命令及其对应的快捷键，读者可以在该对话框中查看所需命令的快捷键，也可以选中指定命令，直接通过键盘来修改该命令所对应的快捷键。

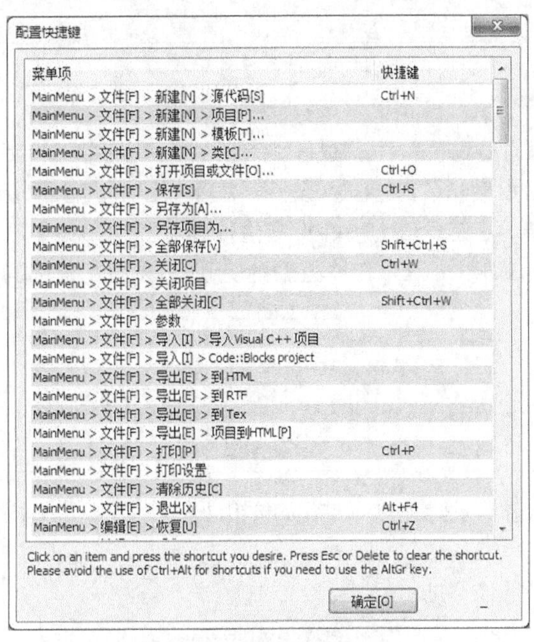

图1-20　配置快捷键对话框

虽然通过配置快捷键对话框可以修改Dev C++命令的快捷键，但建议不要随意修改Dev C++中的快捷键。

（4）Dev C++的编辑功能十分强大，掌握了相关的快捷键，能够大大提高开发效率。Dev C++提供的常用快捷键如表1-2所示。

表1-2　Dev C++常用的快捷键

快捷键	说明
Ctrl + S	保存
Ctrl + 方向键上或下	光标保持在当前位置不动，进行上下翻页，翻页是一行一行进行的
Ctrl + Home	跳转到当前文本的开头处
Ctrl + End	跳转到当前文本的末尾处
Ctrl + /	注释或取消注释
Ctrl + D	删除光标所在行的代码
Shift + 方向键上或下	从当前光标所在位置处开始，整行整行地选取文本
Shift + 方向键左或右	从当前光标所在位置处开始，逐个字符地选取文本，字符包括字母和符号
Ctrl + Shift + 方向键上或下	选中光标当前所在行，将这行上移或下移，与上行或下行对调
Ctrl + Shift + 方向键左或右	逐个单词地选取文本，忽略符号，仅选取单词和数字
Ctrl + Shift + G	弹出对话框，输入要跳转到的函数名
Ctrl +鼠标单击	跟踪方法和类的源码
F11	编译运行
F5	调试

小 结

本章首先对 C 语言的发展历史、特点进行了介绍；然后重点讲解了 Dev C++开发工具的下载与安装，如何使用 Dev C++创建 C 语言程序，及一个 C 语言程序的基本组成元素；最后，对 Dev C++开发环境的主界面、菜单栏、工具和常用快捷键等进行了介绍。本章是学习 C 语言编程的基础，学习本章内容时，应该重点掌握 Dev C++开发工具的使用，并熟悉 C 语言程序的基本组成元素。

习 题

1. 在 Dev C++中运行 C 语言程序，使用的按钮是（　　）。

A. ✔　　　B. ▦　　　C. ▦

2.（　　）实现的是头文件的引用功能。

A. #include<stdio.h>　　　B. #define Height 10　　　C. int m_Long

3. 下面的语句中，表示输出的是（　　）。

A. printf("请输入宽度\n");

B. scanf("%d",&m_Width);

C. result=calculate(m_Long,m_Width);

4. 下列叙述中错误的是（　　）。

A. 计算机不能直接执行用 C 语言编写的源程序

B. C 程序经 C 编译后，生成的后缀为.obj 的文件是一个二进制文件

C. 后缀为.obj 的文件，经连接程序生成的后缀为.exe 的文件是一个二进制文件

D. 后缀为.obj 和.exe 的二进制文件都可以直接运行

5. 下列不是构成一个简单 C 语言程序的必要语句的是（　　）。

A. #include<stdio.h>

B. int main()

C. int m_Long;

6. 每一个执行语句都以（　　）结尾。

7. C 程序都是从（　　）函数开始执行的。（　　）函数不论放在什么位置都没有关系。

8. C 语言是一种面向（　　）的语言。

9. 引用头文件使用（　　）指令。

10. 在 Dev C++中，运行程序的快捷键是（　　）。

PART02

第2章

C语言基础

本章知识要点

- C 语言中的数据类型
- 常量和变量
- 表达式与运算符
- 流程控制语句
- 数组的使用

学习任何一门语言都不能一蹴而就，必须遵循一个客观的原则：从基础学起。有了牢固的基础，再进阶学习有一定难度的技术就会很轻松。本章将从初学者的角度考虑，详细讲解 C 语言的基础知识，主要包括数据类型、常量和变量的使用、表达式与运算符、流程控制语句以及数组等。

2.1 数据类型

数据类型

程序在运行时要做的就是处理数据。程序要解决复杂的问题，就要处理不同的数据。不同的数据都是以自己本身的一种特定形式存在的（如整型、实型、字符型等），不同的数据类型占用不同的存储空间。C 语言中有多种不同的数据类型，包括基本类型、构造类型、指针类型和空类型等。图 2-1 所示为其组织结构，下面我们对每一种类型进行相应的讲解。

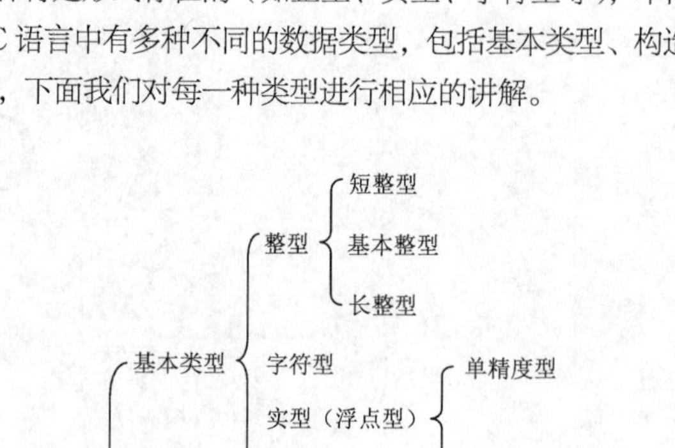

图 2-1　数据类型的组织结构

2.1.1 基本类型

基本类型也就是 C 语言中的基础类型，包括整型、字符型、实型（浮点型）、枚举类型。

2.1.2 构造类型

构造类型就是使用基本类型的数据，或者使用已经构造好的数据类型，设计构造出新的数据类型，满足待解决问题的需要。

通过构造类型的说明可以看出，它并不像基本类型那样简单，而是由多种类型组合而成的新类型，其中每一组成部分称为构造类型的成员。构造类型包括数组类型、结构体类型和共用体类型 3 种形式。

2.1.3 指针类型

C 语言的精华是什么？指针！指针类型不同于其他类型的特殊性在于，指针的值表示的是某个内存地址。

2.1.4 空类型

空类型的关键字是 void，其主要作用在于如下两点。

（1）对函数返回的限定。

（2）对函数参数的限定。

也就是说，一般一个函数都具有一个返回值，将其值返回调用者。这个返回值应该是具有特定的类型的，如整型 int。但是当函数不必返回一个值时，就可以使用空类型设定返回值。

2.2 常量

在介绍常量之前，先来了解一下什么是常量，常量的值在程序运行过程中是不可以改变的。常量可以分为以下三大类。

（1）数值型常量。

① 整型常量。

② 实型常量。

（2）字符型常量。

（3）符号常量。

下面将对常量进行详细的说明。

2.2.1 整型常量

整型常量就是直接使用的整型常数，如 123、-456.7 等。整型常量可以是长整型、短整型、符号整型和无符号整型。

（1）无符号短整型的取值范围是 0～65535，而符号短整型的取值范围是-32768～32767，这些都是 16 位整型常量的范围。

（2）如果整型是 32 位的，那么无符号形式的取值范围是 0～4294967295，而有符号形式的取值范围是-2147483648～2147483647。但是整型如果是 16 位的，就与无符号短整型的取值范围相同。

不同的编译器，整型的取值范围是不一样的。还有可能在 16 位的计算机中整型就为 16 位，在 32 位的计算机中整型就为 32 位。

（3）长整型是 32 位的，其取值范围可以参考上面的描述。

在编写整型常量时，可以在常量的后面加上符号 L 或者 U 进行修饰。L 表示该常量是长整型，U表示该常量为无符号整型，例如：

```
LongNum= 1000L;                         /*L表示长整型*/
UnsignLongNum=500U;                     /*U表示无符号整型*/
```

表示长整型和无符号整型的后缀字母 L 和 U 可以使用大写，也可以使用小写。

整型常量有以上几种类型，这些类型又可以通过 3 种形式进行表达，分别为八进制形式、十进制形式和十六进制形式。下面分别进行介绍。

1. 八进制整数

如果使用的数据表达形式是八进制，需要在常数前加上 0 进行修饰。八进制所包含的数字是 0～7，例如：

```
OctalNumber1=0123;                      /*在常数前面加上一个0来代表八进制*/
OctalNumber2=0432;
```

以下关于八进制的写法是错误的：

```
OctalNumber3=356;                       /*没有前缀0*/
OctalNumber4=0492;                      /*包含了非八进制数9*/
```

2. 十六进制整数

常量前面使用 0x 作为前缀，表示该常量是用十六进制表示的。十六进制包含数字 0～9 以及字母 A～F，例如：

```
HexNumber1=0x123;                    /*加上前缀0x表示常量为十六进制*/
HexNumber2=0x3ba4;
```

其中字母 A～F 可以使用大写形式，也可以使用 a～f 小写形式。

以下关于十六进制的写法是错误的：

```
HexNumber1=123;                      /*没有前缀0x*/
HexNumber2=0x89j2;                   /*包含了非十六进制的字母j*/
```

3. 十进制整数

十进制是不需要添加前缀的。十进制所包含的数字为 0～9，例如：

```
AlgorismNumber1=123;
AlgorismNumber2=456;
```

这些整型数据都以二进制的形式存放在计算机的内存之中，其数值是以补码的形式表示的。一个正数的补码与其原码的形式相同，一个负数的补码是将该数绝对值的二进制形式按位取反再加 1。例如，十进制数 11 在内存中的表现形式如图 2-2 所示。

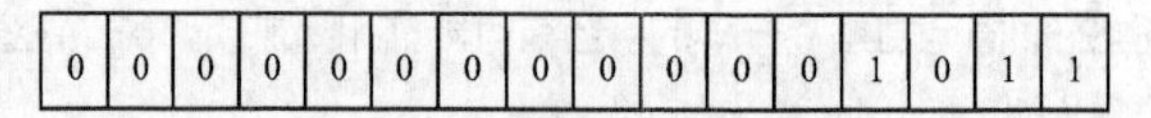

0	0	0	0	0	0	0	0	0	0	0	0	1	0	1	1

图 2-2　十进制数 11 在内存中

如果是-11，那么在内存中又是怎样的呢？因为是以补码进行表示，所以负数要先将其绝对值求出，如图 2-2 所示；然后进行取反操作，如图 2-3 所示，得到取反后的结果。

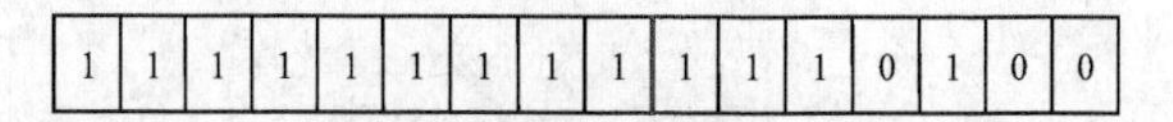

1	1	1	1	1	1	1	1	1	1	1	1	0	1	0	0

图 2-3　进行取反操作

取反之后还要进行加 1 操作，这样就得到最终的结果。图 2-4 所示为-11 在计算机内存中存储的情况。

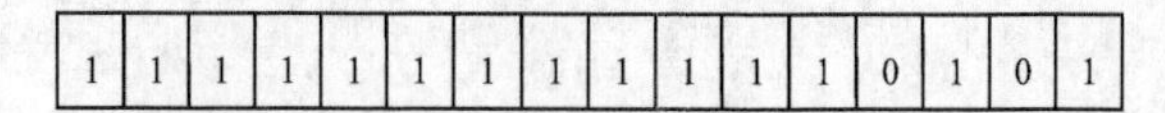

1	1	1	1	1	1	1	1	1	1	1	1	0	1	0	1

图 2-4　加 1 操作

有符号整数在内存中最左边一位是符号位，如果该位为 0，则说明该数为正；若为 1，则说明该数为负。

2.2.2　实型常量

实型也称为浮点型，是由整数部分和小数部分组成的，二者用十进制的小数点隔开。表示实数的方式有以下两种。

1. 科学计数方式

科学计数方式就是使用十进制的小数方法描述实型，例如：

```
SciNum1=123.45;                                    /*科学计数方式*/
SciNum2=0.5458;
```

2. 指数方式

有时实型常量非常大或者非常小，使用科学计数方式不利于观察，这时可以使用指数方式表示实型常量。其中，使用字母 e 或者 E 进行指数显示，如 45e2 表示的就是 4500，而 45e-2 表示的就是 0.45。上面的 SciNum1 和 SciNum2 代表的实型常量，使用指数方式表示为：

```
SciNum1=1.2345e2;                                  /*指数方式*/
SciNum2=5.458e-1;
```

在编写实型常量时，可以在常量的后面加上符号 F 或者 L 进行修饰。F 表示该常量是单精度型，L 表示该常量为长双精度型，例如：

```
FloatNum= 1.2345e2F                                /*单精度型*/
LongDoubleNum=5.458e-1L;                           /*长双精度型*/
```

如果不加上后缀，那么在默认状态下，实型常量为双精度型，例如：

```
DoubleNum= 1.2345e2;                               /*双精度型*/
```

后缀的大小写是通用的。

2.2.3 字符型常量

字符型常量与前面所介绍的常量有所不同，要对其使用指定的定界符进行限制。字符型常量可以分成两种：一种是字符常量；另一种是字符串常量。下面分别对这两种字符型常量进行介绍。

1. 字符常量

使用单引号括起一个字符，这种形式就是字符常量。例如，'A'、'#'、'b'等都是正确的字符常量。在这里需要注意几点有关使用字符常量的注意事项。

（1）字符常量只能包括一个字符，不是字符串。例如，'A'是正确的，但是用'AB'来表示字符常量就是错误的。

（2）字符常量是区分大小写的。例如，'A'和'a'是不一样的，代表着不同的字符常量。

（3）' '这对单引号是定界符，不属于字符常量的一部分。

【例 2-1】字符常量的输出。

在本实例中，我们使用 putchar 函数将单个字符常量进行输出，使得输出的字符常量形成一个单词 Hello 显示在控制台中。

```
#include<stdio.h>
int main()
{
    putchar('H');                                  /*输出字符常量H*/
    putchar('e');                                  /*输出字符常量e*/
    putchar('l');                                  /*输出字符常量l*/
    putchar('l');                                  /*输出字符常量l*/
    putchar('o');                                  /*输出字符常量o*/
    putchar('\n');                                 /*进行换行*/
```

```
    return 0;
}
```

运行程序，显示效果如图 2-5 所示。

2. 字符串常量

字符串常量是用一组双引号括起来的字符序列。如果字符串中一个字符都没有，将其称作空串，此时字符串的长度为 0。例如，"Have a good day!"和"beautiful day"即为字符串常量。

C 语言中存储字符串常量时，系统会在字符串的末尾自动加一个“\0”作为字符串的结束标志。例如，字符串“welcome”在内存中的存储形式如图 2-6 所示。

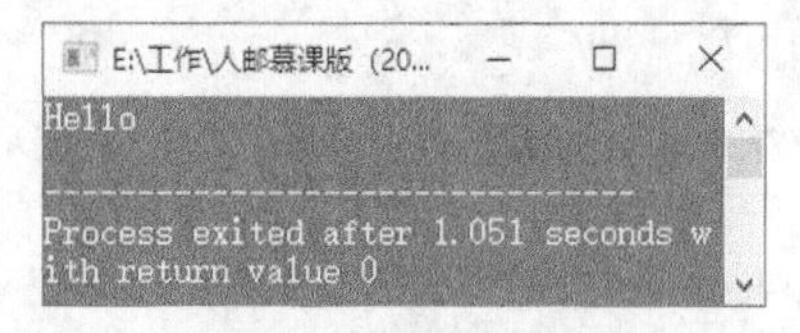

图 2-5　使用字符常量

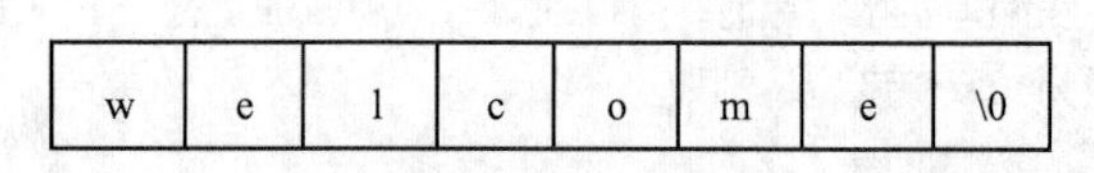

图 2-6　\0 为系统所加

在程序中编写字符串常量时，不必在一个字符串的结尾处加上“\0”，系统会自动添加结束字符。

例如，使用 printf 函数将一个字符串常量"What a nice day! "进行输出，代码如下：

```
#include<stdio.h>                          /*包含头文件*/
int main()
{
    printf("What a nice day!\n");          /*输出字符串*/
    return 0;                              /*程序结束*/
}
```

上面介绍了有关字符常量和字符串常量的内容，那么同样是字符，它们之间有什么差别呢？不同点主要体现在以下两方面。

（1）定界符不同。字符常量使用的是单引号，而字符串常量使用的是双引号。

（2）长度不同。上面提到过字符常量只能有一个字符，也就是说字符常量的长度就是 1。字符串常量的长度却可以是 0，即使字符串常量中的字符数量只有 1 个，长度却不是 1。例如，字符串常量"H"，其长度为 2。通过图 2-7 可以体会到字符串常量"H"的长度为 2 的原因。

H	\0

图 2-7　字符串常量"H"

还记得在字符串常量中有关结束字符的介绍吗？系统会自动在字符串的尾部添加一个字符串的结束字符“\0”，这也就是"H"的长度是 2 的原因。

（3）存储的方式不同。在字符常量中存储的是字符的 ASCII 码；而在字符串常量中，不仅要存储有效的字符，还要存储结尾处的结束标志“\0”。

2.2.4　转义字符

在前面的例 2-1 中我们看到了“\n”符号，输出结果中却不显示该符号，只是进行了换行操作，这种符号称为转义符号。

转义符号在字符常量中是一种特殊的字符。转义字符是以反斜杠“\”开头的字符，后面跟一个或几个字符。常用的转义字符及其含义如表 2-1 所示。

表 2-1　常用的转义字符表

转 义 字 符	意　　义	转 义 字 符	意　　义
\n	回车换行	\\	反斜杠“\”
\t	横向跳到下一制表位置	\'	单引号
\v	竖向跳格	\a	鸣铃
\b	退格	\ddd	1～3 位八进制数所代表的字符
\r	回车	\xhh	1～2 位十六进制数所代表的字符
\f	走纸换页		

2.2.5　符号常量

符号常量用来以一个符号名代替固定的常量值，使用符号常量的好处在于可以为编程和阅读带来方便。

例如，使用符号常量来表示圆周率，在控制台上显示文字提示用户输入数据，该数据是有关圆半径的值。程序得到用户输入的半径，经过计算得到圆的面积，最后将结果显示出来。

```
#include<stdio.h>
#define PAI 3.14                                    /*定义符号常量*/
```

2.3　变量

变量

在前面的例子中我们已经多次接触过变量。变量就是在程序运行期间其值可以变化的量。每一个变量都属于一种类型，每一种类型都定义了变量的格式和行为。一个变量应该有属于自己的名称，并且在内存中占有存储空间，变量的大小取决于类型。C 语言中的变量类型有整型、实型和字符型。

2.3.1　整型变量

整型变量是用来存储整型数值的变量。整型变量可以分为表 2-2 所示的 6 种类型，其中基本类型的符号使用 int 关键字，在此基础上可以根据需要加上一些符号进行修饰，如关键字 short 或 long。

表 2-2　整型变量的分类

类 型 名 称	关键字
有符号基本整型	[signed] int
无符号基本整型	unsigned [int]
有符号短整型	[signed] short [int]
无符号短整型	unsigned short [int]
有符号长整型	[signed] long [int]
无符号长整型	unsigned long [int]

表格中的[ ]为可选部分。例如，[signed] int，在编写时可以省略 signed 关键字。

1. 有符号基本整型

有符号基本整型的关键字是 signed int，其值是基本的整型常数。编写时，常将其关键字 signed 省略。有符号基本整型在内存中占 4 字节，取值范围是-2147483648 ~ 2147483647。

通常说到的整型，都是指有符号基本整型 int。

定义一个有符号整型变量的方法是使用关键字 int 定义一个变量。例如，定义一个整型的变量 iNumber，为其赋值为 10 的方法如下：

```
int iNumber;                          /*定义有符号基本整型变量*/
iNumber=10;                           /*为变量赋值*/
```

或者在定义变量的同时，为变量进行赋值：

```
int iNumber=10;                       /*定义有符号基本整型变量*/
```

2. 无符号基本整型

无符号基本整型使用的关键字是 unsigned int，其中的关键字 int 在编写时是可以省略的。无符号基本整型在内存中占 4 字节，取值范围是 0 ~ 4294967295。

定义一个无符号基本整型变量的方法是在变量前使用关键字 unsigned。例如，定义一个无符号基本整型的变量 iUnsignedNum，为其赋值为 10 的方法如下：

```
unsigned iUnsignedNum;                /*定义无符号基本整型变量*/
iUnsignedNum=10;                      /*为变量赋值*/
```

3. 有符号短整型

有符号短整型使用的关键字是 signed short int，其中的关键字 signed 和 int 在编写时是可以省略的。有符号短整型在内存中占 2 字节，取值范围是-32768 ~ 32767。

定义一个有符号短整型变量的方法是在变量前使用关键字 short。例如，定义一个有符号短整型的变量 iShortNum，为其赋值为 10 的方法如下：

```
short iShortNum;                      /*定义有符号短整型变量*/
iShortNum=10;                         /*为变量赋值*/
```

4. 无符号短整型

无符号短整型使用的关键字是 unsigned short int，其中的关键字 int 在编写时是可以省略的。无符号短整型在内存中占 2 字节，取值范围是 0 ~ 65535。

定义一个无符号短整型变量的方法是在变量前使用关键字 unsigned short。例如，定义一个无符号短整型的变量 iUnsignedShtNum，为其赋值为 10 的方法如下：

```
unsigned short iUnsignedShtNum;       /*定义无符号短整型变量*/
iUnsignedShtNum=10;                   /*为变量赋值*/
```

5. 有符号长整型

有符号长整型使用的关键字是 long int，其中的关键字 int 在编写时是可以省略的。有符号长整型在内存中占 4 字节，取值范围是-2147483648 ~ 2147483647。

定义一个有符号长整型变量的方法是在变量前使用关键字 long。例如，定义一个有符号长整型的变量 iLongNum，为其赋值为 10 的方法如下：

```
long iLongNum;                        /*定义有符号长整型变量*/
iLongNum=10;                          /*为变量赋值*/
```

6. 无符号长整型

无符号长整型使用的关键字是 unsigned long int，其中的关键字 int 在编写时是可以省略的。无符号长整型在内存中占 4 字节，取值范围是 0 ~ 4294967295。

定义一个无符号长整型变量的方法是在变量前使用关键字 unsigned long。例如，定义一个有符号长整型的变量 iUnsignedLongNum，为其赋值为 10 的方法如下：

```
unsigned long iUnsignedLongNum;          /*定义无符号长整型变量*/
iUnsignedLongNum=10;                     /*为变量赋值*/
```

2.3.2 实型变量

实型变量也称为浮点型变量，是用来存储实型数值的变量，实型数值是由整数和小数两部分组成的。实型变量根据实型的精度可以分为单精度型、双精度型和长双精度型 3 种类型，如表 2-3 所示。

表 2-3 实型变量的分类

类 型 名 称	关 键 字
单精度型	float
双精度型	double
长双精度型	long double

1. 单精度型

单精度型使用的关键字是 float，它在内存中占 4 字节，取值范围是$-3.4\times10^{-38}\sim3.4\times10^{38}$。

定义一个单精度型变量的方法是在变量前使用关键字 float。例如，定义一个变量 fFloatStyle，为其赋值为 3.14 的方法如下：

```
float fFloatStyle;                      /*定义单精度型变量*/
fFloatStyle=3.14f;                      /*为变量赋值*/
```

2. 双精度型

双精度型使用的关键字是 double，它在内存中占 8 字节，取值范围是$-1.7\times10^{-308}\sim1.7\times10^{308}$。

定义一个双精度型变量的方法是在变量前使用关键字 double。例如，定义一个变量 dDoubleStyle，为其赋值为 5.321 的方法如下：

```
double dDoubleStyle;                    /*定义双精度型变量*/
dDoubleStyle=5.321;                     /*为变量赋值*/
```

3. 长双精度型

长双精度型使用的关键字是 long double，它在内存中占 8 字节，取值范围是$-1.7\times10^{-308}\sim1.7\times10^{308}$。

定义一个长双精度型变量的方法是在变量前使用关键字 long double。例如，定义一个变量 fLongDouble，为其赋值为 46.257 的方法如下：

```
long double fLongDouble;                /*定义长双精度型变量*/
fLongDouble=46.257;                     /*为变量赋值*/
```

Dev C++编译器不支持 long double。

2.3.3 字符型变量

字符型变量是用来存储字符常量的变量。将一个字符常量存储到一个字符变量中，实际上是将该字符的 ASCII 码（无符号整数）存储到内存单元中。

字符型变量在内存空间中占 1 字节，取值范围是-128 ~ 127。

定义一个字符型变量的方法是使用关键字 char。例如，定义一个字符型的变量 cChar，为其赋值为 a 的方法如下：

```
char cChar;                              /*定义字符型变量*/
cChar= 'a';                              /*为变量赋值*/
```

字符数据在内存中存储的是字符的 ASCII 码，即一个无符号整数，其形式与整数的存储形式一样，因此 C 语言中字符型数据与整型数据之间有通用性，例如：

```
char cChar1;                          /*字符型变量cChar1*/
char cChar2;                          /*字符型变量cChar2*/
cChar1='a';                           /*为变量赋值*/
cChar2=97;

printf("%c\n",cChar1);                /*显示结果为a*/
printf("%c\n",cChar2);                /*显示结果为a*/
```

从上面的代码中可以看到，首先定义两个字符型变量，然后在为两个变量赋值时，一个变量赋值为 a，而另一个赋值为 97。最后显示结果都是字符 a。

以上就是整型变量、实型变量和字符型变量的相关知识，在这里对这些知识使用一个表格进行总体的概括，如表 2-4 所示。

表 2-4　数值型和字符型数据的字节数和数值范围

类　型	关 键 字	字　节	数 值 范 围
整型	[signed] int	4	–2147483648 ~ 2147483647
无符号整型	unsigned [int]	4	0 ~ 4294967295
短整型	short [int]	2	–32768 ~ 32767
无符号短整型	unsigned short [int]	2	0 ~ 65535
长整型	long [int]	4	–2147483648 ~ 2147483647
无符号长整型	unsigned long [int]	4	0 ~ 4294967295
字符型	[signed] char	1	–128 ~ 127
无符号字符型	unsigned char	1	0 ~ 255
单精度型	float	4	$-3.4 \times 10^{-38} \sim 3.4 \times 10^{38}$
双精度型	double	8	$-1.7 \times 10^{-308} \sim 1.7 \times 10^{308}$
长双精度型	long double	8	$-1.7 \times 10^{-308} \sim 1.7 \times 10^{308}$

2.4　表达式与运算符

表达式与运算符

表达式是由运算符和操作数组成的。运算符决定对操作数进行什么样的运算，例如，+、–、*和/都是运算符。操作数包括文本、常量、变量和表达式等。

例如，下面几行代码就是使用简单的表达式组成的 C 语句。

```
int i = 927;                    /*声明一个int类型的变量i并初始化为927*/
i = i * i + 112;                /*改变变量i的值*/
int j = 2019;                   /*声明一个int类型的变量j并初始化为2019*/
j = j / 2;                      /*改变变量j的值*/
```

C 语言提供了多种运算符。运算符是具有运算功能的符号，根据操作数的个数，可以将运算符分为单目运算符、双目运算符和三目运算符。其中，单目运算符是作用在一个操作数上的运算符，如正号（+）等；双目运算符是作用在两个操作数上的运算符，如加号（+）、乘号（*）等；三目运算符是作用在 3 个操作数上的运算符，C 语言中唯一的三目运算符就是条件运算符（?:）。下面分别对常用的运算符进行讲解。

2.4.1 算术运算符

C 语言中的算术运算符是双目运算符，主要包括+、-、*、/和% 5 种，它们分别用于进行加、减、乘、除和模（求余）运算。C 语言中算术运算符的功能及使用方式如表 2-5 所示。

表 2-5 算术运算符

运 算 符	说 明	实 例	结 果
+	加	12.45f+15	27.45
-	减	4.56-0.16	4.4
*	乘	5L*12.45f	62.25
/	除	7/2	3
%	求余	12%10	2

例如，定义两个 int 变量 m 和 n，并分别初始化，然后使用算术运算符分别对它们执行加、减、乘、除、求余运算，代码如下。

```
int m = 8;                         //定义变量m，并初始化为8
int n = 4;                         //定义变量n，并初始化为4
int r1 = m + n;                    //结果为12
int r1 = m - n;                    //结果为4
int r1 = m * n;                    //结果为32
int r1 = m / n;                    //结果为2
int r1 = m % n;                    //结果为0
```

使用除法运算符和求余运算符时，除数不能为 0，否则将会出现异常。

2.4.2 自增自减运算符

C 语言中提供了两种特殊的算术运算符：自增、自减运算符，分别用++和--表示。下面分别对它们进行讲解。

1. 自增运算符

++是自增运算符，它是单目运算符。++在使用时有两种形式，分别是++expr 和 expr++。其中，++expr 是前置形式，它表示 expr 自身先加 1，再参与其他运算；而 expr++是后置形式，它也表示自身加 1，但 expr++是先参加完其他运算，然后再进行自身加 1 操作。++自增运算符放在不同位置时的运算示意图如图 2-8 所示。

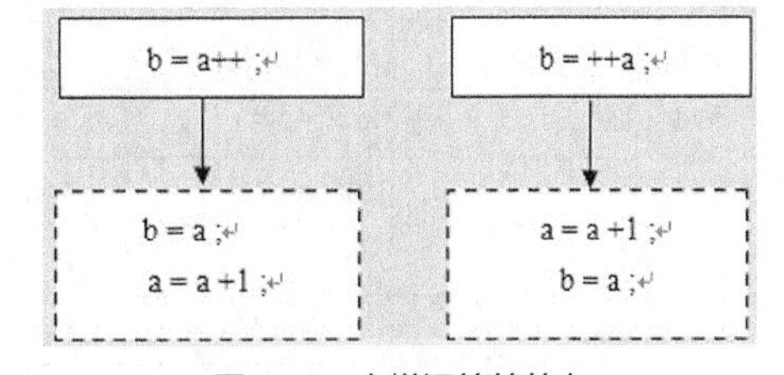

图 2-8 自增运算符放在不同位置时的运算示意图

例如，下面的代码演示自增运算符放在变量的不同位置时的运算结果。

```
int i = 0, j = 0;        /*定义 int 类型的 i、j*/
int post_i, pre_j;       /*post_i表示后置形式运算的返回结果，pre_j表示前置形式运算的返回结果*/
```

```
post_i = i++;            /*后置形式的自增，post_i是 0*/
printf("%d\n",i);        /*输出结果是 1*/
pre_j = ++j;             /*前置形式的自增，pre_j是 1*/
printf("%d\n",j);        /*输出结果是 1*/
```

2. 自减运算符

－－是自减运算符，它是单目运算符。－－在使用时有两种形式，分别是－－expr 和 expr－－。其中，－－expr 是前置形式，它表示 expr 自身先减 1，再参与其他运算；而 expr－－是后置形式，它也表示自身减 1，但 expr－－是先参加完其他运算，然后再进行自身减 1 操作。－－自减运算符放在不同位置时的运算示意图如图 2-9 所示。

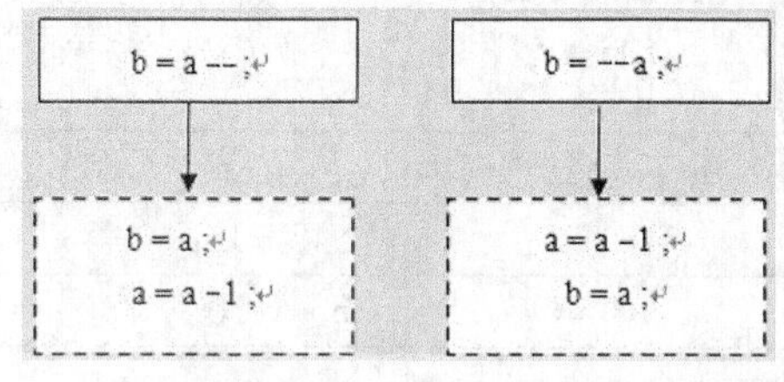

图 2-9　自减运算符放在不同位置时的运算示意图

自增、自减运算符只能作用于变量，因此，下面的形式是不合法的：

```
3++;                     /*不合法，因为3是一个常量*/
(i+j)++;                 /*不合法，因为i+j是一个表达式*/
```

2.4.3　赋值运算符

赋值运算符为变量、属性、事件等元素赋新值。赋值运算符主要有=、+=、－=、*=、/=、%=、&=、|=、^=、<<=和>>=运算符。赋值运算符的左操作数必须是变量或属性访问、索引器访问、事件访问类型的表达式，如果赋值运算符两边的操作数的类型不一致，就需要先进行类型转换，然后再赋值。

在使用赋值运算符时，右操作数表达式所属的类型必须可隐式转换为左操作数所属的类型，运算将右操作数的值赋给左操作数指定的变量、属性或索引器元素。所有赋值运算符及其运算规则如表 2-6 所示。

表 2-6　赋值运算符

名　称	运 算 符	运 算 规 则	意　义
赋值	=	将表达式赋值给变量	将右边的值给左边
加赋值	+=	x+=y	x=x+y
减赋值	－=	x–=y	x=x–y
除赋值	/=	x/=y	x=x/y
乘赋值	*=	x*=y	x=x*y
模赋值	%=	x%=y	x=x%y
位与赋值	&=	x&=y	x=x&y
位或赋值	|=	x|=y	x=x|y
右移赋值	>>=	x>>=y	x=x>>y
左移赋值	<<=	x<<=y	x=x<<y
异或赋值	^=	x^=y	x=x^y

下面以加赋值（+=）运算符为例，举例说明赋值运算符的用法。例如，声明一个 int 类型的变量 i，并初始化为 927，然后通过加赋值运算符改变 i 的值，使其在原有的基础上增加 112，代码如下。

```
int i = 927;                    /*声明一个int类型的变量i并初始化为927*/
i += 112;                       /*使用加赋值运算符*/
printf("%d\n",i);               /*输出最后变量i的值为1039*/
```

2.4.4 关系运算符

关系运算符可以实现对两个值的比较运算，在完成两个操作数的比较运算之后会返回一个代表运算结果的 0 或者 1 值。常见的关系运算符如表 2-7 所示。

表 2-7 关系运算符

关系运算符	说　明	关系运算符	说　明
==	等于	!=	不等于
>	大于	>=	大于等于
<	小于	<=	小于等于

下面通过一个实例演示关系运算符的使用。

【例 2-2】在主方法中创建整型变量，使用比较运算符对变量进行比较运算，并将运算后的结果输出。

```
#include<stdio.h>
int main()
{
    int number1 = 4;                    /*声明int型变量number1*/
    int number2 = 5;                    /*声明int型变量number2*/
    /* 依次将变量number1与变量number2的比较结果输出 */
    printf("number1>number的返回值为：%d\n" ,(number1 > number2));
    printf("number1< number2返回值为：%d\n", (number1 < number2));
    printf("number1==number2返回值为：%d\n", (number1== number2));
    printf("number1!=number2返回值为：%d\n", (number1 != number2));
    printf("number1>= number2返回值为：%d\n", (number1 >= number2));
    printf("number1<=number2返回值为：%d\n", (number1 <= number2));
    return 0;/*程序结束*/
}
```

运行程序，显示效果如图 2-10 所示。

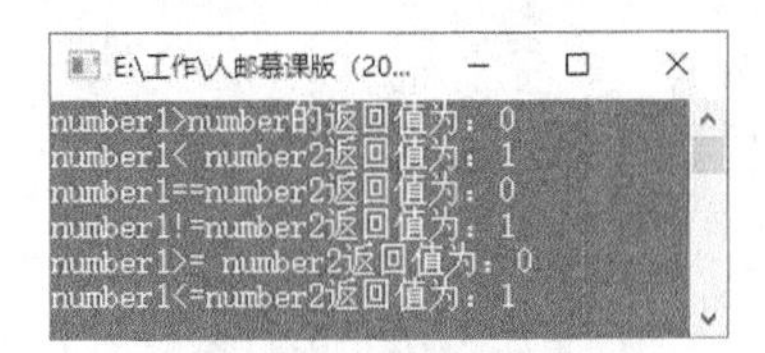

图 2-10 使用关系运算符比较变量的大小

关系运算符一般常用于判断或循环语句中。

2.4.5 逻辑运算符

逻辑运算符对两个操作数进行比较，运算后的结果是一个 0 或者 1 值。C 语言中的逻辑运算符主要包括&（&&）（逻辑与）、|（||）（逻辑或）和!（逻辑非）。在逻辑运算符中，除了“!”是单目运算符之外，其他都是双目运算符。表 2-8 列出了逻辑运算符的用法和说明。

表 2-8 逻辑运算符

运 算 符	含 义	用 法	结 合 方 向
&&、&	逻辑与	op1&&op2	左到右
||、|	逻辑或	op1||op2	左到右
!	逻辑非	! op	右到左

使用逻辑运算符进行逻辑运算时，其运算结果如表 2-9 所示。

表 2-9 使用逻辑运算符进行逻辑运算

表达式 1	表达式 2	表达式 1&&表达式 2	表达式 1||表达式 2	！表达式 1
1	1	1	1	0
1	0	0	1	0
0	0	0	0	1
0	1	0	1	1

【例 2-3】在主方法中创建整型变量，使用逻辑运算符对变量进行运算，并将运算结果输出。

```
#include<stdio.h>
int main()
{
    int a = 2;                              /*声明int型变量a*/
    int b = 5;                              /*声明int型变量b*/
    /*声明int型变量，用于保存应用逻辑运算符"&&"后的返回值*/
    int result = ((a > b) && (a != b));
    /*声明int型变量，用于保存应用逻辑运算符"||"后的返回值*/
    int result2 = ((a > b) || (a != b));
    printf("result值为：%d\n", result);     /*将变量result输出*/
    printf("result2值为：%d\n", result2);   /*将变量result2输出*/
    return 0;/*程序结束*/
}
```

运行程序，显示效果如图 2-11 所示。

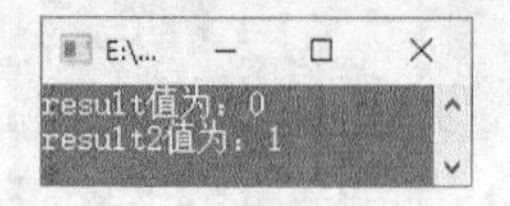

图 2-11 逻辑运算符的使用

2.4.6 位运算符

位运算符的操作数类型是整型，可以是有符号的也可以是无符号的。C 语言中的位运算符有位与、位或、位异或和取反运算符，其中位与、位或、位异或为双目运算符，取反运算符为单目运算符。位运算是完全针对位的操作，因此，它在实际使用时，需要先将要执行运算的数据转换为二进制，然后才能进行运算。

1. 位与运算

位与运算的运算符为“&”，位与运算的运算法则是：如果两个整型数据 a、b 对应位都是 1，则结果位才是 1，否则为 0。如果两个操作数的精度不同，则结果的精度与精度高的操作数相同，如图 2-12 所示。

2. 位或运算

位或运算的运算符为“|”，位或运算的运算法则是：如果两个操作数对应位都是 0，则结果位才是 0，否则为 1。如果两个操作数的精度不同，则结果的精度与精度高的操作数相同，如图 2-13 所示。

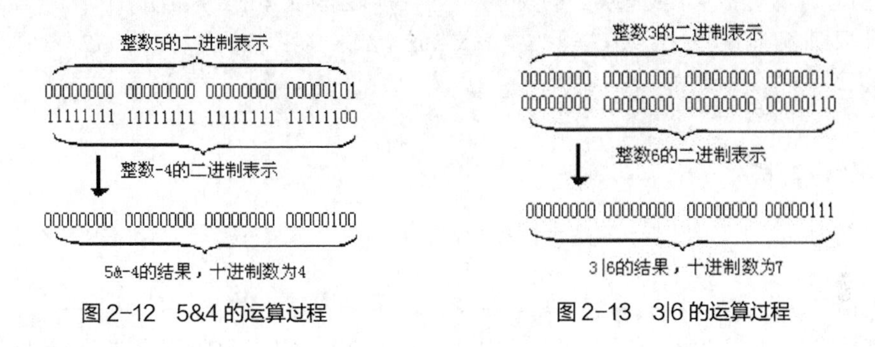

图 2-12　5&4 的运算过程　　图 2-13　3|6 的运算过程

3. 位异或运算

位异或运算的运算符是“^”，位异或运算的运算法则是：当两个操作数的二进制表示相同（同时为 0 或同时为 1）时，结果为 0，否则为 1。若两个操作数的精度不同，则结果数的精度与精度高的操作数相同，如图 2-14 所示。

4. 取反运算

取反运算也称按位非运算，运算符为“~”。取反运算就是将操作数对应二进制中的 1 修改为 0，0 修改为 1，如图 2-15 所示。

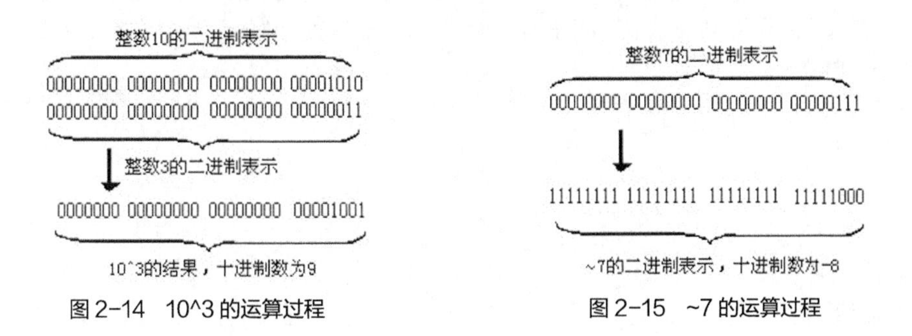

图 2-14　10^3 的运算过程　　图 2-15　~7 的运算过程

2.4.7 移位运算符

除了上述位运算符之外，还可以对数据按二进制位进行移位操作。C 语言中的移位运算符有以下两种。

<<：左移。

>>：右移。

左移就是将运算符左边的操作数的二进制数据按照运算符右边操作数指定的位数向左移动，右边移空的部分补 0。右移则复杂一些。当使用“>>”符号时，如果最高位是 0，右移空的位就填入 0；如果最高位是 1，右移空的位就填入 1，如图 2-16 所示。

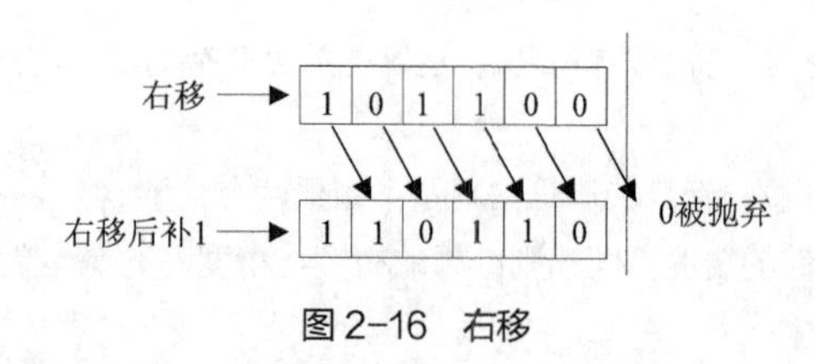

图 2-16　右移

移位可以实现整数除以或乘以 2^n 的效果。例如，y<<2 与 y*4 的结果相同；y>>1 的结果与 y/2 的结果相同。总之，一个数左移 n 位，就是将这个数乘以 2^n；一个数右移 n 位，就是将这个数除以 2^n。

2.4.8　条件运算符

条件运算符为“?”“;”的组合，它是 C 语言中仅有的一个三目运算符，该运算符需要 3 个操作数，形式如下：

```
<表达式1> ? <表达式2> : <表达式3>
```

其中，表达式 1 的值可以为真或假，如果表达式 1 为真，则返回表达式 2 的运算结果，如果表达式 1 为假，则返回表达式 3 的运算结果。例如：

```
int  x=5, y=6, max;
max=x<y? y : x ;
```

上面代码的返回值为 6，因为 x<y 这个条件是成立的，所以返回 y 的值。

2.4.9　运算符的优先级与结合性

C 语言中的表达式是使用运算符连接操作数的符合 C 语言规范的式子，运算符的优先级决定了表达式中运算执行的先后顺序。运算符优先级其实类似于商业流程，如进货、入库、销售、出库，只能按这个步骤进行操作。运算符的优先级也是这样的，必须按照一定的先后顺序进行计算。C 语言中的运算符优先级由高到低依次是：

（1）自增、自减运算符；

（2）算术运算符；

（3）移位运算符；

（4）关系运算符；

（5）逻辑运算符；

（6）条件运算符；

（7）赋值运算符。

如果两个运算符具有相同的优先级，则会根据其结合性确定是从左至右运算，还是从右至左运算。表 2-10 列出了运算符从高到低的优先级顺序及结合性。

表 2-10　运算符的优先级顺序

运算符类别	运算符	数目	结合性
单目运算符	++, --, !	单目	←
算术运算符	*, /, %	双目	→
	+, -	双目	→

续表

运算符类别	运算符	数目	结合性
移位运算符	<<，>>>，>>	双目	→
关系运算符	>，>=，<，<=	双目	→
	==，!=	双目	→
逻辑运算符	&&	双目	→
	||	双目	→
条件运算符	？ ：	三目	←
赋值运算符	=，+=，-=，*=，/=，%=	双目	←

表 2-10 中的“←”表示从右至左，“→”表示从左至右，从表 2-10 中可以看出，C 语言的运算符中，只有单目、条件和赋值运算符的结合性为从右至左，其他运算符的结合性都是从左至右。

2.4.10 表达式中的类型转换

C 语言程序对不同类型的数据进行操作时，经常用到类型转换。类型转换主要分为隐式类型转换和显式类型转换，下面分别进行讲解。

1. 隐式类型转换

数值类型有很多种，如字符型、整型、长整型和实型等，这些类型的变量、长度和符号特性都不同，所以取值范围也不同。混合使用这些类型时会出现什么情况呢？

C 语言中有一些特定的转换规则。根据这些转换规则，数值类型变量可以混合使用。如果把比较短的数值类型变量的值赋给比较长的数值类型变量，那么比较短的数值类型变量中的值会升级表示为比较长的数值类型，数据信息不会丢失。但是，如果把比较长的数值类型变量的值赋给比较短的数值类型变量，那么数据就会降级表示，并且当数据大小超过比较短的数值类型的可表示范围时，就会发生数据截断。

有些编译器遇到这种情况时会发出警告信息，例如：

```
float i=10.1f;
int j=i;
```

此时编译器会发出警告，如图 2-17 所示。

```
warning C4244: 'initializing' : conversion from 'float ' to 'int ', possible loss of data
```

图 2-17 程序警告

2. 显式类型转换

我们通过隐式类型转换的介绍得知，如果数据类型不同，可以根据不同情况自动进行类型转换，但有时编译器会提示警告信息。这时如果使用显式类型转换告知编译器，就不会出现警告。

显式类型转换的一般语法格式为：

```
(类型名) (表达式)
```

例如，在上述不同变量类型互相转换时，使用显式类型转换的方法如下：

```
float i=10.1f;
int j= (int)i;                                    /*进行显式类型转换*/
```

2.5 选择语句

选择结构是程序设计过程中最常见的一种结构，用户登录、条件判断等都需要用到选择结构。C 语言中的选择语句主要包括 if 语句和 switch 语句两种，本节将分别进行介绍。

2.5.1 if 语句

if 语句是最基础的一种选择结构语句，它主要有 3 种形式，分别为 if 语句、if...else 语句和 if...else if...else 多分支语句，本节将分别对它们进行详细讲解。

1. 最简单的 if 语句

C 语言中使用 if 关键字来组成选择语句，其最简单的语法格式如下：

```
if(表达式)
{
    语句块
}
```

其中，表达式部分必须用()括起来，它可以是一个单纯的 0 或者 1 值，也可以是关系表达式或逻辑表达式。如果表达式为真，则执行语句块，之后继续执行下一条语句；如果表达式的值为假，就跳过语句块，执行下一条语句。这种形式的 if 语句相当于汉语里的“如果……那么……”，其流程图如图 2-18 所示。

例如，通过 if 语句实现只有年龄大于等于 56 岁，才可以申请退休，代码如下：

```
int Age=50;
if(Age>=56)
{
    允许退休;
}
```

2. if...else 语句

如果遇到只能二选一的条件，C 语言中提供了 if...else 语句解决类似问题，其语法格式如下：

```
if(表达式)
{
    语句块;
}
else
{
    语句块;
}
```

使用 if...else 语句时，表达式可以是一个单纯的 0 或者 1 值，也可以是关系表达式或逻辑表达式。如果满足条件，则执行 if 后面的语句块，否则，执行 else 后面的语句块，这种形式的选择语句相当于汉语里的“如果……否则……”，其流程图如图 2-19 所示。

例如：

```
if(value)
{
    printf("the value is true");
}
else
{
    printf("the value is false");
}
```

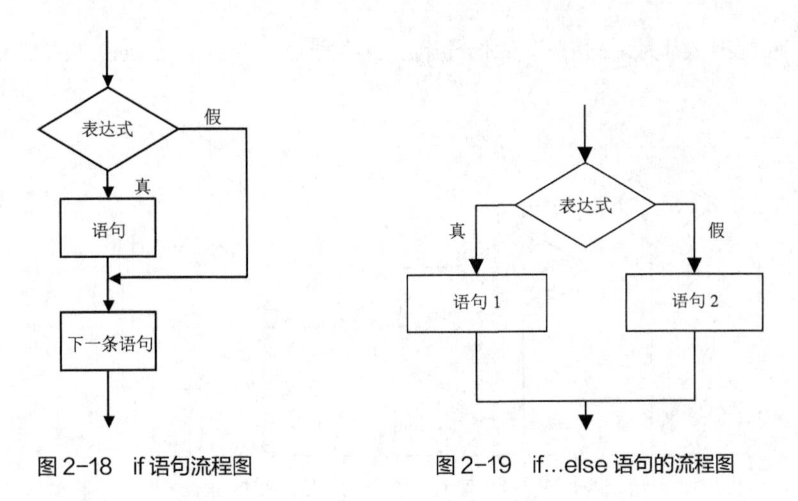

图 2-18　if 语句流程图　　　图 2-19　if...else 语句的流程图

在上面的代码中，如果 if 判断变量 value 的值为真，则执行 if 后面的语句块进行输出；如果 if 判断的结果为假，则执行 else 下面的语句块。

建议总是在 if 后面使用大括号将要执行的语句括起来，这样可以避免程序代码混乱。

3. if...else if...else 语句

在开发程序时，如果需要针对某一事件的多种情况进行处理，则可以使用 if...else if...else 语句。该语句是一个多分支选择语句，通常表现为“如果满足某种条件，进行某种处理，否则，如果满足另一种条件，则执行另一种处理……”。If...else if...else 语句的语法格式如下：

```
if(表达式1)
{
      语句1;
}
else if(表达式2)
{
      语句2;
}
else if(表达式3)
{
      语句3;
}
   …
else if(表达式m)
{
      语句m;
}
else
{
      语句n;
}
```

使用 if...else if...else 语句时，表达式部分必须用()括起来，它可以是一个单纯的真值或假值，也可以是关系表达式或逻辑表达式。如果表达式为真，执行语句；而如果表达式为假，则跳过该语句，进行下一个 else if

的判断，只有在所有表达式都为假的情况下，才会执行 else 中的语句。if…else if…else 语句的流程图如图 2-20 所示。

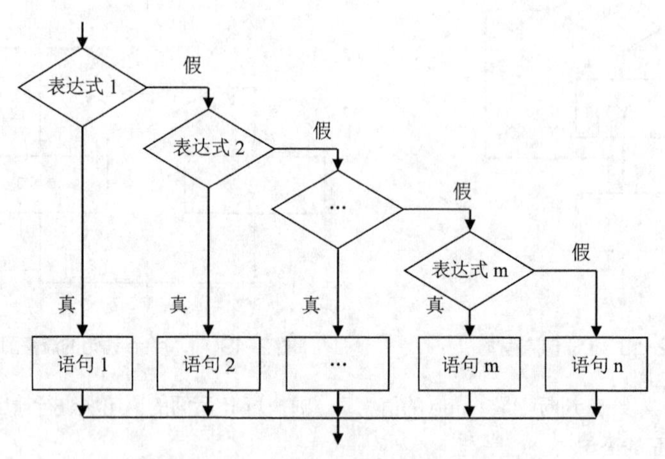

图 2-20　if...else if...else 语句的流程图

【例 2-4】 使用 else if 语句编写屏幕菜单程序。

在本实例中，既然要对菜单进行选择，那么首先要显示菜单。利用格式输出函数将菜单中所需要的信息进行输出。

```
#include<stdio.h>
int main()
{
    int iSelection;                          /*定义变量，表示菜单的选项*/
    printf("---Menu---\n");                  /*输出屏幕的菜单*/
    printf("1 = Load\n");
    printf("2 = Save\n");
    printf("3 = Open\n");
    printf("other = Quit\n");

    printf("enter selection\n");             /*提示信息*/
    scanf("%d",&iSelection);                 /*用户输入选项*/

    if(iSelection==1)                        /*选项为1*/
    {
        printf("Processing Load\n");
    }
    else if(iSelection==2)                   /*选项为2*/
    {
        printf("Processing Save\n");
    }
    else if(iSelection==3)                   /*选项为3*/
    {
        printf("Processing Open\n");
    }
    else                                     /*选项为其他数值时*/
    {
```

```
        printf("Processing Quit\n");
    }
    return 0;
}
```

（1）程序中使用 printf()函数显示可以选择的菜单，然后显示一条信息提示用户进行输入，选择一个菜单项进行操作。

（2）这里假设输入数字为 3，变量 iSelection 将输入的数值保存，用来执行后续判断。

（3）判断 iSelection 的值，可以看到使用 if 语句判断 iSelection 是否等于 1，使用 else if 语句判断 iSelection 等于 2 和等于 3 的情况，如果都不满足则会执行 else 处的语句。因为 iSelection 的值为 3，所以 iSelection==3 关系表达式为真，执行相应 else if 处的语句块，输出提示信息。

运行程序，显示效果如图 2-21 所示。

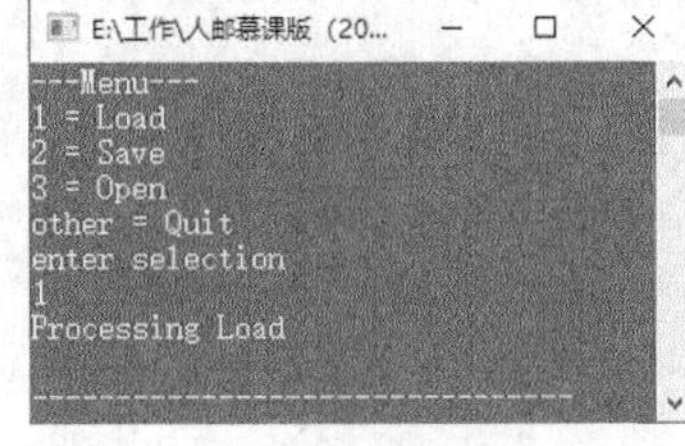

图 2-21　屏幕菜单程序运行结果

4. if 语句的嵌套

前面讲过 3 种形式的 if 选择语句，这 3 种形式的选择语句可以互相嵌套。例如，在最简单的 if 语句中嵌套 if...else 语句，形式如下：

```
if(表达式1)
{
    if(表达式2)
        语句1;
    else
        语句2;
}
```

又例如，在 if...else 语句中嵌套 if...else 语句，形式如下：

```
if(表达式1)
{
    if(表达式2)
        语句1;
    else
        语句2;
}
else
{
    if(表达式2)
        语句1;
    else
        语句2;
}
```

【例 2-5】 使用 if 嵌套语句选择日程安排。

本实例使用 if 嵌套语句对输入的数据逐步进行判断，最终选择执行相应的操作。

```
#include<stdio.h>
int main()
{
    int iDay=0;                                  /*定义变量表示输入的数据*/
    /*定义变量代表一周中的每一天*/
    int Monday=1,Tuesday=2,Wednesday=3,Thursday=4,
```

```
        Friday=5,Saturday=6,Sunday=7;
    printf("enter a day of week to get course:\n");   /*提示信息*/
    scanf("%d",&iDay);                                 /*输入数据*/
    if(iDay>Friday)                                    /*休息日的情况*/
    {
        if(iDay==Saturday)                             /*为周六时*/
        {
            printf("Go shopping with friends\n");
        }
        else                                           /*为周日时*/
        {
            printf("At home with families\n");
        }
    }
    else                                               /*工作日的情况*/
    {
        if(iDay==Monday)                               /*为周一时*/
        {
            printf("Have a meeting in the company\n");
        }
        else                                           /*为其他工作日时*/
        {
            printf("Working with partner\n");
        }
    }
    return 0;
}
```

运行程序，显示效果如图 2-22 所示。

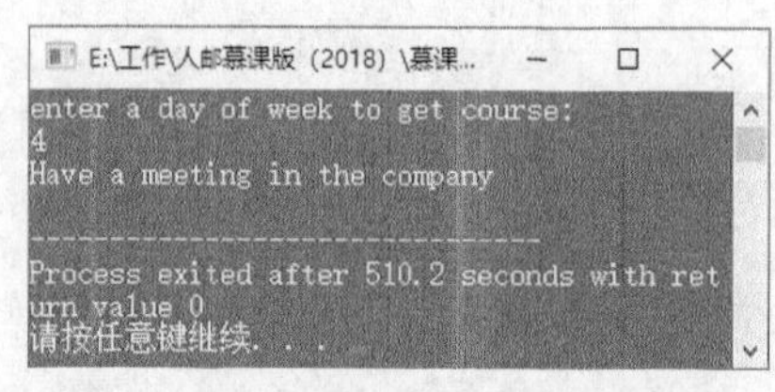

图 2-22　选择日程安排程序运行结果

（1）使用 if 语句嵌套时，注意 else 关键字要和 if 关键字成对出现，并且遵守临近原则，即：else 关键字总是和最近的 if 语句相匹配。

（2）在进行条件判断时，应该尽量使用复合语句，以免产生二义性，导致运行结果和预想的不一致。

2.5.2　switch 语句

switch 语句是多分支条件判断语句，它根据参数的值使程序从多个分支中选择一个用于执行的分支，其基本语法格式如下：

```
switch(判断参数){
    case 常量值1:
```

```
        语句块1
        break;
    case 常量值2:
        语句块2
        break;
        …
    case 常量值n:
        语句块n
        break;
    default:
        语句块n+1
        break;
}
```

switch 关键字后面的括号中是要判断的参数，参数必须是 sbyte、byte、short、ushort、int、uint、long、ulong、char、string、bool 或者 enum 类型中的一种，大括号中的代码是由多个 case 子句组成的，每个 case 关键字后面都有相应的语句块，这些语句块都是 switch 语句可能执行的语句块。如果符合条件，则 case 下的语句块就会被执行，语句块执行完毕后，执行 break 语句，使程序跳出 switch 语句；如果条件都不满足，则执行 default 中的语句块。

（1）case 后的各常量值不可以相同，否则会出现错误。
（2）case 后面的语句块可以含多条语句，不必使用大括号括起来。
（3）case 语句和 default 语句的顺序可以改变，不会影响程序执行结果。
（4）一个 switch 语句中只能有一个 default 语句，而且 default 语句可以省略。

switch 语句的执行过程如图 2-23 所示。

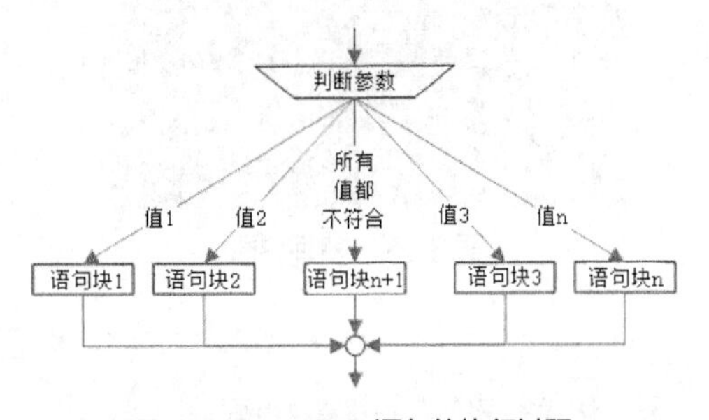

图 2-23　switch 语句的执行过程

【例 2-6】 使用 switch 语句设计欢迎界面的菜单选项。

本实例使用 switch 语句输出 4 个选项，如果选择“1”，则输出“您选择了' 1.开始游戏'选项”；如果选择“2”，输出“您选择了' 2.按键说明'选项”；如果选择“3”，输出“您选择了' 3.游戏规则'选项”；如果选择“4”，输出“您选择了' 4.退出'选项”。不必输出文字颜色。

```
#include <stdio.h>
#include <conio.h>

int main()
{
    int n;
```

```
    printf("\n\n\t1.开始游戏");
    printf("\t2.按键说明\n");
    printf("\t3.游戏规则");
    printf("\t4.退出\n\n");
    printf("\t  请选择[1 2 3 4]:[ ]\b\b");
    scanf("%d", &n);                    //输入选项
    switch (n)
    {
        case 1:
            printf("\n\t您选择了'1.开始游戏'选项");
            break;
        case 2:
            printf("\n\t您选择了' 2.按键说明'选项");
            break;
        case 3:
            printf("\n\t您选择了' 3.游戏规则'选项");
            break;
        case 4:
            printf("\n\t您选择了' 4.退出'选项");
            break;
    }
}
```

在程序中，使用到了转义字符，如\n 表示换行；\t 表示一个 Tab 键的距离；\b 表示退格。

运行程序，显示效果如图 2-24 所示。

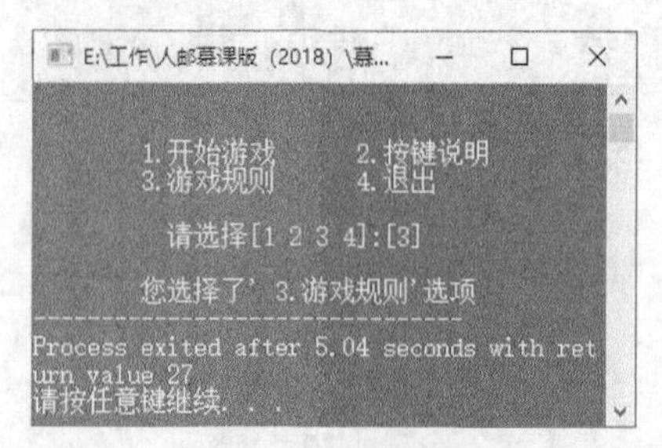

图 2-24　欢迎界面

使用 switch 语句时，常量表达式的值绝不可以是浮点型。

2.6　循环语句

当程序要反复执行某一操作时，就必须使用循环结构，比如遍历二叉树、输出数组元素等。C 语言中的循环语句主要包括 while 语句、do...while 语句和 for 语句，本节将对这几种循环语句分别进行介绍。

2.6.1　while 循环语句

while 语句用来实现“当型”循环结构，它的语法格式如下：

```
while(表达式)
{
    语句
}
```

表达式一般是一个关系表达式或一个逻辑表达式，其值应该是一个逻辑值，即真或假（true 或 false）。当表达式的值为真时，开始循环执行语句；而当表达式的值为假时，退出循环，执行循环外的下一条语句。循环每次都是执行完语句后回到表达式处重新开始判断，重新计算表达式的值。

While 循环流程图如图 2-25 所示。

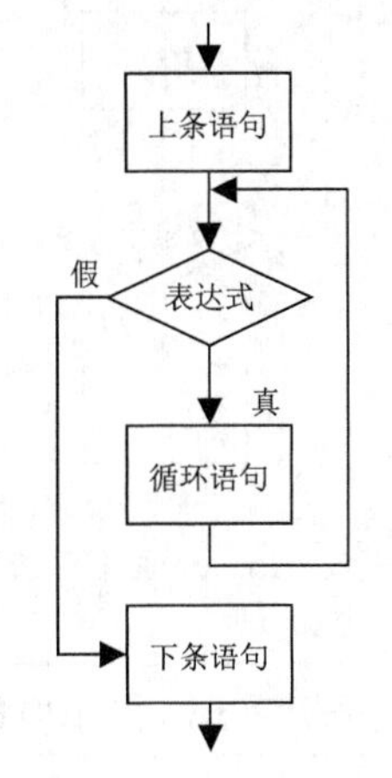

图 2-25 while 循环流程图

【例 2-7】 使用 while 循环编写程序实现 1 到 100 的累加。

```
#include<stdio.h>
int main()
{
    int iSum=0;                               /*定义变量，表示计算总和*/
    int iNumber=1;                            /*表示每一个数字*/
    while(iNumber<=100)                       /*使用while循环*/
    {
        iSum=iSum+iNumber;                    /*进行累加*/
        iNumber++;                            /*增加数字*/
    }
    printf("the result is: %d\n",iSum);       /*将结果输出*/
    return 0;
}
```

2.6.2 do…while 循环语句

有些情况下无论循环条件是否成立，循环体的内容都要被执行一次，这种时候可以使用 do…while 循环。do…while 循环的特点是先执行循环体，再判断循环条件，其语法格式如下：

```
do
{
语句
}
while(表达式);
```

do 为关键字，必须与 while 配对使用。do 与 while 之间的语句称为循环体，是用大括号括起来的复合语句。循环语句中的表达式与 while 语句中的相同，也为关系表达式或逻辑表达式，但特别值得注意的是，do...while 语句后一定要有分号。

do…while 循环流程图如图 2-26 所示。

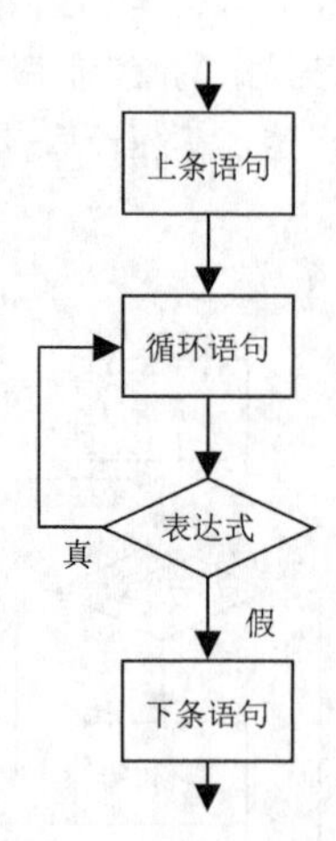

图 2-26　do...while 循环流程图

【例 2-8】 使用 do...while 循环编写程序实现 1 到 100 的累加。

```
#include<stdio.h>
int main()
{
    int iNumber=1;                          /*定义变量，表示数字*/
    int iSum=0;                             /*表示计算的总和*/
    do
    {
        iSum=iSum+iNumber;                  /*计算累加的总和*/
        iNumber++;                          /*进行自身加1*/
    }
    while(iNumber<=100);                    /*检验条件*/
    printf("the result is: %d\n",iSum);   /*输出计算结果*/
    return 0;
}
```

while 语句和 do…while 语句都用来控制代码的循环，但 while 语句使用于先条件判断，再执行循环结构的场合，而 do…while 语句则适合于先执行循环结构，再进行条件判断的场合。具体来说，使用 while 语句时，如果条件不成立，则循环结构一次都不会执行，而使用 do…while 语句时，即使条件不成立，程序也至少会执行一次循环结构。

2.6.3　for 循环语句

for 循环是 C 语言中最常用、最灵活的一种循环结构，for 循环既能够用于循环次数已知的情况，又能够用于循环次数未知的情况。for 循环的常用语法格式如下：

```
for(表达式1; 表达式2; 表达式3)
{
    语句组
}
```

for 循环的执行过程如下。

（1）表达式 1 求解。

（2）表达式 2 求解，若表达式 2 的值为“真”，则执行循环体内的语句组，然后执行下面第（3）步，若值为“假”，转到下面第（5）步。

（3）表达式 3 求解。

（4）转回到第（2）步执行。

（5）循环结束，执行 for 循环接下来的语句。

for 循环流程图如图 2-27 所示。

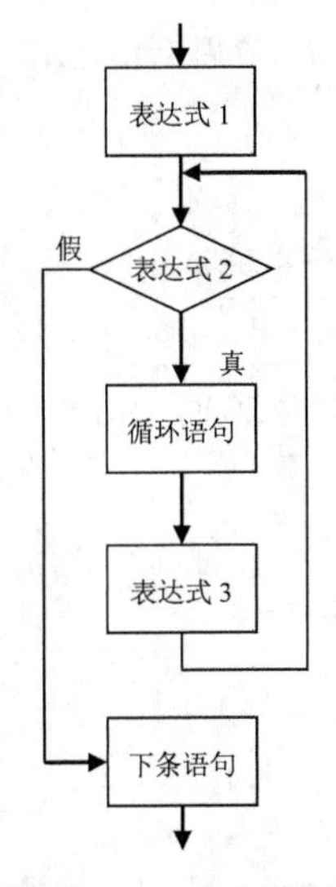

图 2-27　for 循环流程图

【例 2-9】 使用 for 循环编写程序实现 1 到 100 的累加。

```
#include<stdio.h>
int main()
{
    int iNumber=1;                          /*定义变量，表示数字*/
    int iSum=0;                             /*表示计算的总和*/
    for (iNumber = 1;iNumber <= 100;iNumber++)
    {
        iSum += iNumber;                    /*把每次的iNumber的值累加到上次累加的结果中*/
    }
    printf("the result is: %d\n",iSum); /*输出计算结果*/
    return 0;
}
```

for 语句的 3 个参数都是可选的，理论上并不一定完全具备。但是如果不设置循环条件，程序就会产生死循环，此时需要通过跳转语句退出。

2.7 跳转语句

跳转语句主要用于无条件地转移控制，它会将控制转到某个位置，这个位置也就是跳转语句的目标。如果跳转语句出现在一个语句块内，而跳转语句的目标却在该语句块之外，则称该跳转语句退出该语句块。跳转语句主要包括 break 语句、continue 语句和 goto 语句，本节将对这几种跳转语句分别进行介绍。

2.7.1 break 语句

使用 break 语句可以使流程跳出 switch 多分支结构，实际上，break 语句还可以用来跳出循环体，执行循环体之外的语句。break 语句通常应用在 switch、while、do...while 或 for 语句中，当多个 switch、while、do...while 或 for 语句互相嵌套时，break 语句只应用于最里层的语句。break 语句的语法格式如下：

```
break;
```

break 一般会与 if 语句搭配使用，表示在某种条件下，循环结束。

【例 2-10】 修改例 2-7，在 iNum 的值为 50 时，退出循环。

```
#include<stdio.h>
int main()
{
    int iSum=0;                                 /*定义变量，表示计算总和*/
    int iNumber=1;                              /*表示每一个数字*/

    while(iNumber<=100)                         /*使用while循环*/
    {
        iSum=iSum+iNumber;                      /*进行累加*/
        iNumber++;                              /*增加数字*/
        if (iNumber == 50)                      /*判断iNumber的值是否为50*/
        break;                                  /*退出循环*/
    }
    printf("the result is: %d\n",iSum);         /*将结果输出*/
    return 0;
}
```

2.7.2 continue 语句

continue 语句的作用是结束本次循环，它通常应用于 while、do...while 或 for 语句中，用来忽略循环语句内位于它后面的代码而直接开始一次新的循环。当多个 while、do...while 或 for 语句互相嵌套时，continue 语句只能使直接包含它的循环开始一次新的循环。continue 语句的语法格式如下：

```
continue;
```

continue 一般会与 if 语句搭配使用，表示在某种条件下不执行后面的语句，直接开始下一次的循环。

【例 2-11】 通过在 for 循环中使用 continue 语句实现 1~100 的偶数累加。

```
#include<stdio.h>
int main()
{
    int iNumber=1;                          /*定义变量，表示数字*/
    int iSum=0;                             /*表示计算的总和*/
    for (iNumber = 1;iNumber <= 100;iNumber++)
    {
        if (iNumber % 2 == 1)               /*判断是否为奇数*/
         continue;                          /*继续下一次循环*/
        iSum += iNumber;                    /*把每次的iNumber的值累加到上次累加的结果中*/
    }
    printf("the result is: %d\n",iSum);  /*输出计算结果*/
    return 0;
}
```

continue 语句和 break 语句的区别是：continue 语句只结束本次循环，而不是终止整个循环；而 break 是结束整个循环过程，开始执行循环之后的语句。

2.8 数组

数组是大部分编程语言都支持的一种数据类型，无论是 C 还是 C++，都支持数组的概念。数组包含若干相同类型的变量，这些变量都可以通过索引进行访问。数组中的变量称为数组的元素，数组能够容纳元素的数量称为数组的长度。数组中的每个元素都具有唯一的索引与其相对应，数组的索引从零开始。

数组是通过指定数组的元素类型、数组的秩（维数）及数组每个维度的上限和下限来定义的，即一个数组的定义需要包含以下几个要素。

（1）元素类型。

（2）数组的维数。

（3）每个维数的上下限。

数组可以分为一维数组和多维数组等。

2.8.1 一维数组的定义和引用

1. 一维数组的定义

一维数组是用以存储一维数列中数据的集合，语法格式如下：

```
类型说明符 数组标识符[常量表达式];
```

（1）类型说明符表示数组中所有元素的类型。

（2）数组标识符表示该数组型变量的名称，命名规则与变量名一致。

（3）常量表达式定义了数组中存放的数据元素的个数，即数组长度。例如，iArray[5]，5 表示数组中有 5 个元素，下标从 0 开始，到 4 结束。

例如，定义一个数组：

```
int iArray[5];
```

代码中的 int 为数组元素的类型，iArray 为数组变量名，括号中的 5 表示的是数组包含的元素个数。

在数组 iArray[5]中只能使用 iArray[0]、iArray[1]、iArray[2]、iArray[3]、iArray[4]，而不能使用 iArray[5]，若使用 iArray[5]则会出现下标越界的错误。

2. 一维数组的初始化

对一维数组的初始化可以用以下几种方法实现。

（1）在定义数组时直接对数组元素赋初值，例如：

```
int i,iArray[6]={1,2,3,4,5,6};
```

该方法是将数组中的元素值一次放在一对大括号中。经过上面的定义和初始化之后，数组中的元素 iArray[0]=1，iArray[1]=2，iArray[2]=3，iArray[3]=4，iArray[4]=5，iArray[5]=6。

（2）只给一部分元素赋值，未赋值的部分元素值为 0，例如：

```
int iArray[6]={0,1,2};
```

数组变量 iArray 包含 6 个元素，不过在初始化时只给出了 3 个值。于是数组中前 3 个元素的值对应括号中给出的值，没有得到值的元素被默认赋值为 0。

（3）在对全部数组元素赋初值时可以不指定数组长度，例如：

```
int iArray[]={1,2,3,4};
```

上述代码的大括号中有 4 个元素，系统会根据给定的初始化元素值的个数来定义数组的长度，因此该数组变量的长度为 4。

如果该数组的长度为 10，就不能使用省略数组长度的定义方式，而必须写成：

```
int iArray[10]={1,2,3,4};
```

3. 一维数组的引用

数组定义完成后就要使用该数组，可以通过引用数组元素的方式使用该数组中的元素。

数组元素的语法格式如下：

```
数组标识符[下标]
```

例如，引用数组变量 iArray 中的第 3 个元素：

```
iArray[2];
```

iArray 是数组变量的名称，2 为数组的下标。有的读者会问：为什么引用第 3 个数组元素，而使用的数组下标是 2 呢？前面介绍过数组的下标是从 0 开始的，也就是说下标为 0 表示的是第一个数组元素。

2.8.2 二维数组的定义和引用

1. 二维数组的定义

二维数组的声明与一维数组相同，语法格式如下：

```
类型说明符 数组标识符[常量表达式1][常量表达式2];
```

其中，常量表达式 1 被称为行下标，常量表达式 2 被称为列下标。如果有二维数组 array[n][m]，则二维数组的下标取值范围如下。

（1）行下标的取值范围 0～n-1。

（2）列下标的取值范围 0～m-1。

（3）二维数组的最大下标元素是 array[n-1][m-1]。

例如，定义一个 3 行 4 列的整型数组：

```
int array[3][4];
```

上述代码定义了一个 3 行 4 列的数组，数组名为 array，其下标变量的类型为整型。该数组的下标变量共有 3×4 个，即 array[0][0]、array[0][1]、array[0][2]、array[0][3]、array[1][0]、array[1][1]、array[1][2]、array[1][3]、array[2][0]、array[2][1]、array[2][2]、array[2][3]。

在 C 语言中，二维数组是按行排列的，即按行顺次存放，先存放 array[0]行，再存放 array[1]行。每行中有 4 个元素，也是依次存放。

2. 二维数组的初始化

二维数组和一维数组一样，也可以在声明时对其进行初始化。在给二维数组赋初值时，有以下 4 种情况。

（1）可以将所有数据写在一个大括号内，按照数组元素排列顺序对元素赋值，例如：

```
int array[2][2] = {1,2,3,4};
```

如果大括号内的数据少于数组元素的个数，则系统将默认后面未被赋值的元素值为 0。

（2）在为所有元素赋初值时，可以省略行下标，但是不能省略列下标，例如：

```
int array[][3] = {1,2,3,4,5,6};
```

系统会根据数据的个数进行分配，一共有 6 个数据，而数组每行分为 3 列，当然可以确定数组为 2 行。

（3）也可以分行给数组元素赋值，例如：

```
int a[2][3] = {{1,2,3},{4,5,6}};
```

在分行赋值时，可以只对部分元素赋值，例如：

```
int a[2][3] = {{1,2},{4,5}};
```

上行代码表示：a[0][0]的值是 1；a[0][1]的值是 2；a[0][2]的值是 0；a[1][0]的值是 4；a[1][1]的值是 5；a[1][2]的值是 0。

还记得在前面介绍一维数组初始化时的情况吗？如果只给一部分元素赋值，则未赋值的部分元素值为 0。

（4）也可以直接对数组元素赋值，例如：

```
int a[2][3];
a[0][0] = 1;
a[0][1] = 2;
```

这种赋值的方式就是引用数组中的元素为其赋值。

3. 二维数组的引用

二维数组元素的引用语法格式如下：

```
数组标识符[下标][下标];
```

二维数组的下标可以是整型常量或整型表达式。

例如，对一个二维数组的元素进行引用：

```
array[1][2];
```

上述代码表示的是对 array 数组中第 2 行的第 3 个元素进行引用。

不管是行下标还是列下标，其索引都是从 0 开始的。

这里和一维数组一样要注意下标越界的问题，例如：

```
int array[2][4];
…                                        /*对数组元素进行赋值*/
array[2][4]=9;                           /*错误！*/
```

上述代码是错误的。

array 为 2 行 4 列的数组，那么它的行下标的最大值为 1，列下标的最大值为 3，所以 array[2][4]超过了数组的范围，下标越界。

2.8.3 字符数组的定义和引用

数组中的元素类型为字符型时称为字符数组。字符数组中的每一个元素可以存放一个字符。字符数组的定义和使用方法与其他基本类型的数组相似。

1. 字符数组的定义

字符数组的定义与其他数据类型的数组定义类似，一般语法格式如下：

```
char 数组标识符[常量表达式]
```

因为要定义的是字符型数据，所以在数组标识符前所用的类型是 char，后面括号中表示的是数组元素的数量。

例如，定义字符数组 cArray：

```
char cArray[5];
```

其中，cArray 是数组的标识符，5 表示数组包含 5 个字符型的变量元素。

2. 字符数组的初始化

对字符数组进行初始化操作有以下几种方法。

（1）逐个字符赋值给数组中各元素。

这是最容易理解的初始化字符数组的方式。例如，初始化一个字符数组：

```
char cArray[5]={'H','e','l','l','o'};
```

定义包含 5 个元素的字符数组，在初始化的大括号中，每一个字符对应赋值一个数组元素。

（2）如果在定义字符数组时进行初始化，可以省略数组长度。

如果初值个数与预定的数组长度相同，在定义时可以省略数组长度，系统会自动根据初值个数来确定数组长度。例如，上面初始化字符数组的代码可以写成：

```
char cArray[]={'H','e','l','l','o'};
```

可见，代码中定义的 cArray[]中没有给出数组的大小，但是根据初值的个数可以确定数组的长度为 5。

（3）利用字符串给字符数组赋初值。

通常用一个字符数组来存放一个字符串。例如，用字符串的方式对数组做初始化赋值如下：

```
char cArray[]={"Hello"};
```

或者将“{}”去掉，写成：

```
char cArray[]="Hello";
```

3. 字符数组的引用

字符数组的引用与其他类型数据的引用一样，也是使用下标的形式。例如，引用上面定义的数组 cArray 中的元素：

```
cArray[0]='H';
cArray[1]='e';
cArray[2]='l';
cArray[3]='l';
cArray[4]='o';
```

上面的代码依次引用数组中的元素为其赋值。

4. 字符数组的结束标志

在 C 语言中，使用字符数组保存字符串，也就是使用一个一维数组保存字符串中的每一个字符，此时系统会自动为其添加“\0”作为结束符。

例如，初始化一个字符数组：

```
char cArray[]="Hello";
```

字符串总是以“\0”作为串的结束符，因此当把一个字符串存入一个数组时，会同时把结束符“\0”存入数组，并以此作为该字符串结束的标志。

有了“\0”标志后，字符数组的长度就显得不那么重要了。当然在定义字符数组时应估计实际字符串长度，保证数组长度始终大于字符串实际长度。如果在一个字符数组中先后存放多个不同长度的字符串，则应使数组长度大于最长的字符串的长度。

用字符串方式赋值比用字符逐个赋值要多占 1 字节，多占的这个字节用于存放字符串结束标志“\0”。上面的字符数组 cArray 在内存中的实际存放情况如图 2-28 所示。

H	e	l	l	o	\0

图 2-28　cArray 在内存中的存放情况

“\0”是由 C 编译系统自动加上的。因此上面的赋值语句等价于：

```
char cArray[]={'H','e','l','l','o','\0'};
```

字符数组并不要求最后一个字符为“\0”，甚至可以不包含“\0”。例如，下面的写法也是合法的：

```
char cArray[5]={'H','e','l','l','o'};
```

是否加“\0”，完全根据需要决定。但是由于系统对字符串常量自动加一个“\0”，因此，为了使处理方法一致，且便于测定字符串的实际长度和在程序中做相应的处理，在字符数组中也常常人为地加上一个“\0”，例如：

```
char cArray[6]={'H','e','l','l','o','\0'};
```

5. 字符数组的输入和输出

字符数组的输入和输出有两种方法。

（1）使用格式符“%c”进行输入和输出。

使用格式符“%c”实现字符数组中字符的逐个输入与输出。例如，循环输出字符数组中的元素：

```
for(i=0;i<5;i++)                              /*进行循环*/
{
    printf("%c",cArray[i]);                   /*输出字符数组元素*/
}
```

其中变量 i 为循环的控制变量，并且在循环中作为数组的下标进行循环输出。

（2）使用格式符“%s”进行输入或输出。

使用格式符“%s”将整个字符串依次输入或输出。例如，输出一个字符串：

```
char cArray[]="GoodDay!";                     /*初始化字符数组*/
printf("%s",cArray);                          /*输出字符串*/
```

其中使用格式符“%s”将字符串进行输出。此时需注意以下几种情况。

① 输出字符不包括结束符“\0”。

② 用“%s”格式输出字符串时，printf 函数中的输出项是字符数组名 cArray，而不是数组中的元素名 cArray[0]等。

③ 如果数组长度大于字符串实际长度，则也只输出到“\0”为止。

④ 如果一个字符数组包含多个“\0”结束字符，则在遇到第一个“\0”时输出就结束。

2.8.4 多维数组

多维数组的声明和二维数组相同，只是下标更多，一般语法格式如下：

```
数据类型 数组名[常量表达式1][常量表达式2]…[常量表达式n];
```

例如，声明多维数组：

```
int iArray1[3][4][5];
int iArray2[4][5][7][8];
```

上面的代码分别定义了一个三维数组 iArray1 和一个四维数组 iArray2。由于数组元素的位置都可以通过偏移量计算，因此对于三维数组 a[m][n][p]来说，元素 a[i][j][k]所在的地址是从 a[0][0][0]算起偏移（i*n*p+j*p+k）个单位的位置。

小结

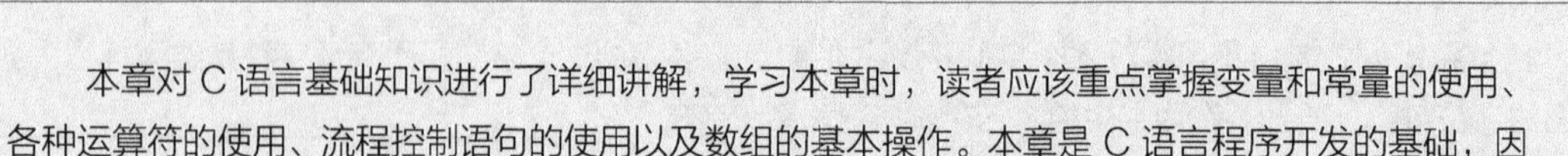

本章对 C 语言基础知识进行了详细讲解，学习本章时，读者应该重点掌握变量和常量的使用、各种运算符的使用、流程控制语句的使用以及数组的基本操作。本章是 C 语言程序开发的基础，因此，我们一定要熟练掌握。

习题

1. 下列语句中语法错误的是（　　）。

A. int a = 2;　　B. int c =b + 3 ;　　C. printf("%d",a);　　D. int *b = &5;

2. 下面代码的输出结果是（　　）。

```
int value = 3;
printf("value = %d\n",value);
```

A. value = 3　　B. value = %d\n　　C. value = %d　　D. value = 3\n

3. 以下选项中值为 1 的表达式是（　　）。

A. 1-'0'　　B. 1-'\0'　　C. '1'-0　　D. '\0'-'0'

4. 以下叙述中正确的是（　　）。

A. C 程序的基本组成单位是语句　　B. C 程序中每一行只能写一条语句

C. 简单 C 语句必须以分号结束　　D. C 语句必须在一行内写完

5. 以下不能正确表示代数式的 C 语言表达式是（　　）。

A. 2*a*b/c/d　　B. a*b/c/d*2　　C. a/c/d*b*2　　D. 2*a*b/c*d

6. 算术运算符、赋值运算符和关系运算符的运算优先级从高到低依次为（　　）。

A. 算术运算、赋值运算、关系运算　　B. 算术运算、关系运算、赋值运算

C. 关系运算、赋值运算、算术运算　　D. 关系运算、算术运算、赋值运算

7. 表达式!x||a==b 等效于（　　）。

A. !((x||a)==b)　　B. !(x||y)==b　　C. !(x||(a==b))　　D. (!x)||(a==b)

8. 有以下程序

```
int   x=1,y=2,z=3;
if(x>y)
```

```
    if(y<z)
       printf("%d",++z);
    else
       printf("%d",++y);
    printf("%d\n", x++ );
```

程序的运行结果是（　）。

A. 331　　B. 41　　C. 2　　D. 1

9. 设 i 和 x 都是 int 类型，则下面的 for 循环语句（　　）。

```
for(i=0,x=0;i<=9&&x!=876;i++) scanf("%d",&x);
```

A. 最多执行 10 次　　B. 最多执行 9 次

C. 是无限循环　　D. 循环体一次也不执行

10. 以下错误的定义语句是（　）。

A. int x[][3]={{0},{1},{1,2,3}};

B. int x[4][3]={{1,2,3},{1,2,3},{1,2,3},{1,2,3}};

C. int x[ ][3]={1,2,3,4};

11. 若整型变量 a 和 b 的值分别为 7 和 9，要求按以下格式输出 a 和 b 的值:

```
    a=7
    b=9
```

则输出语句为 printf("（　　　）",a,b);。

12. 下面的程序的运行结果是（　　）。

```
#include<stdio.h>
main( )
{
      int a,s,n,count;
      a=2;
      s=0;
      n=1;
      count=1;
      while(count<=7)
      {
            n=n*a;
            s=s+n;
            ++count;
      }
      printf("s=%d",s);
}
```

13. 设有定义语句 int a[][3]={{0},{1},{2}};，则数组元素 a[1][2]的值为（　　）。

14. break 语句只能用于（　　）语句和（　　）语句中。

15. 分段函数输入 x，计算 y 值，输出 y，请填写空格位置上的代码。

```
 ⎧x<0  y=2x+3
 ⎨x=0,y=0
 ⎩x>0,y=(x+7)/3
#include <stdio.h>
main()
```

```
{
    int x,y;
    scanf("%d",&x);
    if(x<0)_______(1)_______ ;
    _______(2)______y=0;
    _______(3)______y=(x+7)/3;
    printf("%d",y);
}
```

PART03

第3章

C语言核心技术

函数和指针在C语言程序开发中经常用到，另外，结构体和共用体也是比较常用的，本章对C语言中的函数、指针、结构体和共用体等核心技术进行讲解。

本章知识要点

- 函数的定义及使用
- 函数的返回值与参数
- 指针的使用
- 结构体的定义及使用
- 结构体数组
- 结构体指针
- 共用体的使用

3.1 函数

函数

构成 C 程序的基本单元是函数。函数包含程序的可执行代码。

3.1.1 函数的定义

在程序中编写函数时，函数的定义让编译器知道函数的功能。

C 语言的库函数在编写程序时是可以直接调用的，如 printf 输出函数。而自定义函数则必须由用户对其进行定义，在其定义中完成函数特定的功能，这样它才能被其他函数调用。

一个函数的定义分为函数头和函数体两个部分。函数定义的语法格式如下：

```
返回值类型  函数名(参数列表)
{
函数体(函数实现特定功能的过程);
}
```

定义一个函数的代码如下：

```
int AddTwoNumber(int iNum1,int iNum2)          /*函数头部分*/
{
    /*函数体部分，实现函数的功能*/
    int result;                                /*定义整型变量*/
    result = iNum1+iNum2;                      /*进行加法操作*/
    return result;                             /*返回操作结果，结束*/
}
```

下面通过代码分析一下定义函数的过程。

1. 函数头

函数头用来标志一个函数代码的开始，这是一个函数的入口。函数头分成返回值类型、函数名和参数列表 3 个部分。

在上面的代码中，函数头的组成如图 3-1 所示。

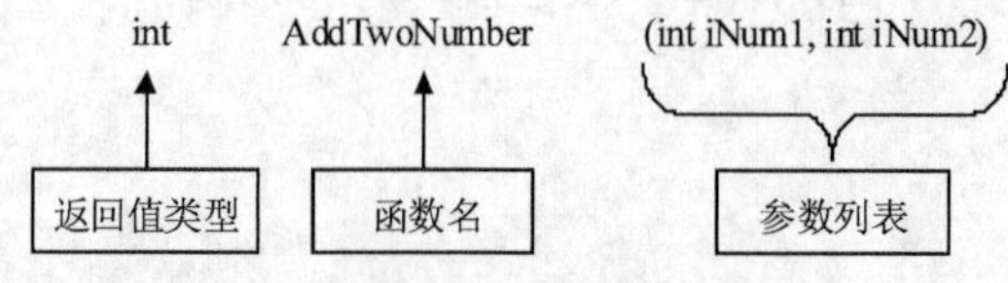

图 3-1　函数头的组成

2. 函数体

函数体位于函数头的下方，由一对大括号括起来，大括号决定了函数体的范围。函数要实现的特定功能，都是在函数体部分通过代码语句完成的，最后通过 return 语句返回实现的结果。在上面的代码中，AddTwoNumber 函数的功能是实现两个整数相加，因此定义一个整型变量用来保存加法的计算结果，然后利用传递进来的参数进行加法操作，并将结果保存在 result 变量中，最后函数要将所得到的结果返回。通过这些语句的操作，实现了函数的特定功能。

现在我们已经了解到定义一个函数应该使用怎样的语法格式，在定义函数时会有如下几种特殊的情况。

（1）无参函数。无参函数也就是没有参数的函数，其语法格式如下：

```
返回值类型 函数名()
{
    函数体
}
```

通过代码来看一下无参函数。例如，使用上面的语法定义一个无参函数：

```
void ShowTime()                                /*函数头*/
{
```

```
    printf("It's time to show yourself!");          /*显示一条信息*/
}
```

（2）空函数。顾名思义，空函数就是没有任何内容的函数，也没有什么实际作用。空函数既然没有什么实际功能，那么为什么要存在呢？原因是空函数所处的位置是要放一个函数的，只是这个函数现在还未编好，用这个空函数先占一个位置，以后用一个编好的函数来取代它。空函数的语法格式如下：

```
类型说明符 函数名()
{
}
```

例如，定义一个空函数，留出一个位置以后再添加其中的功能：

```
void ShowTime()                                      /*函数头*/
{
}
```

3.1.2 定义与声明

在程序中编写函数时，要先对函数进行声明，再对函数进行定义。函数的声明让编译器知道函数的名称、参数、返回值类型等信息。函数的定义让编译器知道函数的功能。

函数声明由函数返回值类型、函数名、参数列表和分号4部分组成，其语法格式如下：

```
返回值类型  函数名(参数列表);
```

此处要注意的是，在声明的最后要有分号作为语句的结尾。例如，声明一个函数：

```
int ShowNumber(int iNumber);
```

（1）如果将函数的定义放在调用函数之前，就不需要进行函数的声明，此时函数的定义就包含了函数的声明。

（2）为了使读者更容易区分函数的声明和定义，我们通过一个比喻来说明函数的声明和定义。大家在生活中经常能看到电器的宣传广告。通过宣传广告，人们可以了解电器的名称和用处等。顾客了解这个电器之后，就会到商店里看一看这个电器，经过服务人员的介绍，进一步知晓电器的具体功能和使用的方式。函数的声明就相当于电器的宣传广告，可帮助顾客了解电器。函数的定义就相当于服务人员具体介绍电器的功能和使用方式。

3.1.3 函数的返回值

我们在函数的函数体中常会看到这样一句代码：

```
return 0;
```

这就是返回语句。

从上面可以看出，函数的返回值使用return关键字进行返回，但需要注意的是，如果函数定义为void类型，则没有返回值。函数的返回语句有以下两个主要用途。

（1）利用返回语句能立即从所在的函数中退出，即返回到调用它的程序中去。

（2）返回语句能返回值，将函数值赋给调用的表达式。当然有些函数也可以没有返回值，例如，返回值类型为void的函数就没有返回值。

3.1.4 函数的参数

在调用函数时，大多数情况下，主调函数和被调用函数之间有数据传递关系，这就是前面提到的有参数的函数形式。函数参数的作用是传递数据给函数使用，函数利用接收的数据进行具体的操作处理。

函数参数在定义函数时放在函数名称的后面，如图 3-2 所示。

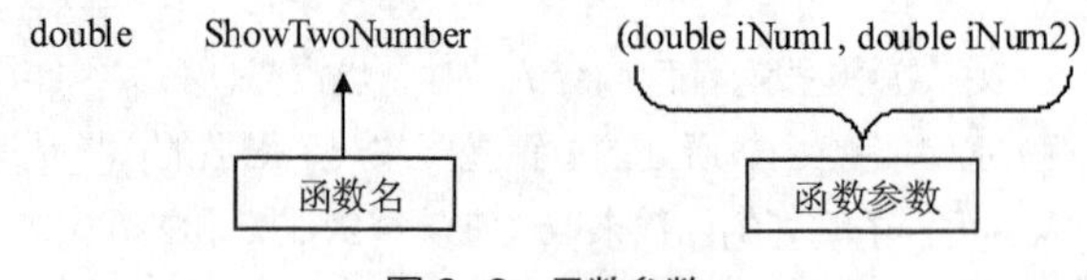

图 3-2　函数参数

在使用函数时，经常会用到形式参数和实际参数。两者都叫作参数，那么二者有什么关系？二者之间的区别是什么？两种参数各自又起到什么作用？接下来通过形式参数与实际参数的名称和作用来进行理解，再通过一个实例加深印象。

1. 通过名称理解

（1）形式参数：按照名称进行理解就是形式上存在的参数。

（2）实际参数：按照名称进行理解就是实际存在的参数。

2. 通过作用理解

（1）形式参数：在定义函数时，函数名后面括号中的变量名称为“形式参数”。在函数调用之前，传递给函数的值将被复制给这些形式参数。

（2）实际参数：在调用一个函数时，也就是真正使用一个函数时，函数名后面括号中的参数为“实际参数”。函数的调用者提供给函数的参数叫实际参数。实际参数是表达式计算的结果，并且被复制给函数的形式参数。

形式参数与实际参数的实例如图 3-3 所示。

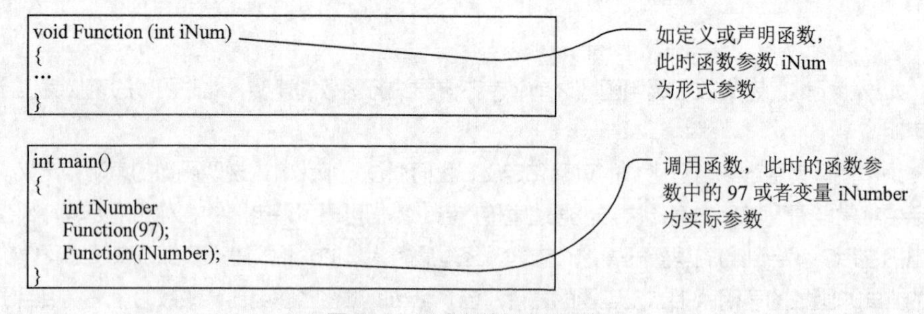

图 3-3　形式参数与实际参数

形式参数简称为形参，实际参数简称为实参。

3.1.5　数组作为函数参数

本节将讨论数组作为实参传递给函数的这种特殊情况。将数组作为函数参数进行传递，不同于标准的赋值调用的参数传递方法。

当数组作为函数的实参时，只传递数组的地址，而不是将整个数组赋值到函数中。当用数组名作为实参调用函数时，指向该数组的第一个元素的指针就被传递到函数中。

C 语言中没有任何下标的数组名是指向该数组第一个元素的指针。例如，定义一个具有 10 个元素的整型数组：

```
int Count[10];      /*定义整型数组*/
```

其中没有下标的数组名 Count 与指向第一个元素的指针*Count 是相同的。

声明函数时参数必须具有相同的类型，根据这一点，下面将对使用数组作为函数参数的各种情况进行详细的讲解。

1. 数组元素作为函数参数

由于实参可以是表达式形式，数组元素可以是表达式的组成部分，因此数组元素可以作为函数的实参，与用变量作为函数实参一样，是单向传递。

【例 3-1】 数组元素作为函数参数。

定义一个数组，然后将赋值后的数组元素作为函数的实参进行传递，在函数的形参得到实参传递的数值后，将其输出。

```
#include<stdio.h>

void ShowMember(int iMember);                    /*声明函数*/

int main()
{
int iCount[10];                                  /*定义一个整型的数组*/
int i;                                           /*定义整型变量，用于循环*/

for(i=0;i<10;i++)                                /*进行赋值循环*/
{
    iCount[i]=i;                                 /*为数组中的元素进行赋值操作*/
}

for(i=0;i<10;i++)                                /*循环操作*/
{
    ShowMember(iCount[i]);                       /*执行输出函数操作*/
}
return 0;
}

void ShowMember(int iMember)                     /*函数定义*/
{
printf("Show the member is%d\n",iMember);        /*输出数据*/
}
```

（1）在源文件的开始处对下面要使用的函数进行声明，在主函数 main 的开始处首先定义一个整型的数组和一个整型变量 i，变量 i 用于下面要使用的循环语句。

（2）变量定义完成之后要对数组中的元素进行赋值，在这里使用 for 循环语句，变量 i 作为循环语句的循环条件，并且作为数组的下标指定数组元素位置。

（3）通过一个循环语句调用 ShowMember 函数显示数据，其中可以看到 i 作为参数中数组的下标，表示指定要输出的数组元素。

运行程序，显示效果如图 3-4 所示。

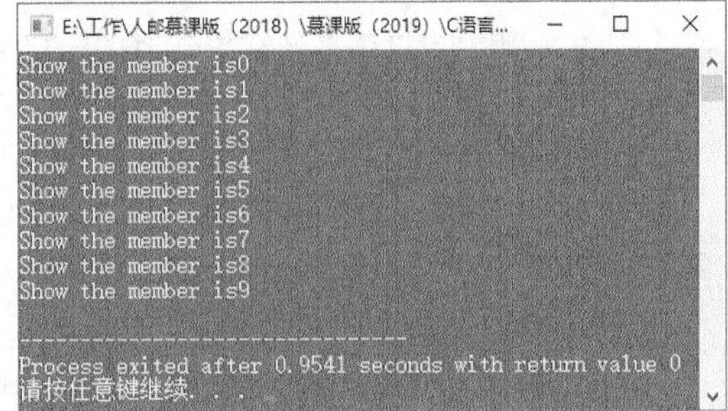

图 3-4 数组元素作为函数参数

2. 数组名作为函数参数

可以用数组名作为函数参数，此时实参与形参都使用数组名。

【例 3-2】 数组名作为函数参数。

本实例通过使用数组名作为函数的实参和形参，实现与例 3-1 相同的程序显示结果。

```
#include<stdio.h>

void  Evaluate(int iArrayName[10]);        /*声明赋值函数*/
void  Display(int iArrayName[10]);         /*声明显示函数*/

int main()
{
int iArray[10];                            /*定义一个具有10个元素的整型数组*/

Evaluate(iArray);                          /*调用函数进行赋值操作，将数组名作为参数*/
Display(iArray);                           /*调用函数进行显示操作，将数组名作为参数*/
return 0;
}
/*//////////////////////////////////////////////////////////////////////////////////*/
/*                     数组元素的显示                                  */
/*//////////////////////////////////////////////////////////////////////////////////*/
void  Display(int iArrayName[10])
{
int i;                                     /*定义整型变量*/
for(i=0;i<10;i++)                          /*执行循环的语句*/
{                                          /*在循环语句中执行输出操作*/
    printf("the member number is %d\n",iArrayName[i]);
}
}
/*//////////////////////////////////////////////////////////////////////////////////*/
/*                     进行数组元素的赋值                                      */
/*//////////////////////////////////////////////////////////////////////////////////*/
void  Evaluate(int iArrayName[10])
{
int i;                                     /*定义整型变量*/
for(i=0;i<10;i++)                          /*执行循环语句*/
{                                          /*在循环语句中执行赋值操作*/
    iArrayName[i]=i;
}
}
```

（1）首先对程序中将要使用的函数进行声明，在声明语句中可以看到函数参数用数组名称作为参数名。

（2）在主函数 main 中，定义一个具有 10 个元素的整型数组 iArray。

（3）定义整型数组之后，调用 Evaluate 函数，这时可以看到 iArray 作为函数参数传递数组的地址。在 Evaluate 的定义中可以看到，通过使用形参 iArrayName 对数组进行了赋值操作。

（4）调用 Evaluate 函数后，整型数组已经被赋值，此时又调用 Display 函数对数组进行输出，可以看到在函数参数中使用的也是数组名称。

3. 可变长度数组作为函数参数

可以将函数的参数声明成长度可变的数组，在此基础上利用上面的程序进行修改，声明代码如下。

```
void  Function(iint iArrayName[]);         /*声明函数*/
int iArray[10];                            /*定义整型数组*/
Function(iArray);                          /*将数组名作为实参进行传递*/
```

上面的代码在定义和声明一个函数时将数组作为函数参数，并且没有指明数组此时的大小，这样就将函数参数声明为了长度可变的数组。

【例3-3】可变长度数组作为函数参数。

修改例3-2，使其参数为可变长度数组，通过两个程序的比较使读者对此加深印象。

```
#include<stdio.h>

void  Evaluate(int iArrayName[]);          /*声明函数，参数为可变长度数组*/
void  Display(int iArrayName[]);           /*声明函数，参数为可变长度数组*/

int main()
{
int iArray[10];                            /*定义一个具有10个元素的整型数组*/

Evaluate(iArray);                          /*调用函数进行赋值操作，将数组名作为参数*/
Display(iArray);                           /*调用函数进行显示操作，将数组名作为参数*/
return 0;
}
/*///////////////////////////////////////////////////////////////////////////////////////////////////////////////////////////////*/
/*                       数组元素的显示                          */
/*///////////////////////////////////////////////////////////////////////////////////////////////////////////////////////////////*/
void  Display(int iArrayName[])            /*定义函数，参数为可变长度数组*/
{
int i;                                     /*定义整型变量*/
for(i=0;i<10;i++)                          /*执行循环的语句*/
{                                          /*在循环语句中执行输出操作*/
    printf("the member number is %d\n",iArrayName[i]);
}
}
/*///////////////////////////////////////////////////////////////////////////////////////////////////////////////////////////////*/
/*                       进行数组元素的赋值                          */
/*///////////////////////////////////////////////////////////////////////////////////////////////////////////////////////////////*/
void  Evaluate(int iArrayName[])           /*定义函数，参数为可变长度数组*/
{
int i;                                     /*定义整型变量*/
for(i=0;i<10;i++)                          /*执行循环语句*/
{                                          /*在循环语句中执行赋值操作*/
    iArrayName[i]=i;
}
}
```

本程序的执行过程与例3-2相似，只是在声明和定义函数参数时，使用的是可变长度数组的形式。

4. 指针作为函数参数

最后一种方式是将函数参数声明为一个指针。前面的讲解中也曾提到，当数组作为函数的实参时，只传递数组的地址，而不是将整个数组赋值到函数中去。当用数组名作为实参调用函数时，指向该数组的第一个元素的指针就被传递到函数中。

将函数参数声明为一个指针的方法，也是C语言程序比较专业的写法。

例如，声明一个函数参数为指针时，传递数组方法如下：

```
void  Function(int* pPoint);                    /*声明函数*/

int iArray[10];                                 /*定义整型数组*/
Function(iArray);                               /*将数组名作为实参进行传递*/
```

从上面的代码中可以看到，指针在声明 Function 时作为函数参数。在调用函数时，可以将数组名作为函数的实参进行传递。

【例 3-4】 指针作为函数参数。

继续在先前实例程序的基础上进行修改，使之满足新的要求。

```
#include<stdio.h>

void  Evaluate(int* pPoint);                    /*声明函数，参数为指针*/
void  Display(int* pPoint);                     /*声明函数，参数为指针*/

int main()
{
int iArray[10];                                 /*定义一个具有10个元素的整型数组*/

Evaluate(iArray);                               /*调用函数进行赋值操作，将数组名作为参数*/
Display(iArray);                                /*调用函数进行显示操作，将数组名作为参数*/
return 0;
}
/*///////////////////////////////////////////////////////////////////////////////////////////////////////////////////////////////*/
/*                         数组元素的显示                             */
/*///////////////////////////////////////////////////////////////////////////////////////////////////////////////////////////////*/
void  Display(int* pPoint)                      /*定义函数，参数为指针*/
{
int i;                                          /*定义整型变量*/
for(i=0;i<10;i++)                               /*执行循环的语句*/
{                                               /*在循环语句中执行输出操作*/
    printf("the member number is %d\n",pPoint[i]);
}
}
/*///////////////////////////////////////////////////////////////////////////////////////////////////////////////////////////////*/
/*                         进行数组元素的赋值                                */
/*///////////////////////////////////////////////////////////////////////////////////////////////////////////////////////////////*/
void  Evaluate(int* pPoint)                     /*定义函数，参数为指针*/
{
int i;                                          /*定义整型变量*/
for(i=0;i<10;i++)                               /*执行循环语句*/
{                                               /*在循环语句中执行赋值操作*/
    pPoint[i]=i;
}
}
```

（1）在程序的开始处声明函数时，将指针声明为函数参数。

（2）主函数 main 中，首先定义一个具有 10 个元素的数组。

（3）将数组名作为 Evaluate 函数的参数。在 Evaluate 函数的定义中，可以看到函数参数也为指针。在 Evaluate 函数体内，通过循环对数组进行赋值操作。可以看到虽然 pPoint 是指针，但也可以用数组的形式表示。

（4）在主函数 main 中调用 Display 函数进行显示输出操作。

3.1.6 main 函数的参数

在运行程序时，有时需要将必要的参数传递给主函数。主函数 main 的形式参数如下：

```
main(int argc, char* argv[] )
```

两个特殊的内部形参 argc 和 argv 是用来接收命令行实参的，这是只有主函数 main 具有的参数。

（1）argc 参数保存命令行的参数个数，是整型变量。这个参数的值至少是 1，因为至少程序名就是第一个实参。

（2）argv 参数是一个指向字符指针数组的指针，这个数组中的每一个元素都指向命令行实参。所有命令行实参都是字符串，任何数字都必须由程序转为适当的格式。

【例 3-5】 main 函数的参数使用。

本实例通过使用 main 函数的参数，对程序的名称进行输出。

```
#include<stdio.h>

int main(int argc,char* argv[])
{
printf("%s\n",argv[0]);                    /*输出程序的位置*/
return 0;                                  /*程序结束*/
}
```

运行程序，显示效果如图 3-5 所示。

```
E:\工作\人邮慕课版（2018）\慕课版（2019）\C语言案例教程\源码\第3章\3-5.exe
E:\工作\人邮慕课版（2018）\慕课版（2019）\C语言案例教程\源码\第3章\3-5.exe

--------------------------------
Process exited after 1.27 seconds with return value 0
请按任意键继续. . .
```

图 3-5　main 函数的参数使用

3.2 指针

指针

引入指针是C语言显著的优点之一，其使用起来十分灵活而且能提高某些程序的效率，但是如果使用不当则很容易造成系统错误。许多程序“挂死（程序崩溃）”往往都是错误地使用指针造成的。

3.2.1 指针的基本概念

1. 地址与指针

系统的内存就好比是带有编号的小房间，如果想使用内存就需要得到房间编号。比如有一个整型变量 i，i 的内容是数据 0，一个整型变量需要 4 字节，所以编译器为变量 i 分配的内存单元编号为 2000～2003，如图 3-6 所示。

地址就是内存区中对每个字节的编号，图 3-6 所示的 2000、2001、2002 和 2003 就是地址，为了进一步说明，我们来看图 3-7。

图 3-7 所示的 2000、2004 等就是内存单元的地址，而 0、1 就是内存单元的内容，换种说法就是基本整型变量 i 在内存中的地址从 2000 开始。因为基本整型占 4 字节，所以变量 j 在内存中的起始地址为 2004。变量 i 的内容为 0，变量 j 的内容为 1。

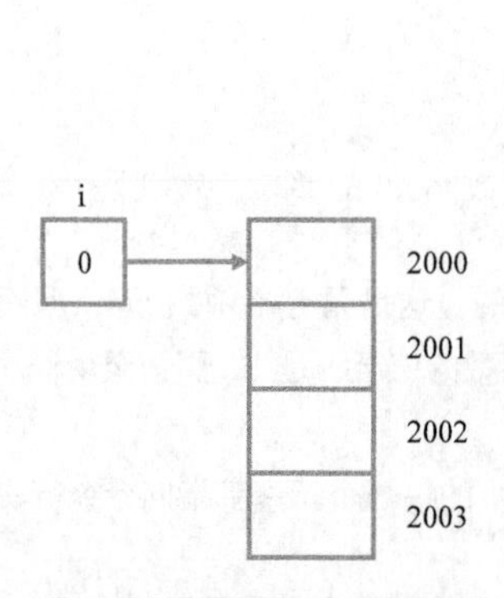

图 3-6　变量在内存中的存储

图 3-7　变量存放

如图 3-8 所示，可将指针看作内存中的一个地址（变量 P），多数情况下，这个地址是内存中另一个变量（如变量 i）的位置。

如果程序中定义了一个变量，在进行编译时就会给该变量在内存中分配一个地址，通过访问这个地址可以找到所需的变量，这个变量的地址称为该变量的“指针”。图 3-8 所示的地址 2000 是变量 i 的指针。

2．变量与指针

变量的地址是变量和指针二者之间的纽带，如果一个变量包含了另一个变量的地址，则可以理解成第一个变量指向第二个变量。所谓“指向”就是通过地址来体现的。例如，将变量 i 的地址存放到指针变量 p 中，p 就指向 i，其关系如图 3-9 所示。可以来做一个比喻，把 i 看成一间房间，p 看成一把钥匙，这把钥匙 p 指向的就是 i 这个房间，而其中的 10 就是房间里的内容。

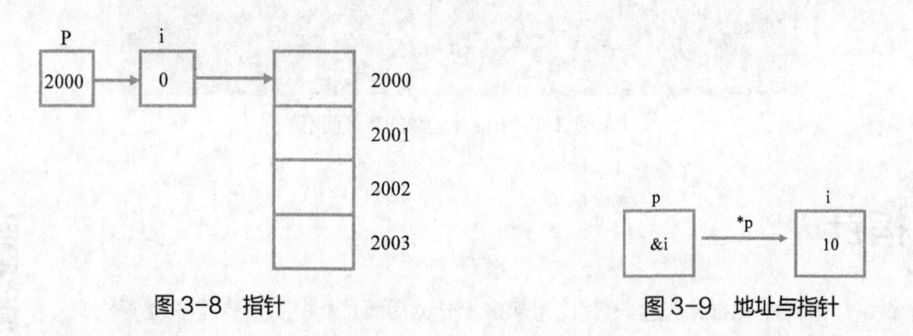

图 3-8　指针　　　　图 3-9　地址与指针

程序代码是通过变量名对内存单元进行存取操作的，但是代码经过编译后已经将变量名转换为该变量在内存中的存放地址，对变量值的存取都是通过地址进行的。例如，对图 3-7 所示的变量 i 和变量 j 进行如下操作：

```
i+j;
```

其含义是：根据变量名与地址的对应关系，找到变量 i 的地址 2000，然后从 2000 开始读取 4 字节的数据放到 CPU 寄存器中，再找到变量 j 的地址 2004，从 2004 开始读取 4 字节的数据放到 CPU 的另一个寄存器中，通过 CPU 的加法中断计算出结果。

在低级语言如汇编语言中都是直接通过地址来访问内存单元的，在高级语言中一般使用变量名访问内存单元，但 C 语言作为高级语言提供了通过地址来访问内存单元的方式。

3.2.2　指针变量

一个变量的地址称为该变量的指针。如果有一个变量专门用来存放另一个变量的地址，它就是指针变量。指针变量与变量在内存中的关系如图 3-10 所示。通过 1000 这个地址能访问地址为 2000 的存储单元，再通过地址 2000 找到对应的数据，以此类推。还拿房间和钥匙来比喻，假设外出，为了方便就把钥匙放到朋友 A 家，突然你的朋友 B 想要在你家借宿一晚，这时候朋友 B 需要找到朋友 A 家，然后拿着钥匙，再去你家。朋友 A 家就是 1000 这排地址，你家就是 2000 这排地址，钥匙就是这排指针 p，而你家的房屋里面的设施就是 1.13 这排数据。

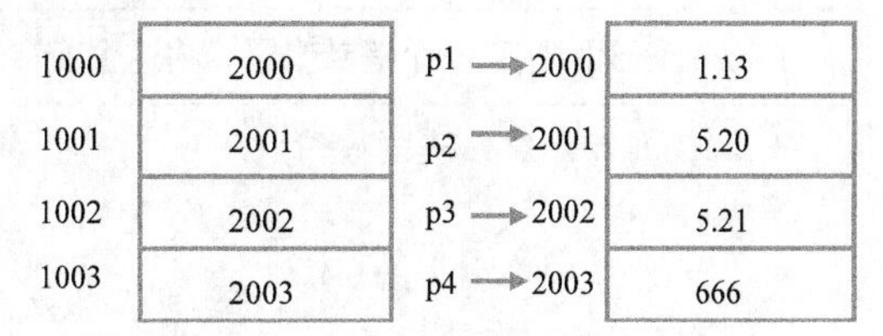

图 3-10　指针变量与变量在内存中的关系

C 语言中有专门用来存放内存单元地址的变量类型，即指针类型。下面将对如何定义一个指针变量、如何为一个指针变量赋值及如何引用指针变量这 3 方面内容分别进行介绍。

1. 指针变量的一般形式

如果有一个变量专门用来存放另一变量的地址，则称它为指针变量。图 3-9 所示的 p 就是一个指针变量。如果一个变量包含指针（指针等同于一个变量的地址），则必须对它进行说明。定义指针变量的一般语法格式如下：

```
类型说明符 * 变量名
```

其中，"*" 是一个单目运算符，表示该变量是一个指针变量，变量名即为定义的指针变量名，类型说明符表示本指针变量所指向的变量的数据类型，例如：

```
int *p;
```

这句代码定义了一个指针变量 p，其中 int 是数据类型，p 是变量名。

2. 指针变量的赋值

指针变量同普通变量一样，使用之前不仅需要定义，而且必须赋予具体的值。未经赋值的指针变量不能使用。给指针变量赋的值与给其他变量赋的值不同，指针变量只能赋予地址，而不能赋予任何其他数据，否则将引起错误。C 语言提供了地址运算符&来表示变量的地址，其一般语法格式为：

```
& 变量名;
```

运算符&是一个返回操作数地址的单目运算符，叫作取地址运算符，例如：

```
p=&i;
```

就是将变量 i 的内存地址赋给 p，这个地址是该变量在计算机内部的存储位置。

&a 表示变量 a 的地址，&b 表示变量 b 的地址。给一个指针变量赋值可以有以下两种方法。

（1）定义指针变量的同时就进行赋值，例如：

```
int a;
int *p=&a;
```

（2）先定义指针变量之后再赋值，例如：

```
int a;
int *p;
p=&a;
```

3. 指针变量的引用

引用指针变量是对变量进行间接访问的一种形式。引用指针变量的语法格式如下：

```
*指针变量
```

其含义是引用指针变量所指向的值。

3.2.3　指针自增自减运算

指针的自增自减运算不同于普通变量的自增自减运算，也就是说并非简单地加 1 或减 1，我们通过下面的实例来具体分析。

【例 3-6】 定义一个指针变量，将这个变量进行自增运算，利用 printf 函数将地址输出。

```
#include<stdio.h>                          /*包含头文件*/
void main()                                /*主函数main*/
{
    int i;                                 /*定义整型变量*/
    int *p;                                /*定义指针变量*/
    printf("please input the number:\n");  /*提示信息*/
    scanf("%d", &i);                       /*输入数据*/
    p = &i;                                /*将变量i的地址赋给指针变量*/
    printf("the result1 is: %d\n", p);     /*输出p存放的地址*/
    p++;                                   /*地址加1，这里的1并不代表1字节*/
    printf("the result2 is: %d\n", p);     /*输出p++后存放的地址*/
}
```

运行程序，显示效果如图 3-11 所示。

基本整型变量 i 在内存中占 4 字节，指针 p 是变量 i 的地址，这里的 p++不是简单地在地址上加 1，而是指向下一个存放基本整型变量的地址。

```
please input the number:
4
the result1 is: 6487572
the result2 is: 6487576

--------------------------------
Process exited after 9.571 seconds with return value 24
请按任意键继续. . .
```

图 3-11 int 类型指针自增自减

3.2.4 数组与指针

系统需要提供一定量连续的内存来存储数组中的各元素，内存都有地址，指针变量就是存放地址的变量，如果把数组的地址赋给指针变量，就可以通过指针变量来引用数组。指针数组就是一个数组，其元素均为指针类型数据。也就是说，指针数组中的每一个元素都相当于一个指针变量。下面介绍如何用指针来引用一维数组及二维数组元素。

1. 一维数组与指针

一维指针数组的定义语法格式如下：

```
类型说明符 *数组名[数组长度]
```

当定义一个一维数组时，系统会在内存中为该数组分配一个存储空间，数组的名称就是数组在内存中的首地址。若再定义一个指针变量，并将数组的首地址传给指针变量，则该指针就指向了这个一维数组，例如：

```
int *p,array[5];        //定义指针变量和数组
p=array;                //用数组名将首地址赋给指针变量
```

这里 array 是数组名，也就是数组的首地址，将它赋给指针变量 p，也就是将数组 array 的首地址赋给 p。也可以写成如下形式：

```
int *p,array[5];        //定义指针变量和数组
p=&array[0];            //用数组首个元素将首地址赋给指针变量
```

上面的语句是将数组 array 中的首个元素的地址赋给指针变量 p。由于 array[0]的地址就是数组的首地址，因此两条赋值操作效果完全相同。

通过指针的方式来引用一维数组中的元素，代码如下：

```
int *p,array[5];        //定义指针变量和数组
p=&array;               //引用一维数组元素给指针变量赋值
```

在 C 语言中，可以用 a+n 表示数组元素的地址，*(a+n)表示数组元素。

2. 二维数组与指针

定义一个 3 行 5 列的二维数组，其在内存中的存储形式如图 3-12 所示。

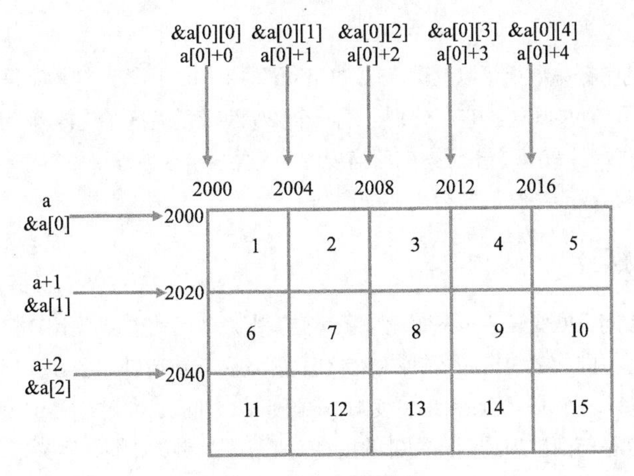

图3-12 二维数组

从图3-12中可以看到几种表示二维数组中元素地址的方法，下面逐一进行介绍。

&a[0][0]既可以看作数组0行0列的首地址，也可以看作二维数组的首地址。&a[m][n]就是第m行n列元素的地址。a[0]+n表示第0行第n个元素的地址。

3. 字符串与指针

访问一个字符串可以通过两种方式：第一种方式是使用字符数组来存放一个字符串，从而实现对字符串的操作；另一种方式是下面将要介绍的使用字符指针指向一个字符串，此时可以不定义数组。

【例3-7】 定义一个字符型指针变量，并将这个指针变量初始化，再将初始化内容输出。

```
#include<stdio.h>                                     /*包含头文件*/
int main()                                            /*主函数main*/
{
char *string = "A day is a miniature of eternity";    /*定义指针并初始化*/
printf("%s", string);                                 /*输出字符串*/
printf("\n");                                         /*换行*/
return 0;                                             /*程序结束*/
}
```

运行程序，显示效果如图3-13所示。

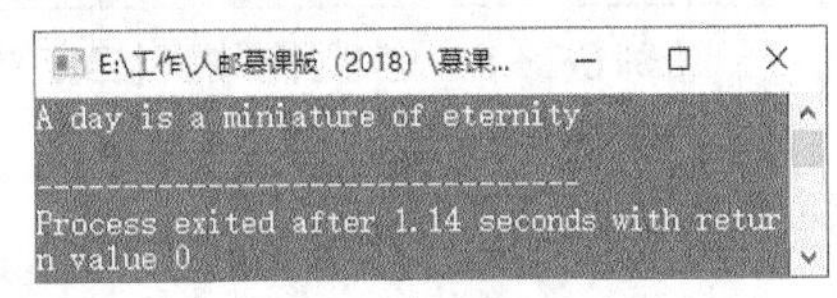

图3-13 输出格言

4. 字符串数组

我们在2.8.3节介绍过字符数组，这里提到的字符串数组有别于字符数组。字符数组是一个一维数组，而字符串数组是以字符串作为数组元素的数组，可以将其看成一个二维字符数组。例如，定义一个简单的字符串数组：

```
char country[5][20]=
{
    "China",
    "Japan",
    "Russia",
    "Germany",
    "Switzerland"
}
```

字符型数组变量country被定义为含有5个字符串的数组，每个字符串的长度要小于20（这里要考虑字符串最后的“\0”）。

通过观察上面定义的字符串数组可以发现，像“China”和“Japan”这样的字符串的长度仅为 5，加上字符串结束符也仅为 6，而内存中却要给它们分别分配一个 20 字节的空间，这样就会造成资源浪费。为了解决这个问题，可以使用指针数组，使每个指针指向所需要的字符常量，这种方法虽然需要在数组中保存字符指针，也占用空间，但所占空间远少于字符串数组需要的空间。

3.2.5 指向指针的指针

一个指针变量可以指向整型变量、实型变量和字符类型变量，当然也可以指向指针类型变量。当指针变量用于指向指针类型变量时，则称之为指向指针的指针变量。这种双重指针如图 3-14 所示。

整型变量 i 的地址是&i，将其值传递给指针变量 p1，则 p1 指向 i；同时，将 p1 的地址&p1 传递给 p2，则 p2 指向 p1。这里的 p2 就是前面讲到的指向指针的指针变量，即指针的指针。定义指向指针的指针变量语法格式如下：

```
类型说明符 **指针变量名;
```

例如：

```
int **p;
```

其含义为定义一个指针变量 p，它指向另一个指针变量，该指针变量又指向一个基本整型变量。由于指针运算符*是自右至左结合，所以上述定义相当于：

```
int *(*p);
```

既然知道了如何定义指向指针的指针，就可以将图 3-14 用图 3-15 更形象地表示出来。

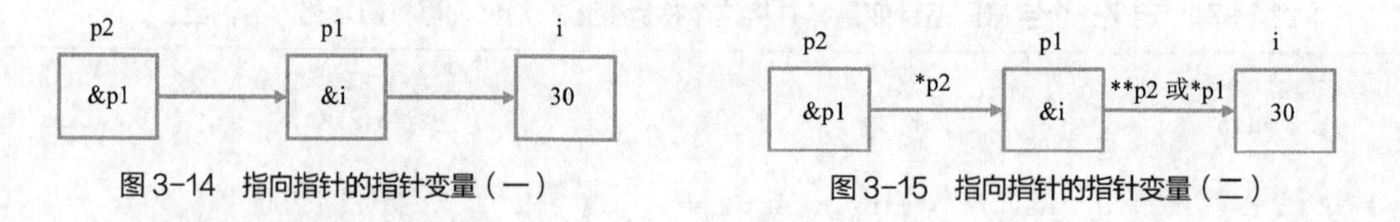

图 3-14　指向指针的指针变量（一）　　图 3-15　指向指针的指针变量（二）

3.2.6 指针变量作为函数参数

指针型变量也可以作为函数参数，这里通过实例来介绍如何用指针变量来做函数参数。

【例 3-8】 本实例利用指针自定义一个交换函数，在主函数中，利用指针变量使用户输入数据，并将输入的数据进行交换。

```
#include <stdio.h>                          /*包含头文件*/
void swap(int *a, int *b)                   /*自定义交换函数*/
{
int tmp;
tmp = *a;
*a = *b;
*b = tmp;
}
void main()                                 /*主函数main*/
{
int x, y;                                   /*定义两个整型变量*/
int *p_x, *p_y;                             /*定义两个指针变量*/
printf("请输入两个数: \n");
```

```
    scanf("%d", &x);                    /*输入数值*/
    scanf("%d", &y);
    p_x = &x;                           /*将地址赋给指针变量*/
    p_y = &y;
    swap(p_x, p_y);                     /*调用函数*/
    printf("x=%d\n", x);                /*输出结果*/
    printf("y=%d\n", y);
}
```

运行程序，显示效果如图 3-16 所示。

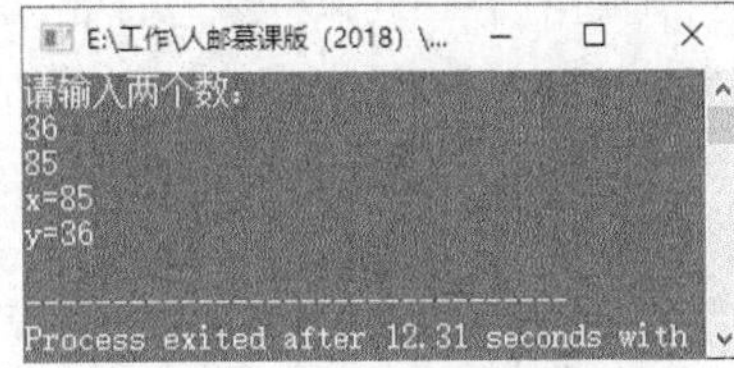

图 3-16　交换两个数的值

C 语言中实参变量和形参变量之间的数据传递是单向的“值传递”。指针变量作为函数参数也是如此，调用函数不可能改变实参指针变量的值，但可以改变实参指针变量所指向变量的值。

3.2.7　返回指针值的函数

指针变量也可以指向一个函数。一个函数在编译时被分配一个入口地址，该入口地址就称为函数的指针。可以用一个指针变量指向函数，然后通过该指针变量调用此函数。

一个函数可以返回一个整型值、字符值、实型值等，也可以返回指针型的数据，即地址。返回指针值的函数简称为指针函数。

定义指针函数的一般语法格式为：

```
类型名 *函数名(参数列表);
```

定义指针函数的示例如图 3-17 所示。

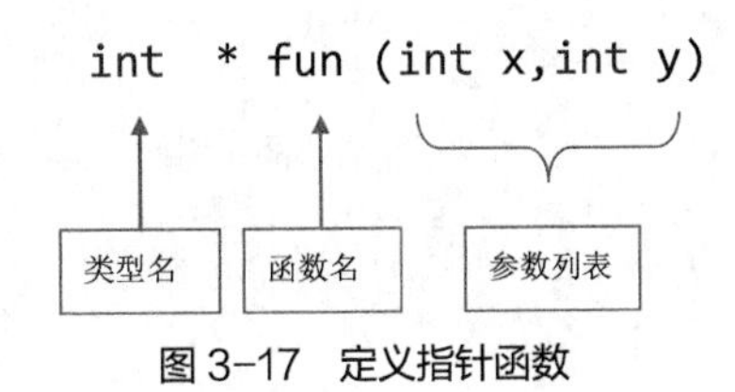

图 3-17　定义指针函数

3.3　结构体

前面介绍的类型都是基本类型，如整型 int、字符型 char 等，并且介绍了数组这种构造类型，数组中的各元素属于同一种类型。

但是在一些情况下，这些基本的类型是不能满足编写者使用要求的。此时，程序员可以将一些有关的变量组织起来定义成一个结构（structure），这样来表示一个有机的整体或一种新的类型，然后程序就可以像处理内部的基本数据那样对结构进行各种操作。

3.3.1　结构体类型的概念

“结构体”是一种构造类型，它是由若干“成员”组成的，其中的每一个成员可以是一个基本数据类型或者又是一个构造类型。既然结构体是一种新的类型，就需要先对其进行构造，这里称这种操作为声明一个结构体。声明结构体的过程就好比生产商品的过程，只有商品生产出来才可以使用该商品。

假如，在程序中就是要使用“商品”这样一个类型，一般的商品具有产品名称、形状、颜色、功能、价格和产地等特点，如图 3-18 所示。

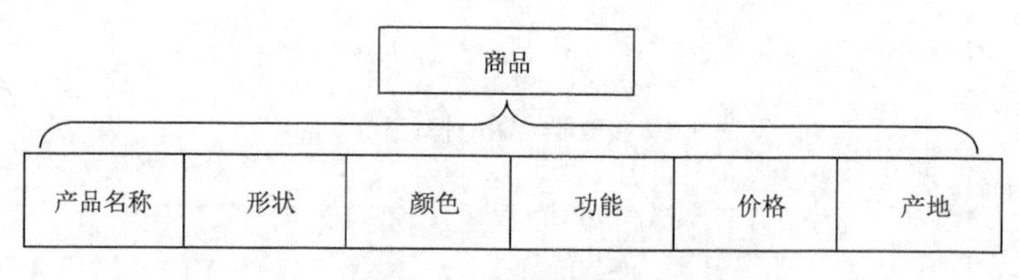

图 3-18 “商品”类型

通过图 3-18 可以看到，“商品”这种类型并不能用先前学习过的任何一种类型表示，这时就要自己定义一种新的类型，这种自己指定的结构称为结构体。

声明结构体时使用的关键字是 struct，其一般语法格式为：

```
struct 结构体名
{
成员列表
};
```

关键字 struct 表示声明结构，其后的结构体名表示该结构的类型名。大括号中的变量构成结构的成员，也就是一般形式中的成员列表。

在声明结构体时，要注意大括号后面有一个分号，在编程时千万不要忘记。

例如，声明一个结构体：

```
struct Product
{
char cName[10];                              /*产品名称*/
char cShape[20];                             /*形状*/
char cColor[10];                             /*颜色*/
char cFunc[20];                              /*功能*/
int iPrice;                                  /*价格*/
char cArea[20];                              /*产地*/
};
```

上面的代码使用关键字 struct 声明一个名为 Product 的结构体，在结构体中定义的变量是 Product 结构体的成员，这些变量表示产品名称、形状、颜色、功能、价格和产地，可以根据结构体成员不同的作用选择与其相对应的类型。

3.3.2 结构体变量的定义

3.3.1 节介绍了如何使用 struct 关键字来构造一个新的类型以满足程序的设计要求。使用构造出来的类型才是构造新类型的目的。

声明一个结构体表示的是创建一种新的类型名，接下来要用新的类型名再定义变量。定义的方式有 3 种。

（1）声明结构体类型，再定义变量。

3.3.1 节中声明 Product 结构体类型就是先声明结构体类型，然后用 struct Product 定义结构体变量，例如：

```
struct Product product1;
struct Product product2;
```

struct Product 是结构体类型名，而 product1 和 product2 是结构体变量名。既然使用 Product 类型定义变量，那么这两个变量就具有相同的结构。

定义一个基本类型的变量与定义结构体类型变量的不同之处在于：定义结构体变量不仅要求指定变量为结构体类型，而且要求指定其为某一特定的结构体类型，如 struct Product；而定义基本类型的变量时（如整型变量），只需要指定 int 型即可。

定义结构体变量后，系统就会为其分配内存单元，例如，product1 和 product2 在内存中各占 84 字节（10+20+10+20+4+20）。

（2）在声明结构体类型时，同时定义变量。

这种定义变量的一般语法格式为：

```
struct 结构体名
{
成员列表;
}变量名列表 ;
```

可以看到，在语法格式中将定义的变量的名称放在声明结构体的末尾处。但是需要注意的是，变量的名称要放在最后的分号前面。

定义的变量不是只能有一个，可以定义多个变量。

例如，使用 struct Product 结构体类型名：

```
struct Product
{
char cName[10];                              /*产品名称*/
char cShape[20];                             /*形状*/
char cColor[10];                             /*颜色*/
int iPrice;                                  /*价格*/
char cArea[20];                              /*产地*/
}product1,product2;                          /*定义结构体变量*/
```

这种定义变量的效果与第一种方式相同，即定义了两个 struct Product 类型的变量 product1 和 product2。

（3）直接定义结构体类型变量。

其一般语法格式为：

```
struct
{
        成员列表
}变量名列表;
```

可以看出这种方式没有给出结构体名称，例如，定义变量 product1 和 product2：

```
struct
{
char cName[10];                              /*产品名称*/
char cShape[20];                             /*形状*/
char cColor[10];                             /*颜色*/
int iPrice;                                  /*价格*/
char cArea[20];                              /*产地*/
}product1,product2;                          /*定义结构体变量*/
```

以上就是定义结构体类型变量的 3 种方法。有关结构体的类型说明如下。

① 类型与变量是不同的。例如，只能对变量进行赋值操作，而不能对一个类型进行赋值操作。这就像使

用 int 型定义变量 iInt，可以对 iInt 赋值，但是不能对 int 赋值。在编译时，对类型是不分配空间的，只对变量分配空间。

② 结构体的成员也可以是结构体类型的变量。

3.3.3 结构体变量的引用

定义结构体类型变量以后，当然可以引用这个变量。但要注意的是，不能直接将一个结构体变量作为一个整体进行输入和输出，例如，不能对 product1 和 product2 进行以下输出：

```
printf("%s%s%s%d%s",product1);
printf("%s%s%s%d%s",product2);
```

对结构体变量进行赋值、存取或运算，实质上就是对结构体成员的操作。结构体变量成员的一般语法格式为：

```
结构体变量名.成员名
```

在引用结构体成员时，可以在结构体的变量名的后面加上成员运算符“.”和成员的名字，例如：

```
product1.cName="Icebox";
product2.iPrice=2000;
```

上面的赋值语句就是对结构体变量 product1 中的成员 cName 和 iPrice 两个变量进行赋值。

但是如果成员本身又属于一个结构体类型，那该怎么办呢？这时就要使用若干个成员运算符，一级一级地找到最低一级的成员。只能对最低级的成员进行赋值或存取以及运算操作。

结构体变量的成员也可以像普通变量一样进行各种运算，例如：

```
product2.iPrice=product1.iPrice+500;
product1.iPrice++;
```

因为“.”运算符的优先级最高，所以 product1.iPrice++是 product1.iPrice 成员进行自加运算，而不是先对 iPrice 进行自加运算。

我们还可以对结构体变量成员的地址进行引用，也可以对结构体变量的地址进行引用，例如：

```
scanf("%d",&product1.iPrice);                    /*输入成员iPrice的值*/
printf("%o",&product1);                          /*输出product1的首地址*/
```

3.3.4 结构体类型的初始化

结构体类型与其他基本类型一样，也可以在定义结构体变量时指定初始值，例如：

```
struct Student
{
char cName[20];
char cSex;
int iGrade;
} student1={"HanXue","W",3};                     /*定义变量并设置初始值*/
```

在初始化时要注意，定义的变量后面使用等号，然后将其初始化的值放在大括号中，并且数据顺序要与结构体的成员列表的顺序一样。

3.4 结构体数组

结构体数组

当要定义 10 个整型变量时，前文介绍过可以将这 10 个变量定义成数组的形式。结构体变量中可以存放一组数据，如一个学生的信息，包含姓名、性别和年级等。当需要定义 10 个学生的数据时，也可以使用数组的形式，这时称数组为结构体数组。

结构体数组与前面介绍的数组的区别就在于，结构体数组中的元素是根据要求定义的结构体类型而不是基本类型。

3.4.1 定义结构体数组

定义一个结构体数组的方式与定义结构体变量的方式相同，只是结构体变量替换成数组。定义结构体数组的一般语法格式如下：

```
struct 结构体名
{
成员列表;
}数组名;
```

例如，定义学生信息的结构体数组，其中有 5 个学生的信息：

```
struct Student                          /*学生结构*/
{
char cName[20];                         /*姓名*/
int iNumber;                            /*学号*/
char cSex;                              /*性别*/
int iGrade;                             /*年级*/
} student[5];                           /*定义结构体数组*/
```

这种定义结构体数组的方式是声明结构体类型的同时定义结构体数组，可以看到结构体数组和结构体变量的位置是相同的。

就像定义结构体变量那样，定义结构体数组也可以有不同的方式。例如，先声明结构体类型再定义结构体数组：

```
struct Student student[5];              /*定义结构体数组*/
```

或者直接定义结构体数组：

```
struct                                  /*学生结构*/
{
char cName[20];                         /*姓名*/
int iNumber;                            /*学号*/
char cSex;                              /*性别*/
int iGrade;                             /*年级*/
} student[5];                           /*定义结构体数组*/
```

上面的代码都是定义一个数组，其中的元素为 struct Student 类型的数据，每个数据中又有 4 个成员变量，如图 3-19 所示。

	cName	iNumber	cSex	iGrade
student[0]	WangJiasheng	12062212	M	3
student[1]	YuLongjiao	12062213	W	3
student[2]	JiangXuehuan	12062214	W	3
student[3]	ZhangMeng	12062215	W	3
student[4]	HanLiang	12062216	M	3

图 3-19 结构体数组

数组中各数据在内存中的存储是连续的，如图 3-20 所示。

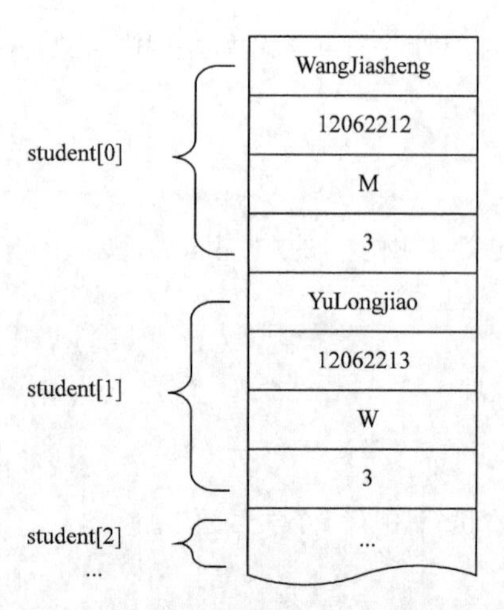

图 3-20　数组数据在内存中的存储形式

3.4.2　初始化结构体数组

与初始化基本类型的数组相同，也可以对结构体数组进行初始化操作。初始化结构体数组的一般语法格式为：

```
struct 结构体名
{
成员列表;
}数组名={初始值列表};
```

例如，对学生信息结构体数组进行初始化操作：

```
struct Student                                          /*学生结构*/
{
char cName[20];                                         /*姓名*/
int iNumber;                                            /*学号*/
char cSex;                                              /*性别*/
int iGrade;                                             /*年级*/
} student[5]={{"WangJiasheng",12062212,'M',3},
    {"YuLongjiao",12062213,'W',3},
    {"JiangXuehuan",12062214,'W',3},
    {"ZhangMeng",12062215,'W',3},
    {"HanLiang",12062216,'M',3}};                       /*定义数组并设置初始值*/
```

对数组进行初始化时，最外层的大括号表示所列出的是数组中的元素。因为每一个元素都是结构体类型，所以每一个元素也使用大括号，其中是每一个结构体元素的成员数据。

在定义数组 student 时，也可以不指定数组中的元素个数，这时编译器会根据数组后面的初始化值列表中给出的元素个数，来确定数组中元素的个数，例如：

```
student[ ]={…};
```

定义结构体数组时，可以先声明结构体类型，再定义结构体数组。同样，对结构体数组进行初始化操作时也可以使用同样的方式，例如：

```
struct student[5]={{"WangJiasheng",12062212,'M',3},
    {"YuLongjiao",12062213,'W',3},
    {"JiangXuehuan",12062214,'W',3},
    {"ZhangMeng",12062215,'W',3},
    {"HanLiang",12062216,'M',3}}
```

3.5 结构体指针

一个指向变量的指针表示的是变量所占内存的起始地址。如果一个指针指向结构体变量，那么该指针指向的是结构体变量的起始地址。同样，指针变量也可以指向结构体数组中的元素。

3.5.1 指向结构体变量的指针

若指针指向结构体变量的地址，则可以使用指针来访问结构体中的成员。定义结构体指针的一般语法格式为：

```
结构体类型 *指针名;
```

例如，定义一个指向 struct Student 结构体类型的 pStruct 指针变量：

```
struct Student *pStruct;
```

使用指向结构体变量的指针访问成员有两种方法（pStruct 为指向结构体变量的指针）。

（1）使用点运算符引用结构体成员：

```
(*pStruct).成员名
```

可以使用点运算符对结构体变量中的成员进行引用。*pStruct 表示指向的结构体变量，因此使用点运算符可以引用结构体中的成员变量。

*pStruct 一定要使用括号，因为点运算符的优先级是最高的，如果不使用括号，就会先执行点运算，然后是*运算。

例如，pStruct 指针指向了 student1 结构体变量，引用其中的成员：

```
(*pStruct).iNumber=12061212;
```

（2）使用指向运算符引用结构体成员：

```
pStruct ->成员名;
```

例如，使用指向运算符引用一个变量的成员：

```
pStruct->iNumber=12061212;
```

假如 student 为结构体变量，pStruct 为指向结构体变量的指针，可以看出以下 3 种形式的效果是相同的。

① student.成员名。

② (*pStruct).成员名。

③ pStruct->成员名。

在使用“->”引用成员时，要注意分析以下情况。

（1）pStruct->iGrade，表示指向结构体变量中成员 iGrade 的值。

（2）pStruct->iGrade++，表示指向结构体变量中成员 iGrade 的值，使用后该值加 1。

（3）++pStruct->iGrade，表示指向结构体变量中成员 iGrade 的值加 1，计算后再使用。

【例 3-9】 使用指向运算符引用结构体对象成员。

本实例定义结构体变量但不对其进行初始化操作，使用指针指向结构体变量并为其成员进行赋值操作。

```
#include<stdio.h>
#include<string.h>
struct Student                                  /*学生结构*/
{
```

```
char cName[20];                              /*姓名*/
int  iNumber;                                /*学号*/
char cSex[20];                               /*性别*/
int iGrade;                                  /*年级*/
}student;                                    /*定义变量*/
int main()
{
struct Student* pStruct;                     /*定义结构体类型指针*/
pStruct=&student;                            /*指针指向结构体变量*/
strcpy(pStruct->cName,"苏玉群");             /*将字符串常量复制到成员变量中*/
pStruct->iNumber=12061212;                   /*为成员变量赋值*/
strcpy(pStruct->cSex,"女");                  /*将字符串常量复制到成员变量中*/
pStruct->iGrade=2;
printf("********学生资料********\n");        /*消息提示*/
printf("姓名: %s\n",student.cName);          /*使用变量直接输出*/
printf("学号: %d\n",student.iNumber);
printf("性别: %s\n",student.cSex);
printf("年级: %d\n",student.iGrade);
return 0;
}
```

（1）在程序中使用了 strcpy 函数将一个字符串常量复制到成员变量中，使用该函数程序需包含头文件 string.h。

（2）可以看到在为成员赋值时，使用的是指向运算符引用的成员变量，在程序的最后使用结构体变量和点运算符直接将成员的数据输出。输出的结果表示使用指向运算符为成员变量赋值成功。

运行程序，显示效果如图 3-21 所示。

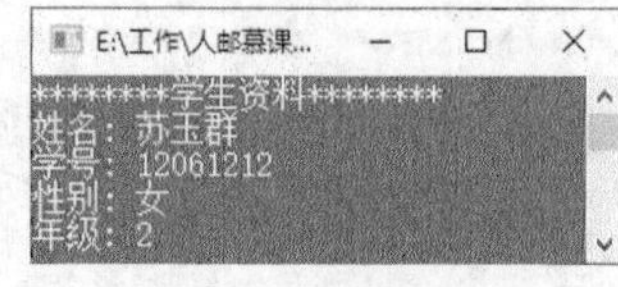

图 3-21　使用指向运算符引用结构体对象成员

3.5.2　指向结构体数组的指针

结构体指针变量不但可以指向一个结构体变量，还可以指向结构体数组，此时指针变量的值就是结构体数组的首地址。

结构体指针变量也可以直接指向结构体数组中的元素，这时指针变量的值就是该结构体数组元素的首地址。例如，定义一个结构体数组 student[5]，使用结构体指针指向该数组：

```
struct Student* pStruct;
pStruct=student;
```

因为数组不使用下标时表示的是数组的第一个元素的地址，所以指针指向数组的首地址。如果想利用指针指向第 3 个元素，则在数组名后附加下标，然后在数组名前使用取地址符号&，例如：

```
pStruct=&student[2];
```

【例 3-10】 使用结构体指针变量指向结构体数组。

本实例使用前面声明的学生结构类型定义结构体数组，并对其进行初始化操作，通过指向该数组的指针，将其中元素的数据输出显示。

```
#include<stdio.h>
struct Student                               /*学生结构*/
{
char cName[20];                              /*姓名*/
int  iNumber;                                /*学号*/
char cSex[20];                               /*性别*/
int iGrade;                                  /*年级*/
```

```
} student[5]={
    {"王家生",12062212,"男",3},
    {"玉龙娇",12062213,"女",3},
    {"姜雪环",12062214,"女",3},
    {"张萌",12062215,"女",3},
    {"韩亮",12062216,"男",3}
};                                              /*定义数组并设置初始值*/
int main()
{
struct Student* pStruct;
int index;
pStruct=student;
for(index=0;index<5;index++,pStruct++)
{
    printf("NO%d student:\n",index+1);          /*首先输出学生的名次*/
    /*使用变量index做下标，输出数组中的元素数据*/
    printf("Name: %s, Number: %d\n",pStruct->cName,pStruct->iNumber);
    printf("Sex: %s, Grade: %d\n",pStruct->cSex,pStruct->iGrade);
    printf("\n");                               /*空格行*/
}
return 0;
}
```

（1）在代码中定义了一个结构体数组 student[5]，定义结构体指针变量 pStruct 指向该数组的首地址。

（2）使用 for 语句，对数组元素进行循环操作。在循环语句块中，pStruct 刚开始是指向数组的首地址，也就是第一个元素的地址，因此使用 pStruct->引用的是第一个元素中的成员。使用输出函数显示成员变量表示的数据。

（3）一次循环语句结束之后，循环变量进行自加操作，同时 pStruct 也执行自加运算。这里需要注意的是，pStruct++表示 pStruct 的增加值为一个数组元素的大小，也就是说 pStruct++表示的是数组元素中的第二个元素 student[1]。

(++pStruct)->Number 与(pStruct++)->Number 的区别在于，前者是先执行++操作，使得 pStruct 指向下一个元素的地址，然后取得该元素的成员值；而后者是先取得当前元素的成员值，再使得 pStruct 指向下一个元素的地址。

运行程序，显示效果如图 3-22 所示。

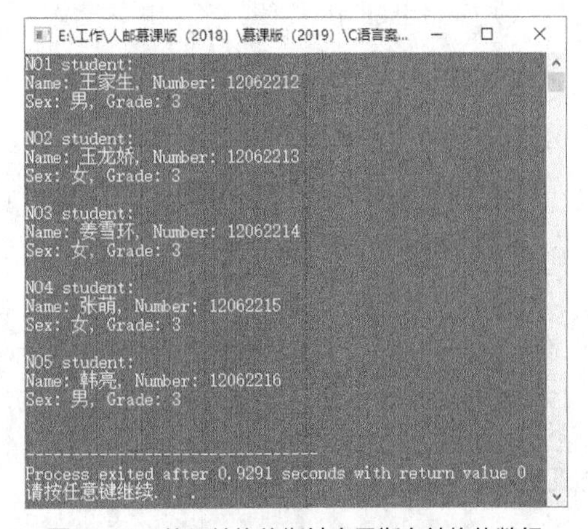

图 3-22　使用结构体指针变量指向结构体数组

3.5.3 结构体作为函数参数

函数是有参数的，可以将结构体变量的值作为一个函数的参数。使用结构体作为函数的参数有 3 种形式：使用结构体变量作为函数参数；使用指向结构体变量的指针作为函数参数；使用结构体变量的成员作为函数参数。

1. 使用结构体变量作为函数参数

使用结构体变量作为函数的实参时，采取的是"值传递"，会将结构体变量所占内存单元的内容全部顺序传递给形参，形参也必须是同类型的结构体变量，例如：

```
void Display(struct Student stu);
```

在形参的位置使用结构体变量，函数调用期间，形参也要占用内存单元。这种传递方式在空间和时间上开销都比较大。

另外，根据函数参数传值方式，如果在函数内部修改了变量中成员的值，则改变的值不会返回到主调函数中。

2. 使用指向结构体变量的指针作为函数参数

在使用结构体变量作为函数的参数时，传值的过程中空间和时间的开销比较大，那么有没有一种更好的传递方式呢？有！就是使用结构体变量的指针作为函数的参数进行传递。

在传递结构体变量的指针时，只是将结构体变量的首地址进行传递，并没有将变量的副本进行传递。例如，声明一个传递结构体变量指针的函数如下：

```
void Display(struct Student* stu)
```

这样使用形参 stu 指针就可以引用结构体变量中的成员了。这里需要注意的是，因为传递的是变量的地址，如果在函数中改变成员中的数据，那么返回主调函数时变量会发生改变。

3. 使用结构体变量的成员作为函数参数

使用这种方式为函数传递参数与普通的变量作为实参是一样的，以传值方式传递，例如：

```
Display(student.fScore[0]);
```

传值时，实参要与形参的类型一致。

3.6 共用体

共用体

共用体看起来很像结构体，只不过关键字由 struct 变成了 union。共用体和结构体的区别在于：结构体定义了一个由多个数据成员组成的特殊类型，而共用体定义了一块为所有数据成员共享的内存。

3.6.1 共用体的概念

共用体也称为联合体，它使几种不同类型的变量存放到同一段内存单元中。所以共用体在同一时刻只能有一个值，它属于某一个数据成员。由于所有成员位于同一块内存，因此共用体的大小就等于最大成员的大小。

定义共用体类型变量的一般语法格式为：

```
union 共用体名
{
成员列表
}变量列表;
```

例如，定义一个共用体，包括的数据成员有整型、字符型和实型：

```
union DataUnion
{
```

```
int iInt;
char cChar;
float fFloat;
}variable;                              /*定义共用体变量*/
```

其中 variable 为定义的共用体变量，而 union DataUnion 是共用体类型。还可以像结构体那样将类型的声明和变量定义分开：

```
union DataUnion variable;
```

可以看到共用体定义变量的方式与结构体定义变量的方式很相似，不过一定要注意：结构体变量的大小是其所包括的所有数据成员大小的总和，其中每个成员分别占有自己的内存单元；而共用体的大小为所包含数据成员中最大内存长度的大小，例如，上面定义的共用体变量 variable 的大小就与 float 类型的大小相等。

3.6.2 共用体变量的引用

共用体变量定义完成后，就可以引用其中的成员数据进行操作。引用的一般语法格式为：

```
共用体变量.成员名;
```

例如，引用前面定义的 variable 变量中的成员数据：

```
variable.iInt;
variable.cChar;
variable.fFloat;
```

不能直接引用共用体变量，如“printf("%d",variable);”。

3.6.3 共用体变量的初始化

在定义共用体变量时，可以同时对变量进行初始化操作。初始化的值放在一对大括号中。

对共用体变量初始化时，只需要一个初始化值，其类型必须和共用体的第一个成员的类型一致。

【例 3-11】 共用体变量的初始化。

本实例在定义共用体变量的同时进行初始化操作，并将引用变量的值输出。

```
#include<stdio.h>

union DataUnion                              /*声明共用体类型*/
{
int iInt;                                    /*成员变量*/
char cChar;
};

int main()
{
union DataUnion Union={97};                  /*定义共用体变量，并进行初始化*/
printf("iInt: %d\n",Union.iInt);             /*输出成员变量数据*/
printf("cChar: %c\n",Union.cChar);
```

```
return 0;
}
```

如果共用体的第一个成员是结构体类型，则初始化值中可以有多个用于初始化该结构体的表达式。

运行程序，显示效果如图 3-23 所示。

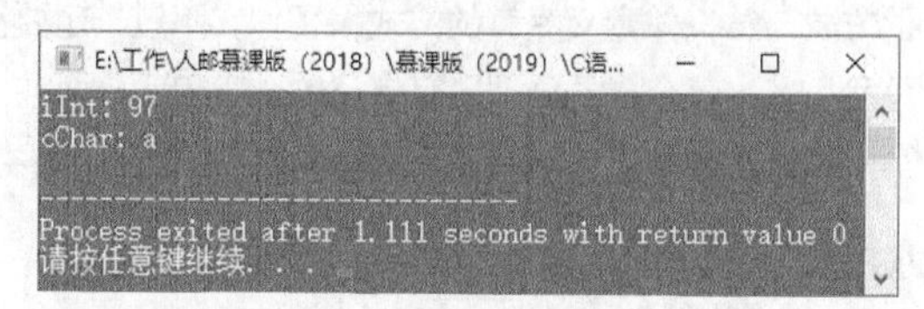

图 3-23　初始化共用体变量

3.6.4　共用体类型的数据特点

共用体类型主要有以下特点。

（1）同一个内存段可以用来存放几种不同类型的成员，但是每一次只能存放其中一种，而不是同时存放所有的类型。也就是说在共用体中，只有一个成员起作用，其他成员不起作用。

（2）共用体变量中起作用的成员是最后一次存放的成员，在存入一个新的成员后原有的成员就失去作用。

（3）共用体变量的地址和它的各成员的地址是一样的。

（4）不能对共用体变量名赋值，也不能引用变量名来得到一个值。

小 结

本章主要讲解了 C 语言中的一些核心技术知识，包括函数、指针、结构体、结构体数组、结构体指针与共用体等，通过学习本章，读者应该重点掌握函数以及指针的使用方法，并熟悉结构体和共用体类型的使用。

习 题

1．已定义以下函数：

```
int fun(int *p)
{return * p;}
```

fun 函数返回值是（　　）。

A．不确定的值　　B．一个整数　　C．形参 p 中存放的值　　D．形参 p 的地址值

2．有以下程序：

```
int add(int a,int b){return (a+b);}
main()
{ int k,(*f)(),a=5,b=10;
f=add;
…
}
```

则以下函数调用语句错误的是（　）。

A. k=(*f)(a,b);　　B. k=add(a,b);　　C. k=*f(a,b);　　D. k=f(a,b);

3. 下面的函数调用语句中func函数的实参个数是（　　）。

```
func(f2(v1,v2),(v3,v4,v5),(v6,max(v7,v8)));
```

A. 3　　B. 4　　C. 5　　D. 8

4. 以下叙述中错误的是（　　）。

A. 用户定义的函数中可以没有return语句

B. 用户定义的函数中可以有多个return语句，以便调用一次返回多个函数值

C. 用户定义的函数中若没有return语句，则应当定义函数为void类型

D. 函数的return语句中可以没有表达式

5. 在调用函数时，如果实参是简单变量，它与对应形参之间的数据传递方式是（　）。

A. 地址传递　　B. 单向值传递

C. 由实参传给形参，再由形参传回实参　　D. 传递方式由用户指定

6. 设有如下程序段：

```
char s[20]="Bejing",*p;
p=s;
```

则执行p=s;语句后，以下叙述正确的是（　　）。

A. 可以用* p表示s[0]　　B. s数组中元素的个数和p所指字符串长度相等

C. s和p都是指针变量　　D. 数组s中的内容和指针变量p中的内容相等

7. 有以下程序：

```
#include <stdio.h>
main()
{
    int m=1,n=2,*p=&m,*q=&n,*r;
    r=p;
    p=q;
    q=r;
    printf("%d,%d,%d,%d\n",m,n,*p,*q);
}
```

程序运行后的输出结果是（　　）。

A. 1,2,1,2　　B. 1,2,2,1　　C. 2,1,2,1　　D. 2,1,1,2

8. 有以下程序：

```
#include <stdio.h>
struct ord
{
    int x,y;
}
dt[2]={1,2,3,4};
main()
{
    struct ord *p=dt;
    printf("%d,",++p->x);
    printf("%d\n",++p->y);
}
```

程序的运行结果是（　　）。

A. 1,2　　B. 2,3　　C. 3,4　　D. 4,1

9. 下面结构体的定义语句中，错误的是（　　）。

A. struct ord {int x;int y;int z;}; struct ord a;

B. struct ord {int x;int y;int z;} struct ord a;

C. struct ord {int x;int y;int z;} a;

D. struct {int x;int y;int z;} a;

10. 下面说法正确的是（　　）。

A. 共用体可以作为函数参数

B. 可以定义共用体数组

C. 函数返回类型可以是共用体类型

11. 当调用函数时，实参是一个数组名，则向函数传递的是（　　）。

12. 以下程序的功能是通过函数 func 输入字符并统计输入字符的个数，输入时用字符@作为结束标志，请填空。

```
#include <stdio.h>
long (1)          /*  函数说明语句  */
main()
{
    long n;
    n=func();
    printf("n=%ld\n",n);
}
long func()
{
    long m;
    for(m=0;getchar()!='@'; (2)  );
    return m;
}
```

13. 以下函数的功能是求 x 的 y 次方，请填空。

```
double fun(double x,int y)
{
    int i;
    double z;
    for(i=1, z=x; i<y; i++)
        z=z* (  )  ;
    return z:
}
```

14. 在数组中同时查找最大元素下标和最小元素下标，分别存放在 main 函数的变量 max 和 min 中。

```
#include <stdio.h>
void find(int *a,int *max,int *min)
{ int i;
*max=*min=0;
for(i=1;i<n;i++)
  if(a[i]>a[*max])   (1)   ;
  else if(a[i]<a[*min])   (2)   ;
return;
```

```
    }
     main()
    { int a[]={5,8,7,6,2,7,3};
      int max,min;
      find( ____(3)____ );
      printf("%d,%d\n",max,min);
    }
```

15. 结构体数组的数组元素类型为（　　）。

PART04

第4章

C语言常用算法案例

一个程序主要由数据和操作两部分组成。数据作为程序操作的对象，而操作是对数据进行加工处理，加工处理的步骤就是算法。本章将对 C 语言中常用的一些算法进行讲解。

本章知识要点

- 常用的排序算法
- 常用的查找算法
- C 语言的一些经典算法
- 计算机等级考试的一些常用算法

4.1 排序算法

排序就是将一组杂乱无章的数据按照一定的规律顺序排列起来。在数据结构中排序是一种非常重要且常用的技术。

4.1.1 冒泡排序

1. 算法说明

冒泡排序是根据气泡的上浮下沉来进行数字的排序，程序设计的主体是循环语句的应用。

运行冒泡排序程序，按提示输入 10 个无规律的数字，数字之间用空格隔开，按回车键结束。程序会自动排序并由小到大地输出输入的数字，如图 4-1 所示。

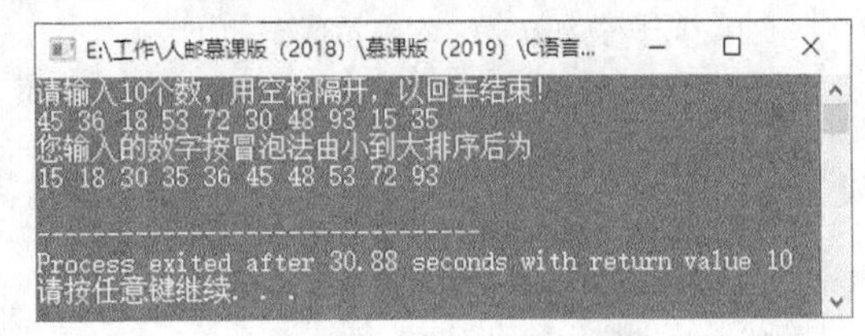

图 4-1 冒泡排序运行界面

2. 算法分析

冒泡排序法的思路是将相邻的两个数进行比较，小的放在前头，大的放在后面。先比较第 1 个数和第 2 个数，小数放前，大数放后；然后再比较第 2 个数和第 3 个数，小数放前，大数放后；以此类推，直到最后两个数进行比较，再次重复上述步骤，直至排序完成。

下面以 45 36 18 53 72 30 48 93 15 35 这一组数为例进行说明。

[45 36] 18 53 72 30 48 93 15 35 第 1 次比较，45 比 36 大，互换。

36 [45 18] 53 72 30 48 93 15 35 第 2 次比较，45 比 18 大，互换。

36 18 [45 53] 72 30 48 93 15 35 第 3 次比较，45 比 53 小，不变。

36 18 45 [53 72] 30 48 93 15 35 第 4 次比较，53 比 72 小，不变。

36 18 45 53 [72 30] 48 93 15 35 第 5 次比较，72 比 30 大，互换。

36 18 45 53 30 [72 48] 93 15 35 第 6 次比较，72 比 48 大，互换。

36 18 45 53 30 48 [72 93] 15 35 第 7 次比较，72 比 93 小，不变。

36 18 45 53 30 48 72 [93 15] 35 第 8 次比较，93 比 15 大，互换。

36 18 45 53 30 48 72 15 [93 35] 第 9 次比较，93 比 35 大，互换。

36 18 45 53 30 48 72 15 35 93 第一趟执行完成后的结果。

由此可以看到第一趟排序完成后最大的数 93 已经沉底，在最后一个位置上了。然后进行第二趟比较，对余下的数（除 93）按上面的方法进行比较。以此类推，直到最后一趟执行完成。

18 36 45 30 48 53 15 35 72 93 第二趟执行完成后的结果。
18 36 30 45 48 15 35 53 72 93 第三趟执行完成后的结果。
18 30 36 45 15 35 48 53 72 93 第四趟执行完成后的结果。

18 30 36 15 35 45 48 53 72 93　第五趟执行完成后的结果。

18 30 15 35 36 45 48 53 72 93　第六趟执行完成后的结果。

18 15 30 35 36 45 48 53 72 93　第七趟执行完成后的结果。

15 18 30 35 36 45 48 53 72 93　第八趟执行完成后的结果。

15 18 30 35 36 45 48 53 72 93　最后一趟执行完成后的结果。

3. 算法实现

（1）变量的定义代码如下：

```
int a[10];                              /*定义存放输入数字的一维数组*/
int i,j,k;                              /*定义程序中用于循环的变量和中间变量*/
```

（2）要排序的数字输入提示代码如下：

```
printf("请输入10个数，用空格隔开，以回车结束！\n");
for(i=0;i<10;i++)
    scanf("%d",&a[i]);                  /*数字输入*/
```

（3）冒泡排序实现代码如下：

```
for(i=0;i<9;i++)                        /*冒泡排序*/
    for(j=0;j<9-i;j++)
        if(a[j]>a[j+1])                 /*相邻两数进行比较，小的放前大的放后*/
        {
            k=a[j];
            a[j]=a[j+1];
            a[j+1]=k;
        }
```

（4）将排序后的数字输出代码如下：

```
printf("您输入的数字按冒泡法由小到大排序后为\n");
for(i=0;i<10;i++)
    printf("%d ",a[i]);                 /*输出排好序的数字*/
printf("\n");
```

输出代码 printf("%d ",a[i])中%d 后边有个空格，用来隔开数字，防止输出的数字堆在一起。读者也可以用其他方法来隔开数字。

4.1.2 选择排序

1. 算法说明

选择排序是从未排序的数据中选出最小的一个元素顺序放在已经排好序的数列最后。程序设计的主体是条件语句 if 的应用。

运行选择排序程序，按提示输入 10 个无规律的数字，数字之间用空格隔开，按回车键结束。程序会自动排序并由小到大地输出输入的数字，如图 4-2 所示。

```
E:\工作\人邮慕课版（2018）\慕课版（2019）\C语言案...
请输入10个数字,数字之间用空格隔开!
0 9 5 3 1 4 8 2 6 7
用选择法由小到大排序后为
0 1 2 3 4 5 6 7 8 9

--------------------------------
Process exited after 21.03 seconds with return value 10
请按任意键继续. . .
```

图 4-2　选择排序运行界面

2. 算法分析

设有 n 个数，可经 n-1 趟选择排序得到有序结果。首先把数据看作 1 到 n 的无序区，有序区为空；然后从无序区中选出最小的数 i，将它与无序区的第 1 个数进行交换，使它与后边的数分别变为新的有序区和无序区；再次从无序区选出最小的数 x，将它放在 i 的后面，直到无序区空为止。

下面以 9 5 3 0 1 4 8 2 6 7 这一组数据为例进行说明。

0 5 3 9 1 4 8 2 6 7　第一趟的排序结果，最小的数 0 与第 1 个数 9 进行了互换。

0 1 3 9 5 4 8 2 6 7　第二趟的排序结果，除去已排好序的 0，最小的数为 1，把它放在 0 的后面，即 1 跟 0 后面的 5 进行了互换。

0 1 2 9 5 4 8 3 6 7　第三趟排序的结果，除去已排好的，最小的数是 2，把它放在已经排好的数 1 的后面，即 2 和 3 进行了互换。

0 1 2 3 5 4 8 9 6 7　第四趟排序的结果，除去已排好的，最小的数是 3，把它放在已经排好序的数字后一位。

0 1 2 3 4 5 8 9 6 7　第五趟排序的结果，除去已排好的，最小的数是 4，把它放在已经排好序的数字后一位。

0 1 2 3 4 5 8 9 6 7　第六趟排序的结果，除去已排好的，最小的数是 5，把它放在已经排好序的数字后一位。

0 1 2 3 4 5 6 9 8 7　第七趟排序的结果，除去已排好的，最小的数是 6，把它放在已经排好序的数字后一位。

0 1 2 3 4 5 6 7 8 9　第八趟排序的结果，除去已排好的，最小的数是 7，把它放在已经排好序的数字后一位。

0 1 2 3 4 5 6 7 8 9　第九趟排序的结果，除去已排好的，最小的数是 8，把它放在已经排好序的数字后一位。

0 1 2 3 4 5 6 7 8 9　最后一趟排序的结果，因为只剩下最后一个数字 9，所以直接把 9 放在数据的最后位即可。

3. 算法实现

（1）变量的定义代码如下：

```
int a[10];                          /*定义存放输入数字的一维数组*/
int i,j,k,m;                        /*定义程序中用于循环的变量和中间变量*/
```

（2）数字输入提示代码如下：

```
printf("请输入10个数字,数字之间用空格隔开! \n");
for(i=0;i<10;i++)
    scanf("%d",&a[i]);              /*数字输入*/
```

（3）选择排序实现代码如下：

```
for(i=0;i<9;i++)                    /*选择排序*/
{
    k=i;                            /*将i的值赋给k*/
    for(j=i+1;j<10;j++)             /*找出最小的数*/
        if(a[k]>a[j])
            k=j;
        if(k!=i)                    /*将最小的数放到位置i处*/
        {
            m=a[i];
            a[i]=a[k];
            a[k]=m;
        }
}
```

（4）将排序后的数字输出代码如下：

```
printf("用选择法由小到大排序后为\n");
for(i=0;i<10;i++)
    printf("%d ",a[i]);             /*输出排好序的数字*/
printf("\n");
```

4.1.3 希尔排序

1. 算法说明

希尔排序是插入排序的一种，是对直接插入排序算法的改进。该方法又称缩小增量排序，因唐纳德 ·L. 希尔（Donald L.Shell）于 1959 年提出而得名。程序主体是 if else 判断语句。

运行希尔排序程序，按提示输入 10 个无规律的数字，数字之间用空格隔开，按回车键结束。程序会自动排序并由小到大地输出输入的数字，如图 4-3 所示。

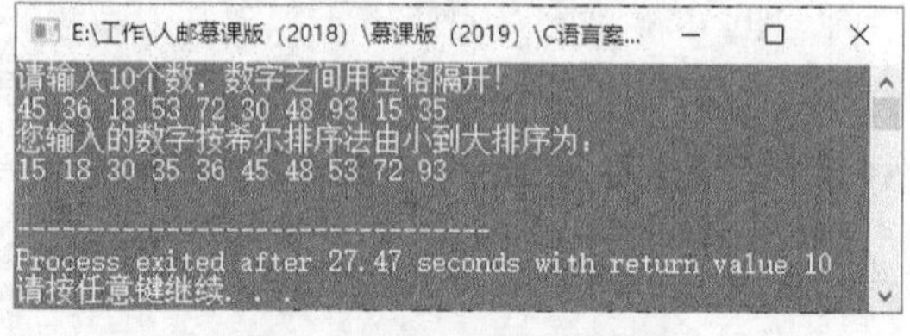

图 4-3　希尔排序运行界面

2. 算法分析

希尔排序是基于插入排序的一种算法，在此算法基础之上增加了一个新的特征，提高了效率，不需要大量的辅助空间，和归并排序一样容易实现。

（1）希尔排序的执行时间依赖于增量序列。

好的增量序列的共同点：

① 最后一个增量必须为 1；

② 应尽量避免序列中的值（尤其是相邻的值）互为倍数的情况。

（2）希尔排序的时间性能优于直接插入排序。

首先取一个小于 n 的整数 d_1 作为第一个增量，距离为 d_1 的元素放在同一个组中，在各组内进行直接插入排序；然后，取第二个增量 $d_2<d_1$，重复上述的分组和排序，直至所取的增量 $d_t=1(d_t<d_{t-1}<\cdots<d_2<d_1)$，即所有元素放在同一组中进行直接插入排序为止。

下面以 5 9 4 3 2 1 0 8 6 7 这一组数为例来进行说明。

5 9 4 3 2 1 0 8 6 7　将这 10 个数分为两组，5 个一组，然后每组的第一个数进行比较，5>1，互换。

1 9 4 3 2 5 0 8 6 7　比较第二个数，9>0，互换。

1 0 4 3 2 5 9 8 6 7　然后再比较第三个数，4<8，不变。

1 0 4 3 2 5 9 8 6 7　然后再比较第四个数，3<6，不变。

1 0 4 3 2 5 9 8 6 7　然后再比较第五个数，2<7，不变。

1 0 4 3 2 5 9 8 6 7　这是第一趟排序的结果。以此类推。

1 0 2 3 4 5 6 7 9 8　这是第二趟排序的结果。第二趟时两个数一组，共 5 组。

0 1 2 3 4 5 6 7 8 9　这是最后一趟的排序结果。最后一趟时一个数为一组，共分 10 组。

3. 算法实现

（1）变量的定义代码如下：

```
int a[10];                          /*定义存放输入数字的一维数组*/
int i,j,k,t;                        /*定义程序中用于循环的变量和中间变量*/
```

（2）要排序的数字输入提示代码如下：

```
printf("请输入10个数，数字之间用空格隔开! \n");
for(i=0;i<10;i++)
    scanf("%d",&a[i]);              /*数字输入*/
```

（3）希尔排序实现代码如下：

```
while(k>0)                          /*希尔排序*/
{
    for(i=k;i<10;i++)
    {
        j=i-k;
```

```
        while(j>=0)
            if(a[j]>a[j+k])
            {t=a[j];a[j]=a[j+k];a[j+k]=t;}
            else break;
    }
    k/=2;
}
```

（4）将排序后的数字输出代码如下：

```
printf("您输入的数字按希尔排序法由小到大排序为：\n");
for(i=0;i<10;i++)
    printf("%d ",a[i]);                /*输出排好序的数字*/
printf("\n");
```

4.2 查找算法

查找算法

查找是在一个含有众多数据元素的集合中找到特定数据元素的操作，例如，在文件列表中找到特定文件，或者在数据表中找到特定的值。

4.2.1 顺序查找

1. 算法说明

顺序查找就是从数据序列中的第 1 个元素开始，从头到尾逐个查找，直到找到所要的数据或搜索完整个数据序列。

运行顺序查找程序，根据提示输入数组和要查找的关键字，程序输出想要查找的数在数组中的位置，如图 4-4 所示。

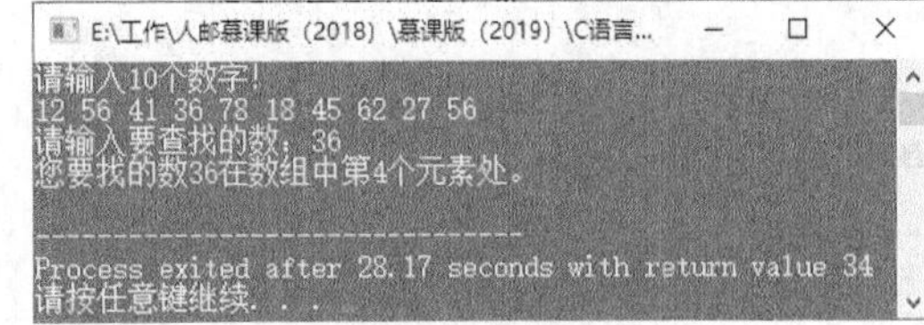

图 4-4　顺序查找运行界面

2. 算法分析

顺序查找是在一个已知无序队列中找出与给定关键字相同的数的具体位置，原理是让关键字与队列中的数从第一个开始逐个比较，直到找出与给定关键字相同的数或者搜索完整个数据列为止。定义一个数组 a[10]接收数据列，再定义一个变量 x 接收要查找的数，再定义一个函数 search 用来执行查找的过程。最后输出要查找的数在数组中的位置 n。

顺序查找的基本思想是从表的一端开始，顺序扫描线性表，依次将扫描到的节点和给定值 k 相比较。若扫描到的节点与 k 相等，则查找成功；若扫描结束后仍未找到等于 k 的节点，则查找失败。

顺序查找方法既适用于线性表的顺序存储结构，也适用于线性表的链式存储结构（使用单链表作为存储结构时，扫描必须从第一个节点开始）。

（1）顺序查找的优点：算法简单，且对表的结构无任何要求，无论是用向量还是用链表来存放节点，也无论节点之间是否有序，它都同样适用。

（2）顺序查找的缺点：查找效率低，因此，当数据量较大时不宜采用顺序查找。

使用顺序查找方法查找数据，最理想的情况是比较 1 次就找到目标数据，最差的情况是需要比较完所有的 n 个数据才找到目标数据，平均比较次数为 $n/2$ 次。

3. 算法实现

（1）对被调函数进行声明代码如下：

```
int search(int a[],int y,int x);          /*对自定义的函数search进行声明*/
```

（2）变量的定义代码如下：

```
int i,x,n;                                        /*变量定义*/
int a[10];
```

（3）数组元素的接收和关键字的接收代码如下：

```
printf("请输入10个数字！\n");
for(i=0;i<10;i++)
    scanf("%d",&a[i]);                            /*接收输入的数组*/
printf("请输入要查找的数：");
scanf("%d",&x);                                   /*接收关键字*/
```

（4）输出要找的数的位置，代码如下：

```
if(n<0)                                           /*输出要找的数的位置*/
    printf("没找到您要找的数,您要找的数可能不在数组中。\n");
else
    printf("您要找的数%d在数组中第%d个元素处。\n",x,n);
```

（5）被调函数代码如下：

```
int search(int a[],int y,int x)                   /*被调用的函数search*/
{
    int i,f=-1;   for(i=0;i<10;i++)
        if(x==a[i])
        {
            f=i+1;
            break;
        }
        return(f);
}
```

4.2.2 折半查找

1. 算法说明

折半查找是将有序数列不断地缩小一半，直到找到该元素或折半区域的首元素位置高于尾元素位置为止。

运行折半查找程序，根据提示输入 10 个有序的数和想要查找的关键字，程序会输出你所要找的关键字在数组中的位置，如图 4-5 所示。

```
E:\工作\人邮慕课版（2018）\慕课版（2019）\C语言...
请输入10个有序的数！
0 1 2 3 4 5 6 7 8 9
请输入您要查找的数
0
您要查找的数0在数组中的位置是第1个元素

--------------------------------
Process exited after 22.01 seconds with return value 39
请按任意键继续. . .
```

图 4-5 折半查找运行界面

2. 算法分析

折半查找是一种高效的查找方法，它可以明显减少比较次数，提高查找效率。但是，折半查找的先决条件是查找表中的数据元素必须是有序的。

折半查找的算法如下。

首先，需要设三个变量 low、mid、high，分别保存数组元素的开始、中间和末尾的序号。假定有 10 个元素，开始时令 low=0，high=9，mid=(low+high)/2=4，接着进行以下判断。

（1）如果序号为 mid 的数组元素的值与 x 相等，表示查找到了数据，返回序号 mid。

（2）否则，如果 x<a[mid]，表示要查找的数据 x 位于 low 与 mid-1 序号之间，就不需要再去查找 mid 与 high 序号之间的元素了。因此，将 high 变量的值改为 mid-1，重新查找 low 与 mid-1（即 high 变量的新值）之间的数据。

（3）如果 x>a[mid]，表示要查找的数据 x 位于 mid+1 与 high 序号之间，就不需要再去查找 low 与 mid 序号之间的元素了。因此，将 low 变量的值改为 mid+1，重新查找 mid+1（即 low 变量的新值）与 high 之间的数据。

（4）逐步循环，如果到 low>high 时，还未找到目标数据 x，则表示数组中无此数据。

3. 算法实现

（1）调用函数声明代码如下：

```
int search(int a[],int n,int x);                    /*对调用的函数进行声明*/
```

（2）变量定义代码如下：

```
int i,x,z;                                          /*对变量进行定义*/
int a[10];
```

（3）输入数组 a[]和关键字 x 代码如下：

```
printf("请输入10个有序的数! \n");
for(i=0;i<10;i++)
    scanf("%d",&a[i]);                              /*接收10个有序的数赋值给数组a*/
printf("请输入您要查找的数\n");
scanf("%d",&x);                                     /*接收要查找的关键字并赋值给x*/
```

（4）函数的调用程序代码如下：

```
z=search(a,10,x);                                   /*调用函数search*/
```

（5）输出要找的数在数组中的位置代码如下：

```
if(z)
    printf("您要查找的数%d在数组中的位置是第%d个元素\n",x,z);
else
    printf("您要查找的数%d不在数组中! \n");
```

（6）被调函数代码如下：

```
int search(int a[],int n,int x)                     /*被调函数search*/
{
    int low,mid,high;                               /*定义变量*/
    low=0;                                          /*给变量赋初值*/
    high=n-1;
    while(low<=high)                                /*折半查找*/
    {
        mid=(low+high)/2;
        if(a[mid]==x)
            return mid+1;
        else if(a[mid]>x)
            high=mid-1;
        else low=mid+1;
    }
    return -1;
}
```

4.2.3 哈希查找

1. 算法说明

哈希查找是使用给定数据构造哈希表，然后在哈希表上进行查找的一种方法。给定一个值，然后根据哈希函数求得哈希地址，直到查找到要找元素或者查找位置为“空”时为止。

运行程序，根据提示输入学生信息和想要查找的学生学号，程序输出有无该学生，若有，输出该学生姓名和所在表中位置，如图 4-6 所示。

2. 算法分析

（1）哈希查找是通过计算数据元素的存储地址进行查找的一种方法，操作步骤如下。

① 用给定的哈希函数构造哈希表。

② 根据选择的冲突处理方法解决地址冲突。

③ 在哈希表的基础上执行哈希查找。

（2）建立哈希表的步骤如下。

① 取数据元素的关键字 key，计算其哈希函数值（地址）。若该地址对应的存储空间还没有被占用，则将该元素存入；否则处理冲突。

② 根据选择的冲突处理方法，计算关键字 key 的下一个存储地址。若下一个地址仍被占用，则继续处理冲突，直到找到能用的存储地址为止。

（3）设哈希表为[0~m-1]，哈希函数取 H(key)，解决冲突的方法是 R(x)，哈希表用 HST 表示，查找步骤如下。

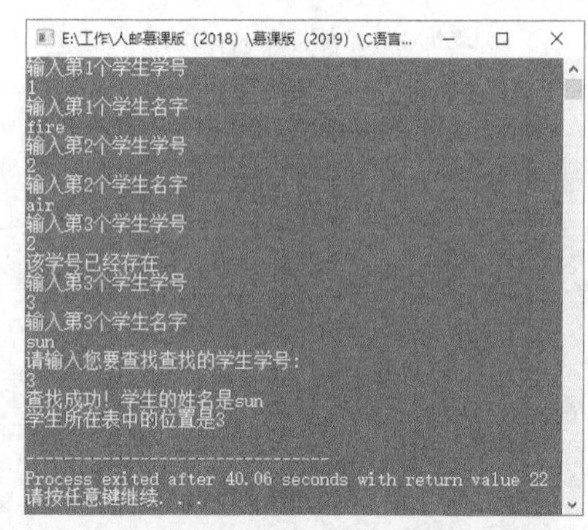

图 4-6 哈希查找运行界面

① 给定 k 值，计算哈希地址 Di=H(k)；若 HST 为空，则查找失败；若 HST=k，则查找成功。否则，处理冲突。

② 重复计算处理冲突的下一个存储地址 Dk=R(Dk−1)，直到 HST[Dk]为空，或 HST[Dk]=k 为止。若 HST[Dk]=k，则查找成功，否则查找失败。

（4）哈希函数的构造方法如下。

① 直接定址法。取关键字或关键字的某个线性函数值为哈希地址，即：

```
H(key)=key或H(key)=a*key+b
```

其中 a 和 b 为常数（这种哈希函数叫作自身函数）。

② 数字分析法。假设关键字是以 r 为基数的，并且哈希表中可能出现的关键字都是事先知道的，则可取关键字的若干数位组成哈希地址。

③ 平方取中法。取关键字平方后的中间几位为哈希地址，这是一种较常用的构造哈希函数的方法。通常在选定哈希函数时不一定能知道关键字的全部情况，取其中哪几位也不一定合适，而一个数平方后的中间几位数和数的每一位都相关，随机分布的关键字得到的哈希地址也是随机的。取的位数由表长决定。

④ 折叠法。将关键字分割成位数相同的几部分（最后一部分的位数可以不同），然后取这几部分的叠加和（舍去进位）作为哈希地址，这种方法称为折叠法。关键字位数很多，而且关键字每一位上数字分布大致均匀时，可以采用折叠法得到哈希地址。

⑤ 除留余数法。取关键字被某个不大于哈希表表长 m 的数 p 除后所得余数为哈希地址，即：

```
H(key)=key MOD p,p<=m
```

这是一种最简单也最常用的构造哈希函数的方法。它不仅可以对关键字直接取模（MOD），也可在折叠、平方取中等运算之后取模。

值得注意的是，在使用除留余数法时，对 p 的选择很重要。若 p 选得不好，容易产生同义词。一般情况下，可以选 p 为质数或不包含小于 20 的质因数的合数。

⑥ 随机数法。选择一个随机函数，取关键字的随机函数值为它的哈希地址，即 H(key)=random(key)，其中 random 为随机函数。通常，当关键字长度不等时采用此法构造哈希函数较恰当。

实际工作中需视不同的情况采用不同的哈希函数。通常考虑的因素有：

- 计算哈希函数所需的时间（包括硬件指令的因素）；
- 关键字的长度；
- 哈希表的大小；
- 关键字的分布情况；
- 记录的查找频率。

（5）处理冲突的方法如下。

① 开放定址法：

```
Hi=(H(key)+di) MOD m  i=1,2,3,…,k(k<=m-1)
```

其中H（key）为哈希函数；m为哈希表表长；d_i为增量序列，有以下3种取法：

- d_i=1,2,3,…,m-1称线性探测再散列；
- $d_i=1^2, -1^2, 2^2, -2^2, 3^2, \cdots, \pm k^2, (k<=m/2)$称二次探测再散列；
- d_i=伪随机探测再散列。

② 再哈希法：

```
Hi =RHi (key)           i=1,2,3,…,k
```

RH_i是不同的哈希函数，即在同义词产生地址冲突时计算另一个哈希函数地址，直到冲突不再发生。这种方法不易产生“聚集”，但增加了计算的时间。

③ 链地址法。将所有关键字为同义词的记录存储在同一线性链表中，假设某哈希函数产生的哈希地址在区间[0,m-1]上，则设立一个指针型向量：

```
Chain ChainHash[m];
```

其每个分量的初始状态都是空指针。凡哈希地址为i的记录都插入到头指针为ChainHash[i]的链表中。链表中的插入位置可以在表头或表尾，也可以在中间，以保持同义词在同一线性表中按关键字有序。

④ 建立一个公共溢出区。这也是处理冲突的一种方法。假设哈希函数的值域为[0,m-1]，则设向量HashTable[0..m-1]为基本表，每个分量存放一个记录，另设立向量OverTable[0..v]为溢出表。所有关键字和基本表中关键字为同义词的记录，不管它们由哈希函数得到的哈希地址是什么，一旦发生冲突，都填入溢出表。

3. 算法实现

（1）定义查找的节点元素代码如下：

```
typedef struct
{
    int num;
    char name[20];
} ElemType;                                    /*定义查找的节点元素*/
```

（2）定义哈希表代码如下：

```
typedef struct
{
    ElemType *elem;
    int count;
    int sizeindex;
} HashTable;                                   /*定义哈希表*/
```

（3）定义哈希函数代码如下：

```
int Hash(int num)
{
    int p;
    p=num%5;
    return p;
}                                              /*定义哈希函数*/
```

（4）创建哈希表代码如下：

```
void InitHash(HashTable *H)                    /*创建哈希表*/
{
    int i;
    H->elem=(ElemType *)malloc(MAX*sizeof(ElemType));
    H->count=0;
```

```
    H->sizeindex=MAX;
    for(i=0;i<MAX;i++)
        H->elem[i].num=0;             /*初始化，使SearHash函数能判断到底有没有元素在里面*/
}
```

（5）查找函数代码如下：

```
int SearHash(HashTable H,int key,int *p)      /*查找函数*/
{
    int c=0;
    *p=Hash(key);
    while(H.elem[*p].num!=key&&H.elem[*p].num!=0)/*通过二次探测再散列解决冲突*/
    {
        c=c+1;
        if(c%2==1)
            *p=*p+(c+1)*(c+1)/4;
        else
            *p=*p-(c*c)/4;
    }
    if(H.elem[*p].num==key)
        return 1;
    else
        return 0;
}
```

（6）插入函数代码如下：

```
void InsertHash(HashTable *H,ElemType e)           /*如果查找不到就插入元素*/
{
    int p;
    SearHash(*H,e.num,&p);
    H->elem[p]=e;
    ++H->count;
}
```

（7）主函数代码如下：

```
void main()                                        /*主函数*/
{
    HashTable H;
    int p,key,i;
    ElemType e;
    InitHash(&H);
    for(i=0;i<3;i++)                               /*输入3个元素*/
    {
loop:   printf("输入第%d个学生学号\n",i+1);
        scanf("%d",&e.num);                        /*输入学号*/
        if(!SearHash(H,e.num,&p))
        {
            printf("输入第%d个学生名字\n",i+1);
            scanf("%s",e.name);                    /*输入名字*/
            InsertHash(&H,e);                      /*插入元素*/
        }
        else
        {
            printf("该学号已经存在\n");            /*否则就表示元素的学号已经存在*/
```

```
            goto loop;                                       /*跳到loop处*/
        }
    }
    printf("请输入您要查找的学生学号:\n");
    scanf("%d",&key);                                        /*输入要查找的学号*/
    if(SearHash(H,key,&p))                                   /*能查找成功*/
    {
        printf("查找成功！学生的姓名是%s\n",H.elem[p].name);  /*输出名字*/
        printf("学生所在表中的位置是%d\n",p);                 /*输出位置*/
    }
    else
        printf("查找失败！您要查找的学生不存在！\n");
}
```

4.3 经典算法

经典算法

4.3.1 计算贷款利息

1. 算法说明

如一家小商店向银行贷款 10 万元，分 10 个月还清，每个月需要还 10500 元，按复利计算，月利率应是多少（答案不应超过 100%）？这样一个数学应用题，尽管复杂，但是我们可以思路清晰地列出一个关于 x 的非线性方程。这是一个非线性方程求根的问题。应用编程实现任意输入贷款金额 a 元、还清这些贷款需要的时间 b 月、每个月需要还 c 元，计算出月利率应是多少。运行结果如图 4-7 所示。

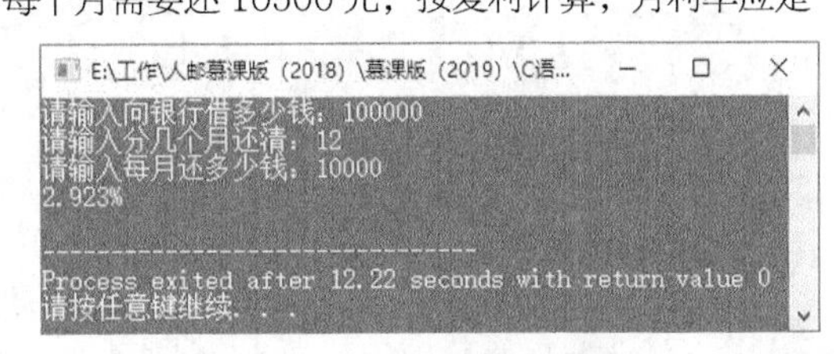

图 4-7　计算贷款利息

2. 算法分析

通过上述例题的描述列出一个非线性方程。设 x 为月利率，那么第一个月还钱后还需还 a(1+x)−c 元，第二个月还钱后还需还(a(1+x)−c)(1+x)−c 元，重复 b 个月后可以将钱全部还清，可以列出如下方程：

```
f(x)=((a(1+x)-c)(1+x)-c)(1+x)-c…=0
```

由于贷款分 b 个月还清，因此方程中需要将前一个月还完剩下的钱再乘以 1+x 减去 c，直到 b 个月后，钱全部还清，剩余 0 元。

b 值越大，方程就越复杂，求解也就越麻烦，但是应用计算机可以简单地解决这个问题。由于 f(x)在[0,100]范围内是关于 x 单调递增的，因此可以应用猜数字的方法，根据题中描述可以知道 x 的范围是[0,100]，在这个范围内猜数字，代入方程，通过计算机判断这个值是比实际的大还是小，如果小了，则下次应该在这个数和 100 之间猜测，如果大了，则下次应该在 0 到这个数之间猜测。

如此猜测下去数字会越来越接近，直至找到最后的结果。但是 x 是一个实数，0～100 的实数是可以无限二分的，因此在编写程序时，需要给这个实数设定一个精确度，当继续二分超过这个精度时，程序终止，得到的解为在这个精度下的最终结果。

3. 算法实现

计算贷款利息的算法关键是在程序中设定好精确度，以保证程序能够终止。例如，本例中设精确度为 1e-3，即小数点后保留三位。在这个精确度范围内对 x 值进行二分，比较 x 值代入方程中 f(x)的大小。详细实现代码如下：

```
#include <stdio.h>
int main()
```

```
{
    double a,c,x=0,y=100;
    int i,b;
    printf("请输入向银行借多少钱：");
    scanf("%lf",&a);
    printf("请输入分几个月还清：");
    scanf("%d",&b);
    printf("请输入每月还多少钱：");
    scanf("%lf",&c);
    while(y-x>1e-3)                          /*在确定的精度下计算x值*/
    {
        double m=x+(y-x)/2;                  /*对x所在范围二分*/
        double f=a;
        for(i=0;i<b;i++)                     /*在b个月内还贷款*/
            f+=f*m/100.0-c;
        if(f<0)
            x=m;                             /*x的值过大*/
        else
            y=m;
    }
printf("%.3lf%%\n",x);
return 0;
}
```

4.3.2 魔幻方阵

1. 算法说明

所谓的魔幻方阵就是在一个 n×n 的矩阵中排列 1 到 n×n 这些数字，并且使得它的每一行、每一列以及两条对角线的和都相等。本算法实现了一个三阶魔幻方阵，如图 4-8 所示。

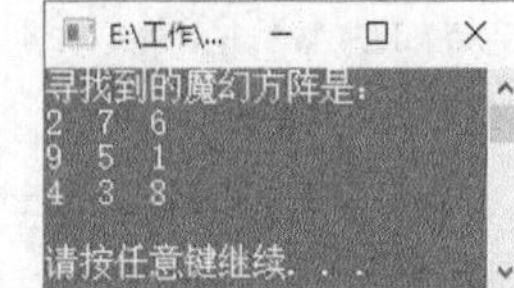

图 4-8 魔幻方阵效果图

2. 算法分析

实现魔幻方阵可以使用穷举法，这是一个直观和简单的方法。下面以一个三阶方阵为例进行介绍。根据排列组合的知识我们很容易知道这将会有 9! 种排列方式。那么只要使用九重循环，对这些方式进行穷举比较，使所有元素都不相等且满足魔幻方阵的条件，就可以求出魔幻方阵。

3. 算法实现

根据上面的算法分析，编写代码如下。

```
#include <stdio.h>
#include <stdlib.h>
/*对矩阵元素进行比较，保证没有重复值*/
int  ne(int i,int j,int k,int l,int m,int n,int o,int p,int q)
{
    if(i!=j&&i!=k&&i!=l&&i!=m&&i!=n&&i!=o&&i!=p&&i!=q
          &&j!=k&&j!=l&&j!=m&&j!=n&&j!=o&&j!=p&&j!=q
                &&k!=l&&k!=m&&k!=n&&k!=o&&k!=p&&k!=q
                      &&l!=m&&l!=n&&l!=o&&l!=p&&l!=q
                            &&m!=n&&m!=o&&m!=p&&m!=q
                                  &&n!=o&&n!=p&&n!=q
                                        &&o!=p&&o!=q
                                              &&p!=q)
```

```
        return 1;
      else    return 0;
  }
  /*对行列和对角线的数之和进行比较*/
  int comparesum(int i,int j,int k,int l,int m,int n,int o,int p,int q)
  {
      if(i+j+k==l+m+n&&i+j+k==o+p+q&&i+j+k==i+l+o
        &&i+l+o==j+m+p&&i+l+o==k+n+q&&i+l+o==i+m+q
        &&i+m+q==k+m+o)
        return 1;
      else    return 0;
  }
  /*对排列情况进行穷举，找出魔幻方阵*/
  void maqicalMatrix()
  {
     int  i,j,k,l,m,n,o,p,q;
     for(i=1;i<=9;i++)
      for(j=1;j<=9;j++)
       for(k=1;k<=9;k++)
        for(l=1;l<=9;l++)
         for(m=1;m<=9;m++)
          for(n=1;n<=9;n++)
           for(o=1;o<=9;o++)
            for(p=1;p<=9;p++)
             for(q=1;q<=9;q++)
             {
                if(ne(i,j,k,l,m,n,o,p,q))
                if(comparesum(i,j,k,l,m,n,o,p,q))
                {
                   printf("寻找到的魔幻方阵是：\n");
                   printf("%d  %d  %d\n",i,j,k);
                   printf("%d  %d  %d\n",l,m,n);
                   printf("%d  %d  %d\n",o,p,q);
                   printf("\n");
                   return;
                }
             }
  }
  int main()
  {
   maqicalMatrix();
   system("PAUSE");
   return 0;
  }
```

4.3.3 进制转换算法

1. 算法说明

该算法实现进制间的灵活转换。任意输入一个数并输入几进制，则输出转换后的十进制数，如图 4-9 所示。

```
E:\工作\人邮慕课版（2018）\慕课版（2019）\C语言...
please input a number string:
01101
please input n(2or8or16):
2
the decimal is 13

--------------------------------
Process exited after 20.13 seconds with return value 18
请按任意键继续. . .
```

图 4-9　二进制转换为十进制

2. 算法分析

程序中用到了字符串函数 strupr 和 strlen，前者将括号内指定字符串中的小写字母转换为大写字母，其余字符串不变，后者求括号中指定字符串的长度，即有效字符的个数。使用这两个函数时应在程序开头写上一行：

```
#include<string.h>
```

本算法的主要思路是用字符型数组 a 存放一个 n 进制数，再对数组中的每个元素进行判断，如果是 0 到 9 的数字则进行以下处理：

```
t = a[i] - '0';
```

如果是字母则进行以下处理：

```
t = a[i] - 'A' + 10;
```

如果输入的数据与进制不符，则输出错误信息并退出程序。

3. 算法实现

根据上面的算法分析，编写代码如下。

```
#include <stdio.h>
#include <string.h>
main()
{
   long t1;
   int i, n, t, t3;
   char a[100];
   printf("please input a number string:\n");
   gets(a);                                          /*输入n进制数存到数组a中*/
   strupr(a);                                        /*将a中的小写字母转换成大写字母*/
   t3 = strlen(a);                                   /*求出数组a的长度*/
   t1 = 0;                                           /*为t1赋初值0*/
   printf("please input n(2or8or16):\n");
   scanf("%d", &n);                                  /*输入进制数*/
   for (i = 0; i < t3; i++)
   {
      /*判断输入的数据和进制数是否相符*/
      if (a[i] - '0' >= n && a[i] < 'A' || a[i] - 'A' + 10 >= n)
      {
         printf("data error!!");                     /*输出错误*/
      }
      if (a[i] >= '0' && a[i] <= '9')                /*判断是否为数字*/
         t = a[i] - '0';                             /*求出该数字赋给t*/
      else if (n >= 11 && (a[i] >= 'A' && a[i] <= 'A' + n - 10))  /*判断是否为字母*/
         t = a[i] - 'A' + 10;                        /*求出字母所代表的十进制数*/
      t1 = t1 * n + t;                               /*求出最终转换成的十进制数*/
   }
   printf("the decimal is %ld\n", t1);               /*将最终结果输出*/
}
```

4.3.4 爱因斯坦阶梯问题

1. 算法说明

爱因斯坦阶梯问题可描述为：有一条长长的阶梯，如果每步跨 2 阶，那么最后剩 1 阶；如果每步跨 3 阶，那么最后剩 2 阶；如果每步跨 5 阶，那么最后剩 4 阶；如果每步跨 6 阶，那么最后剩 5 阶；只有当每步跨 7 阶时，最后才正好走完，一阶也不剩。请问这条阶梯至少有多少阶（求所有三位阶梯数）？程序运行结果如图 4-10 所示。

```
E:\工作\人邮慕课版（2018）\慕课版（2019）\C语言案...
the number of the stairs is 119
the number of the stairs is 329
the number of the stairs is 539
the number of the stairs is 749
the number of the stairs is 959

--------------------------------
Process exited after 1.064 seconds with return value 999
请按任意键继续. . .
```

图 4-10 爱因斯坦阶梯问题运行结果

2. 算法分析

本算法的关键是如何写 if 语句中的条件，如果这个条件能够顺利地写出，那整个程序也就基本上完成了。条件如何来写主要依据题意，“每步跨 2 阶，那么最后剩 1 阶……当每步跨 7 阶时，最后才正好走完，一阶也不剩”，从这几句可以看出规律就是总的阶梯数对每步跨的阶梯数取余得的结果就是剩余阶梯数，这 5 种情况是&&的关系，也就是说必须同时满足，即：

```
i % 2 == 1 && i % 3 == 2 && i % 5 == 4 && i % 6 == 5 && i % 7 == 0
```

3. 算法实现

根据上面的算法分析，编写代码如下。

```
#include <stdio.h>
main()
{
   int i;                                    /*定义基本整型变量i*/
   for (i = 100; i < 1000; i++)              /*for循环求一百到一千内的所有三位数*/
      /*根据题意写出对应的条件*/
      if (i % 2 == 1 && i % 3 == 2 && i % 5 == 4 && i % 6 == 5 && i % 7 == 0)
         printf("the number of the stairs is %d\n", i);        /*输出阶梯数*/
}
```

4.4 计算机等级考试算法实例

计算机等级考试算法实例

4.4.1 数组的下三角置数

1. 算法说明

本算法实现对一个二维数组的下三角置数进行输出。所谓下三角置数，就是以数组对角线为界，包括对角线所包含的数组元素，这些元素的排列组成一个三角形，如图 4-11 所示。

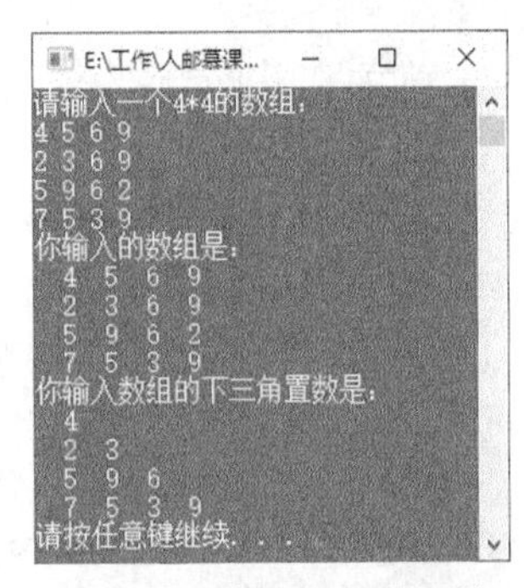

图 4-11 数组的下三角置数

2. 算法分析

本算法的实现过程就是对数组输出循环的控制，三角形的输出主要是对控制列输出循环的设计。本实例是对左下三角置数的输出，所以只要控制列的循环中的最大条件值随着第一重循环增加 1 就可以了。

3. 算法实现

根据上面的算法分析，编写代码如下。

```
#include <stdio.h>
#include <stdlib.h>
```

```
int main()
{
  int x[4][4],n,i,j;
  printf("请输入一个4*4的数组：\n");
  for(i=0;i<4;i++){
    for(j=0;j<4;j++) {
      scanf("%d",&x[i][j]);
    }
  }
    printf("你输入的数组是：\n");
    for(i=0;i<4;i++){
      for(j=0;j<4;j++) {
         printf("%3d",x[i][j]);
      }
      printf("\n");
    }
    printf("你输入数组的下三角置数是：\n");
    for(i=0;i<4;i++){
       for(j=0;j<=i;j++)
        printf("%3d",x[i][j]);
        printf("\n");
    }
 system("PAUSE");
 return 0;
}
```

4.4.2 查找单链表的节点

1. 算法说明

本算法主要实现对链表中的数值进行按值查找，这里的链表使用的是带有头节点的单向链表，如图 4-12 所示。

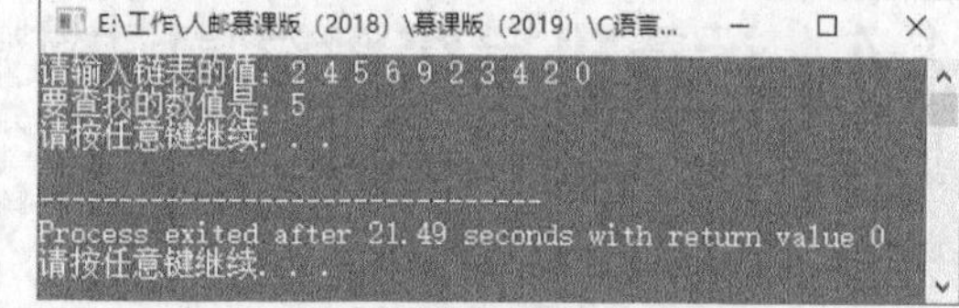

图 4-12 查找单链表的节点

2. 算法分析

本算法的实现，首先需要使用自定义函数 createlist 创建链表，创建链表中使用指针向后移动链表中元素的位置；然后在自定义函数 minpoint 中对链表进行遍历查找，从链表头节点开始，利用循环的方式向下查找，如果当前节点指向的下一个节点不为空，则将下一个节点设置为当前节点，直到最后一个元素。

3. 算法实现

根据上面的算法分析，编写代码如下。

```
#include <stdio.h>
#include <stdlib.h>
typedef int datatype;
typedef struct node{
   datatype data;
   struct node *next;
}listnode;
typedef listnode *linklist;
listnode *p ;
linklist createlist()
```

```
{
    int ch;
    linklist head;
    listnode *p;
    head=NULL;
    scanf("%d",&ch);
    while (ch!=0){
        p=(listnode*)malloc(sizeof(listnode));
        p->data=ch;
        p->next=head;
        head=p;
       scanf("%d",&ch);
        }
        return (head);
}
listnode * minpoint(linklist head,char key)
{
    listnode * p=head;
    while(p->next && p->data!=key)
            p=p->next;
            if(p!=NULL)
            printf("要查找的数值是：%d\n",(p->data));
    return p;

}
int main()
{
   linklist list;
   listnode *node;
   int key=5;
   printf("请输入链表的值：");
   list=createlist();
   node=minpoint(list,key);
   system("PAUSE");
   return 0;
}
```

4.4.3 寻找二维数组的最大值

1. 算法说明

本算法实例实现对一个 3×4 二维数组每行中最大元素的查找并进行输出。运行结果如图 4-13 所示。

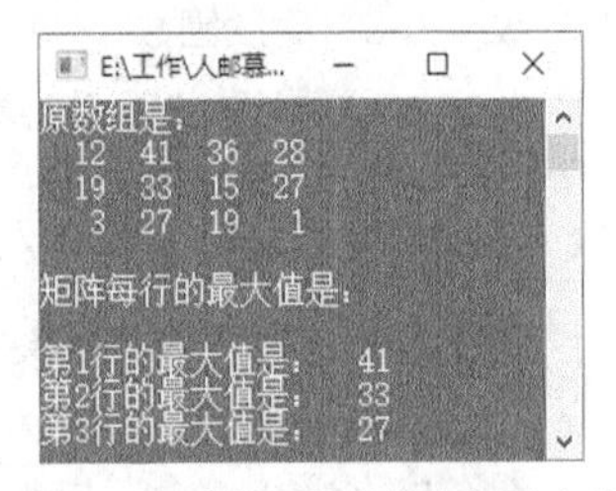

图 4-13 查找二维数组每行最大值

2. 算法分析

本实例查找最大值应用了循环比较的算法，将最大值放入一个数组，最后输出这个存储最大值的数组。

3. 算法实现

根据上面的算法分析，编写代码如下。

```
#include <stdio.h>
#include <stdlib.h>
void fun(int m,int n,int ar[ ][4],int * bar)
{  int i,j,x;
```

```
    for(i=0;i<m;i++)
{   x=ar[i][0];
    for (j=0;j<n;j++) if(x<ar[i][j])x=ar[i][j];
     bar[i]=x;
}
}
main()
{  int a[3][4]={{12,41,36,28},{19,33,15,27},{3,27,19,1}},b[3],i,j;
printf("原数组是：\n");
for(i=0;i<3;i++){
    for(j=0;j<4;j++){
                    printf("%4d",a[i][j]);
                    }
                    printf("\n");
                }
 fun(3,4,a,b);
 printf("\n矩阵每行的最大值是：\n\n");
 for(i=0;i<3;i++){
 printf("第%d行的最大值是：%4d",i+1,b[i]);
 printf("\n");
}
 printf("\n");
 system("PAUSE");
 return 0;
}
```

小 结

本章对 C 语言中的一些常用算法进行了介绍，通过算法说明、算法分析和算法实现 3 个步骤进行讲解。算法是程序开发中必不可少的一个组成部分，希望通过本章的学习，读者能够具备分析算法的能力，以便在实际开发时能快速、有效地对所使用的算法进行剖析。

习 题

1. 分解质因数算法实现，即把一个合数写成几个质数相乘的形式，例如，12=2*2*3，12 为合数，2 和 3 为质因数。任何一个合数都可以写成几个质数相乘的形式。

2. 牛顿切线法算法实现。牛顿切线法算法是迭代法中最重要的一种，同样是不断用变量的旧值计算出新值，再用新值取代旧值的过程，而且迭代具有收敛性，收敛于某一值，这一值就是满足误差要求的近似值，且与迭代的初值无关。

本算法应用牛顿切线法求解方程：$xe^x-2=0$。

3. 哥德巴赫猜想算法实现。哥德巴赫猜想是一个伟大的世界性的数学猜想，其基本思想为：任何一个大于 2 的偶数都能表示为两个素数之和。编写算法实现验证歌德巴赫猜想对 100 以内的正偶数成立。

4. 尼科彻斯定理算法实现：任何一个整数的立方都可以写成一串连续奇数的和。

5. 猴子吃桃算法实现。有一只猴子第一天摘下若干个桃子，当即吃掉了一半，又多吃了一个；第二天将剩下的桃子吃掉一半，又多吃了一个；按照这样的吃法，每天都吃前一天剩下的桃子的一半，又多一个，到了第 10 天，就只剩下一个桃子。编程计算这只猴子第一天摘下了多少个桃子。

PART05

第5章

模拟ATM机界面程序——C+循环控制实现

前面章节中讲解了使用C语言进行程序开发的主要技术。本章则给出一个完整的应用案例——模拟ATM机界面程序。该系统能够实现模拟自动提款机界面，实现用户登录及取款等功能。通过该案例，读者应重点熟悉实际项目的开发过程，掌握C语言在实际项目开发中的综合应用方式。

本章知识要点

- 软件的基本开发流程
- 系统的功能结构及业务流程
- 开发 ATM 机的设计思路
- if 语句的使用方法
- 循环语句的使用方法
- switch语句的应用

5.1 需求分析

现如今，不论你在城市的哪个地点，附近都会有一台 ATM 机。ATM 机是 24 小时自助的，可以在任何时间使用，大大方便了我们的生活。本章的目标是设计一台模拟 ATM 机。ATM 机主要功能有：

（1）用户输入密码登录主界面功能；

（2）取款功能，取款后显示取款金额以及剩余金额功能；

（3）退出功能。

5.2 系统设计

5.2.1 系统目标

本程序实现模拟 ATM 机界面，并可模拟使用 ATM 机取钱的过程。本程序可以达到以下目标：

（1）输入正确密码进入主目录界面；

（2）进入执行取款界面；

（3）进入显示取款金额以及剩余金额界面；

（4）进入退出系统界面。

5.2.2 构建开发环境

系统开发平台：Dev C++。

系统开发语言：C 语言。

运行平台：Windows 7（SP1）/ Windows 8/Windows 8.1/Windows 10。

5.2.3 系统功能结构

模拟 ATM 机界面程序是一个简单的开发应用程序，主要功能有输入密码、取款、显示取款金额及剩余金额，具体规划如下。

1. 输入密码功能

输入密码。程序设定的密码是“123”，运行程序输入 1 时，选择的功能是输入密码，当用户输入的密码是 123，就会提示输入密码正确，进入取款界面；如果输入错误密码小于 3 次，就会提示“输入密码错误，请重新输入”；如果输入错误密码大于等于 3 次，就会提示“按任意键退出系统”。

2. 取款功能

经过输入密码的验证之后，进入取款界面，界面会让用户选择数字 1、2、3，对应要取的钱数，在用户选择之后，就会提示取出相应的钱数，而且还会显示取钱之后剩余的钱数。

3. 退出系统功能

运行程序之后，当用户选择数字 3，就会退出系统。

模拟 ATM 机界面程序系统功能结构如图 5-1 所示。

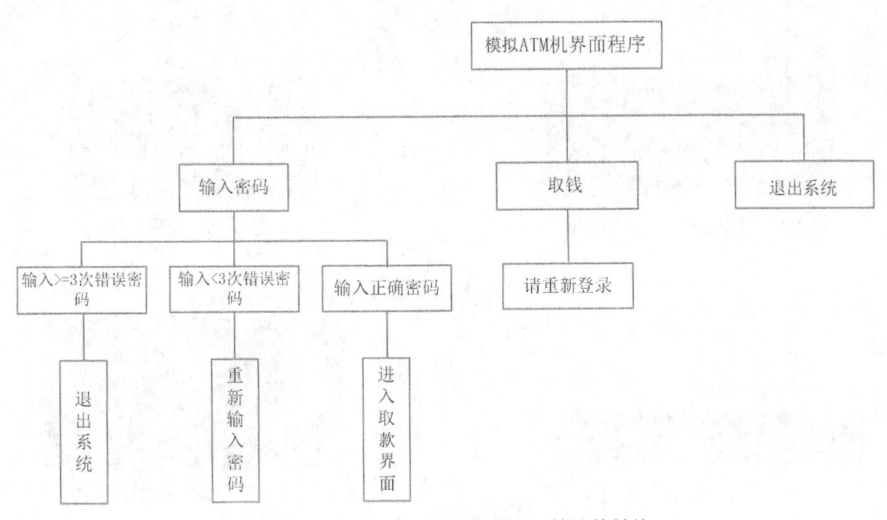

图5-1　模拟ATM机界面程序系统功能结构

5.2.4　业务流程图

ATM机界面程序的业务流程图如图5-2所示。

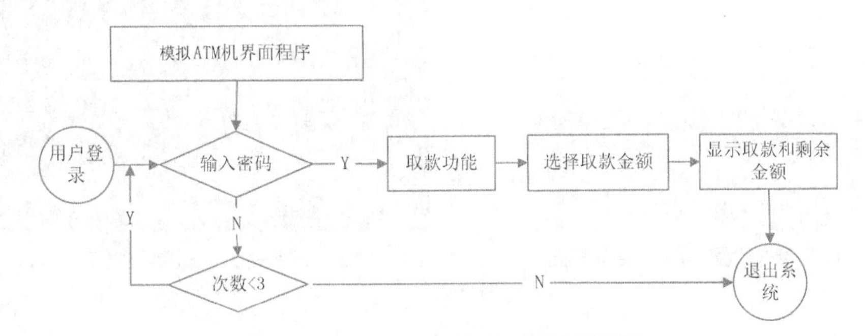

图5-2　模拟ATM机界面程序业务流程图

5.2.5　系统预览

模拟ATM机界面程序由多个模块组成，本书呈现源程序主要代码。

模拟ATM机界面程序的运行效果如图5-3所示。在欢迎界面上输入数字1~3，可以实现相应的功能。

在欢迎界面中输入“1”，实现输入密码功能，如图5-4~图5-6所示。

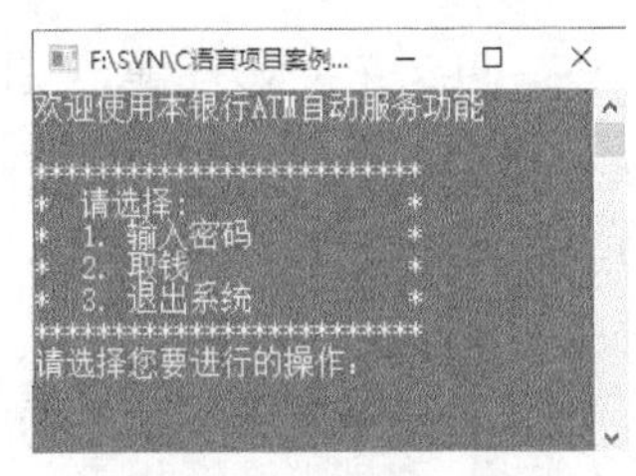

图5-3　欢迎界面

图5-4　密码错误小于3次

当用户直接选择数字“2”，就会显示图5-7所示界面，输入正确密码之后，实现取款功能，如图5-8和图5-9所示。

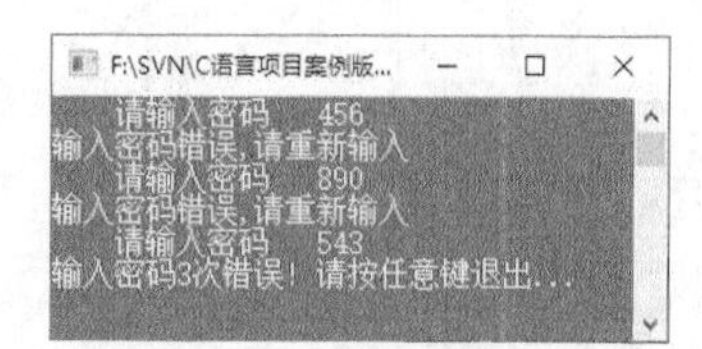

图 5-5　密码错误大于等于 3 次

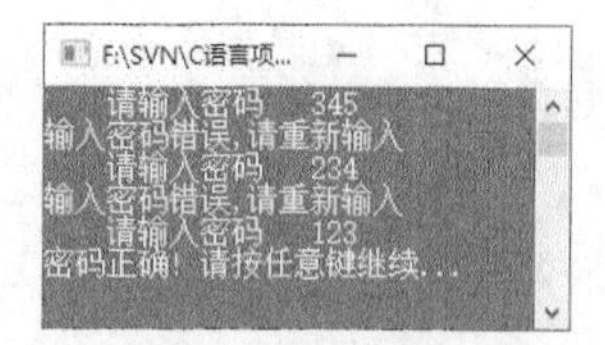

图 5-6　密码正确

图 5-7　选择“2”界面

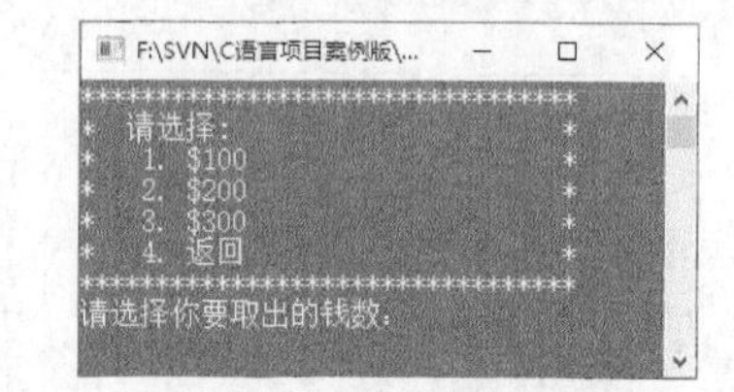

图 5-8　选择所取钱数界面

当用户选择数字“3”，就会进入退出系统界面，如图 5-10 所示。

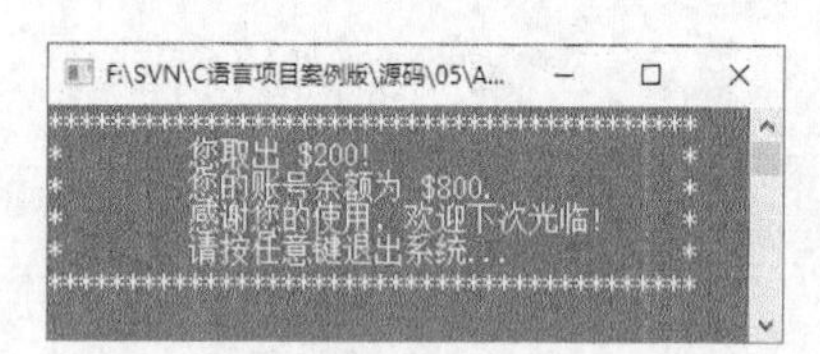

图 5-9　显示取款金额和剩余金额界面

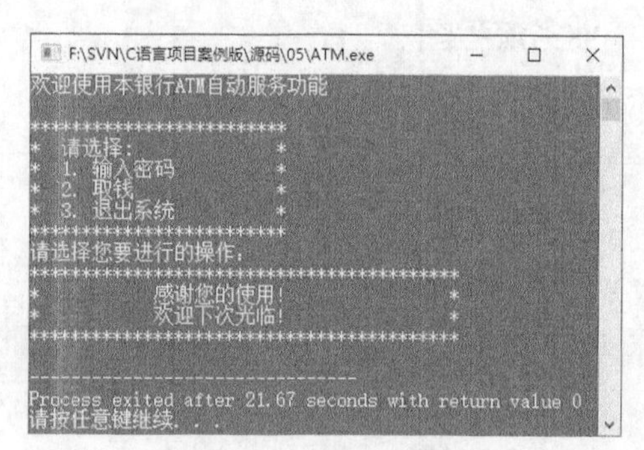

图 5-10　退出系统界面

5.3　技术准备

本程序使用了 do...while 语句、switch 语句以及 printf 函数，do...while 语句和 switch 语句在第 2 章已经介绍过，这节介绍 printf 函数。

在 C 语言中，printf 函数的作用是向终端（输出设备）输出若干任意类型的数据，其语法格式如下：

```
printf(格式控制,输出列表);
```

1. 格式控制

格式控制是用双引号括起来的字符串，此处也称为转换控制字符串，其中有格式字符和普通字符两种字符。

格式字符用来进行格式说明，作用是将输出的数据转换为指定的格式。格式字符是以“%”开头的。

普通字符是需要原样输出的字符，包括双引号内的逗号、空格和换行符。

2. 输出列表

输出列表中列出的是要输出的数据，可以是变量或表达式。

例如，输出一个整型变量：

```
int iInt=521;
printf("%d I Love You",iInt);
```

执行上面的语句显示出来的字符是“521 I Love You”。在格式控制双引号中的字符是“%d I Love You”，其中的“I Love You”字符串是普通字符，而“%d”是格式字符，表示输出的是后面 iInt 的数据。

由于 printf 是函数，在“格式控制”和“输出列表”这两个位置的是函数的参数，因此 printf 函数也可以表示为：

```
printf(参数1,参数2,…,参数n);
```

函数中的每一个参数按照给定的格式和顺序依次输出。例如，显示一个字符型变量和整型变量：

```
printf("the Int is %d,the Char is %c",iInt,cChar);
```

表 5-1 列出了有关 printf 函数的格式字符。

表 5-1 printf 函数的格式字符

格式字符	功能说明
d,i	以带符号的十进制形式输出整数（正数不输出符号）
o	以无符号八进制形式输出整数
x,X	以无符号十六进制形式输出整数。用 x 输出十六进制数的 a～f 时以小写形式输出；用 X 时，则以大写形式输出
u	以无符号十进制形式输出整数
c	以字符形式输出，只输出一个字符
s	输出字符串
f	以小数形式输出
e,E	以指数形式输出实数，用 e 时指数以“e”表示，用 E 时指数以“E”表示
g,G	选用“%f”和“%e”中输出宽度较小的一种格式，不输出无意义的 0。若以指数形式输出，则指数以大写表示

另外，在格式说明中，“%”符号和表 5-1 中的格式字符间可以插入几种附加符号，如表 5-2 所示。

表 5-2 printf 函数的附加格式说明字符

字符	功能说明
字母 l	用于长整型整数，可加在格式字符 d、o、x、u 前面
m（代表一个整数）	数据最小宽度
n（代表一个整数）	对实数，表示输出 n 位小数；对字符串，表示截取的字符个数
-	输出的数字或字符在域内向左靠

（1）在使用 printf 函数时，除 X、E、G 外其他格式字符必须用小写字母，如“%d”不能写成“%D”。

（2）如果想输出“%”符号，则在格式控制处使用“%%”即可。

5.4 公共类设计

公共类设计

使用 Dev C++创建一个 C 文件，然后在 C 文件中引入头文件，代码如下：

```
#include<stdio.h>
#include<stdlib.h>
```

变量类型声明，分别定义字符型和基本整型变量，分别代表输入密码、程序设定的正确密码，以及账户总金额，代码如下：

```
int main()
{
    char Key,CMoney;
    int password,password1=123,i=1,a=1000;                    /*定义变量*/
}
```

5.5 欢迎模块设计

5.5.1 模块概述

本模块主要实现的功能是用户选择操作，实现这一功能使用的是 do...while 语句，运行效果如图 5-11 所示。

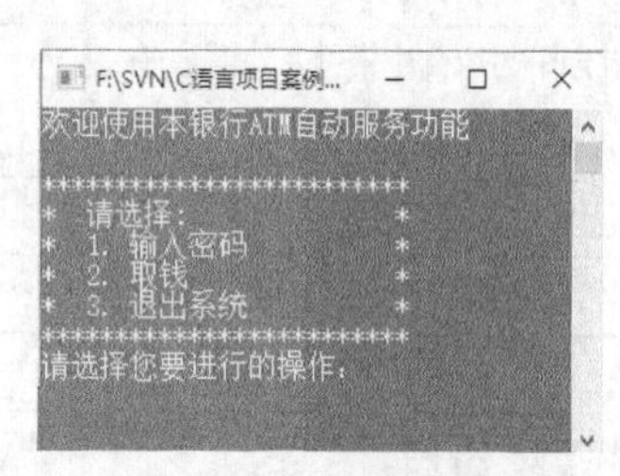

图 5-11 用户选择界面

5.5.2 代码实现

在第 5.4 节中创建的 C 文件主函数 main 中输入如下代码：

```
do{
        system("cls");
        printf("欢迎使用本银行ATM自动服务功能\n\n");
        printf("*************************\n");
        printf("*  请选择:              *\n");
        printf("*  1. 输入密码          *\n");
        printf("*  2. 取钱              *\n");
        printf("*  3. 退出系统          *\n");
        printf("*************************\n");
        printf("请选择您要进行的操作: ");
        Key = getch();
    }while( Key!='1' && Key!='2' && Key!='3' );
```

5.6 输入密码模块设计

5.6.1 模块概述

当用户在欢迎界面中输入数据“1”时，就会进入输入密码界面。当用户输入错误密码小于 3 次时，效果如图 5-12 所示；当用户输入错误密码大于等于 3 次时，效果如图 5-13 所示；当用户输入正确密码时，效果如图 5-14 所示。

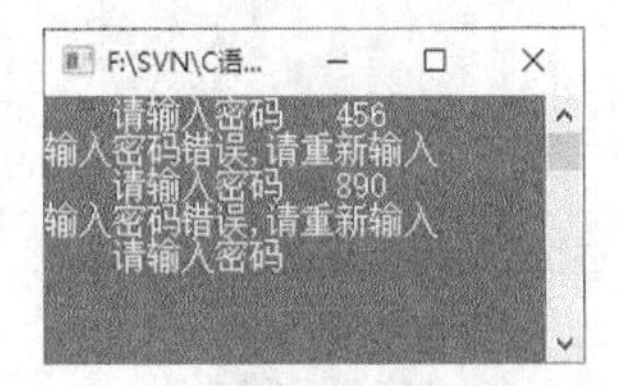

图 5-12　输入错误密码小于 3 次

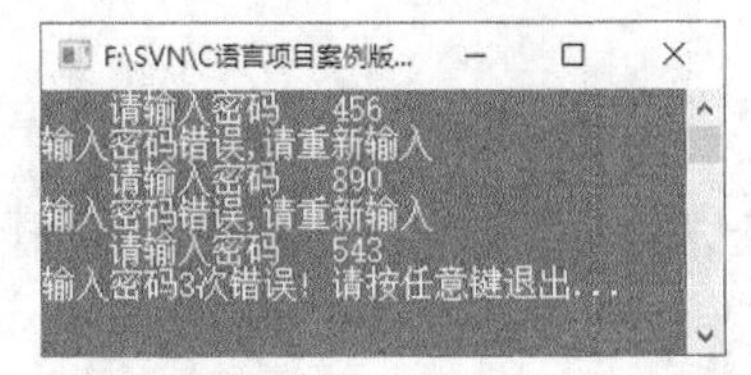

图 5-13　输入错误密码大于等于 3 次

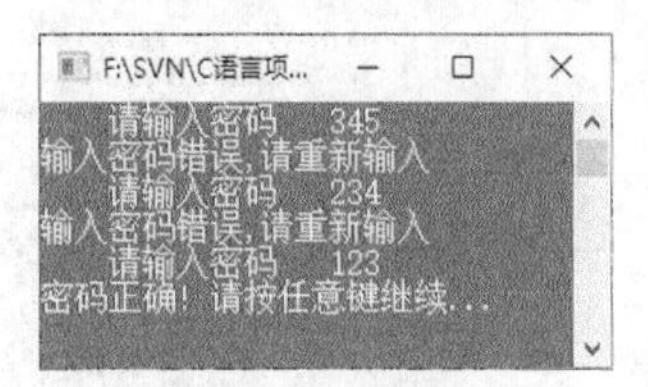

图 5-14　输入正确密码

5.6.2　代码实现

在 5.5.2 节的代码后输入如下代码：

```
switch(Key)
{
        case '1':                /*输入值为1时执行case1*/
            system("cls");
            do
            {
                i++;
                printf("    请输入密码    ");
                scanf("%d",&password);
                if(password1!=password)           /*如果输入密码不正确，执行下面语句*/
                {
                    if(i>3)                        /*如果三次密码输入均不正确将退出程序*/
                    {
                        printf(" 输入密码3次错误! 请按任意键退出...  ");
                        getch();
                        exit(0);
                    }
                    else
                        puts("输入密码错误,请重新输入"); /*输入次数未到三次，可继续输入*/
                }
            }while(password1!=password&&i<=3);
            /*如果密码正确且输入次数小于等于3次，执行do循环体中语句*/
            printf("密码正确! 请按任意键继续...  ");     /*密码正确返回初始界面开始其他操作*/
            getch();
}
```

5.7　取钱模块设计

取钱模块设计

5.7.1　模块概述

当用户在欢迎界面选择数字“2”时，效果如图 5-15 所示，因为还没有输入正确的密码，所以提示“请先正确输入密码”；正确地输入密码之后，才会进入取款界面，如图 5-16 所示，用户选择要取的钱数；输入选择之后，就会显示图 5-17 所示的取出钱数以及剩余的钱数。

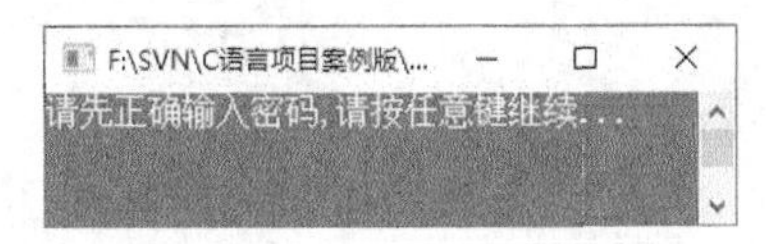

图 5-15　选择“2”的界面

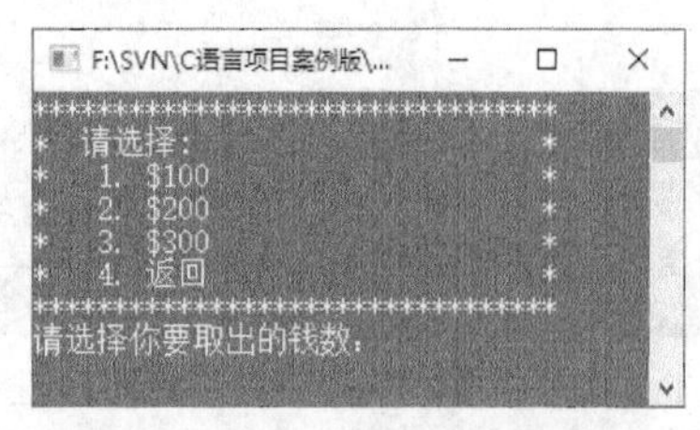

图 5-16　用户选择取钱金额界面

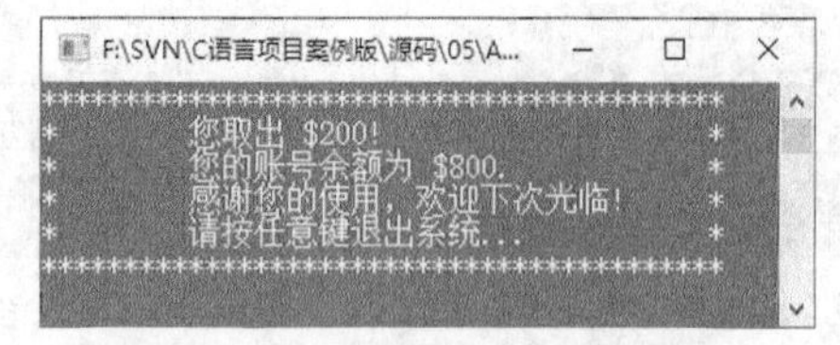

图 5-17　显示取钱金额和剩余金额

5.7.2　代码实现

在 5.6.2 节的 switch 语句中，继续添加如下代码：

```
case '2':                                          /*输入值为2时执行case2*/
            do{
               system("cls");
               if(password1!=password)
                 /*如果在case1中密码输入不正确将无法进行后面的操作*/
               {
                printf("请先正确输入密码,请按任意键继续...");
                getch();
                break;
               }
               else
               {
                  printf("***********************************\n");
                  printf("*   请选择:                       *\n");
                  printf("*   1. $100                        *\n");
                  printf("*   2. $200                        *\n");
                  printf("*   3. $300                        *\n");
                  printf("*   4. 返回                       *\n");
                  printf("***********************************\n");
                  printf("请选择你要取出的钱数: ");
                  CMoney = getch();
                }
            }while( CMoney!='1' && CMoney!='2' && CMoney!='3'&&CMoney!='4');
            /*输入值不是1, 2, 3, 4中任意数将继续执行do循环体中语句*/
            switch(CMoney)
            {
            case '1':                                    /*输入1时执行case1中的操作*/
               system("cls");
               a=a-100;
               printf("*****************************************\n");
               printf("*        您取出 $100!                    *\n");
               printf("*        您的账号余额为 $%d.            *\n",a);
               printf("*        感谢您的使用，欢迎下次光临!     *\n");
               printf("*        请按任意键退出系统...           *\n");
               printf("*****************************************\n");
               getch();
               break;
            case '2':                                    /*输入2时执行case2中的操作*/
               system("cls");
```

```
        a=a-200;
        printf("******************************************\n");
        printf("*       您取出 $200!                     *\n");
        printf("*       您的账号余额为 $%d.              *\n",a);
        printf("*       感谢您的使用，欢迎下次光临!      *\n");
        printf("*       请按任意键退出系统...            *\n");
        printf("******************************************\n");
        getch();
        break;
    case '3':                                   /*输入3时执行case3中的操作*/
        system("cls");
        a=a-300;
        printf("******************************************\n");
        printf("*         您取出 $300!                   *\n");
        printf("*         您的账号余额为 $%d.            *\n",a);
        printf("*         感谢您的使用，欢迎下次光临!    *\n");
        printf("*         请按任意键退出系统...          *\n");
        printf("******************************************\n");
        getch();
        break;
    case '4':                                   /*输入4时执行case4中的操作*/
        break;
    }
    break;
```

5.8 退出系统模块设计

退出系统模块设计

5.8.1 模块概述

用户在欢迎界面选择数字“3”就会直接退出系统，如图5-18所示。

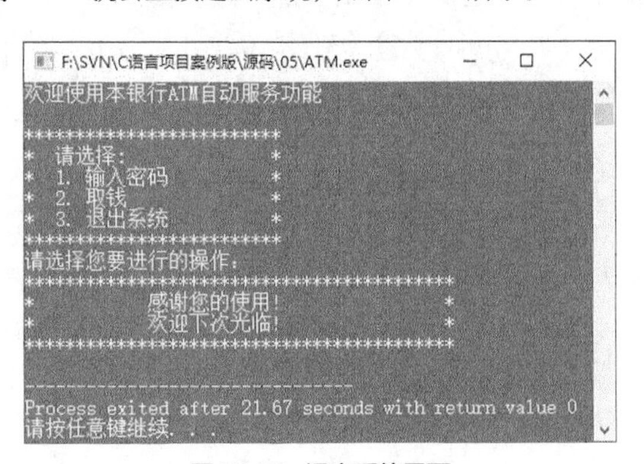

图5-18 退出系统界面

5.8.2 代码实现

在5.7.2节的代码下面继续添加如下代码：

```
case '3':
        printf("\n");
```

```
printf("*****************************************\n");
printf("*          感谢您的使用!                *\n");
printf("*          欢迎下次光临!                *\n");
printf("*****************************************\n");
getch();
break;
```

5.9 运行项目

运行项目

模块设计及代码编写完成之后，单击 Dev C++开发环境工具栏中的 图标，或者在菜单栏中选择“运行”→“编译运行”，或者使用快捷键 F11，运行该项目，弹出欢迎模块对话框，如图 5-19 所示。

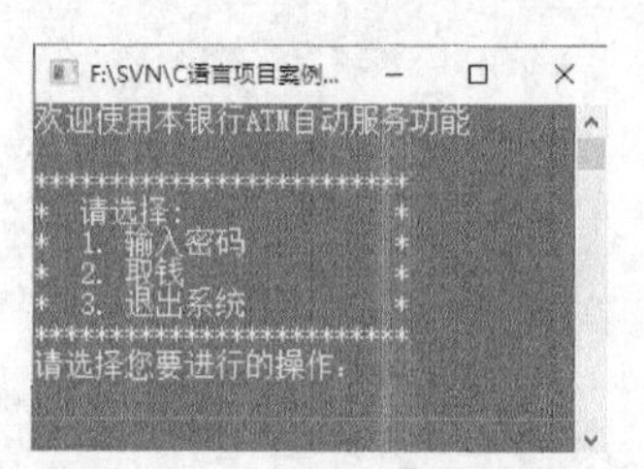

图 5-19　欢迎模块对话框

在“欢迎模块”对话框中选择数值，就可以进行操作，输入正确密码之后，就会进入取款界面。

小　结

本章使用 do...while 语句和 switch 语句，结合 printf 函数，将对应的信息输出在控制台上。do...while 语句是循环语句之一，switch 语句是选择流程控制语句之一，这两种语句都是 C 语言项目中常会用到的语句，而 printf 函数也是 C 语言项目中常用的输出函数，希望本章的案例能够对读者掌握 do...while 语句、switch 语句、printf 函数有所帮助。

PART06

第6章

单词背记闯关练习——C+控制台API+读取文件数据实现

通过第 5 章的学习，我们已经初步了解完整项目的开发步骤。本章介绍另一个项目——单词背记闯关练习。该项目实现在欢迎界面中的选择操作；在练习界面中中英文互选，且每次选择都会计分，最终保存最高分；在结束界面显示字符画以及与最高分的差距。通过该项目，读者应重点掌握文件操作方法，熟悉 windows.h 函数库中的光标、颜色函数。

本章知识要点

- 系统的功能结构及业务流程
- 开发单词背记闯关练习的设计思路
- 文件操作函数
- 随机函数的使用方法
- windows.h库中的位置光标、颜色函数

6.1 需求分析

无论学习哪门外语，背单词都是必经之路。当然，你可能会因为单词记不住、容易搞混而困惑，那么就要勤加练习。本项目的功能就是练习英语单词，用户可以将要练习的单词存储在一个文件中。本章的目标是设计一个单词背记闯关练习，主要功能有：

（1）欢迎界面选择操作功能；

（2）练习功能；

（3）计分功能；

（4）存储最高分功能；

（5）结束界面呈现字符画以及与最高分差距功能。

6.2 系统设计

6.2.1 系统目标

本程序实现单词背记闯关练习，可以练习单词中英互译。本程序可以达到以下目标：

（1）在欢迎界面进行选择；

（2）开始中英文互译练习；

（3）每次选择后显示计分情况；

（4）存储最高分；

（5）结束界面显示当前分数与历史最高分的差距。

6.2.2 构建开发环境

系统开发平台：Dev C++。

系统开发语言：C 语言。

运行平台：Windows 7（SP1）/ Windows 8/Windows 8.1/Windows 10。

6.2.3 系统功能结构

单词背记闯关练习是一个简单的开发应用程序，主要功能有开始界面选择、开始练习、练习计分、存储最高分和结束练习等，具体规划如下。

1. 欢迎界面选择

在欢迎界面会看到练习的名字，在此界面可以选择下一步的操作。用户选择数字“1”，就会进入开始界面；用户选择数字“2”，就会进入说明界面；用户选择数字“3”，就会退出练习。

2. 开始练习

经过在欢迎界面的选择，进入开始练习界面，界面会随机弹出中文，让用户选择对应的英文，也会随机弹出英文，让用户选择对应的中文，在每次选择之后，都会询问练习是否继续，选择“1”表示继续，选择“0”进入结束界面。

3. 练习计分

在练习的进行中，每次选择中英文时，程序会自动判断正确与否，选择正确加 10 分，选择错误扣 10 分。

4. 存储最高分

程序会自动创建一个存储最高分文件 save.txt，当最高分大于存储的数据，就会自动更新这个数据，当最高分小于存储的数据，就会在结束界面中显示与最高分的差距。

5. 结束练习

在练习之后，跳到结束界面，结束界面中会有一个字符画，同时会输出此次得分情况，以及与最高分的差距。可在字符画下面选择是否重新练习。

单词背记闯关练习系统功能结构如图 6-1 所示。

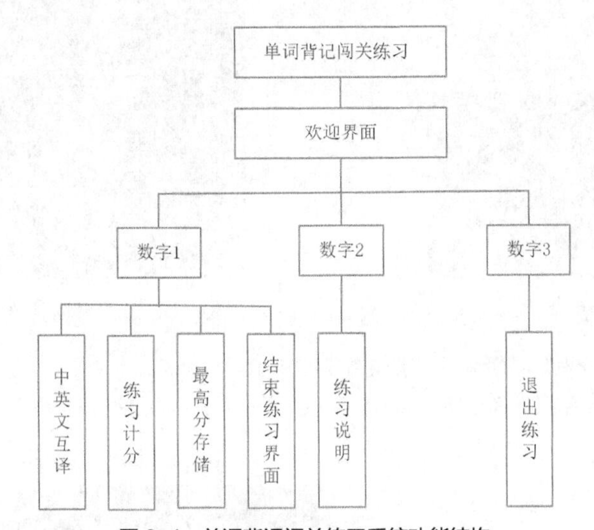

图 6-1 单词背记闯关练习系统功能结构

6.2.4 业务流程图

单词背记闯关练习的业务流程图如图 6-2 所示。

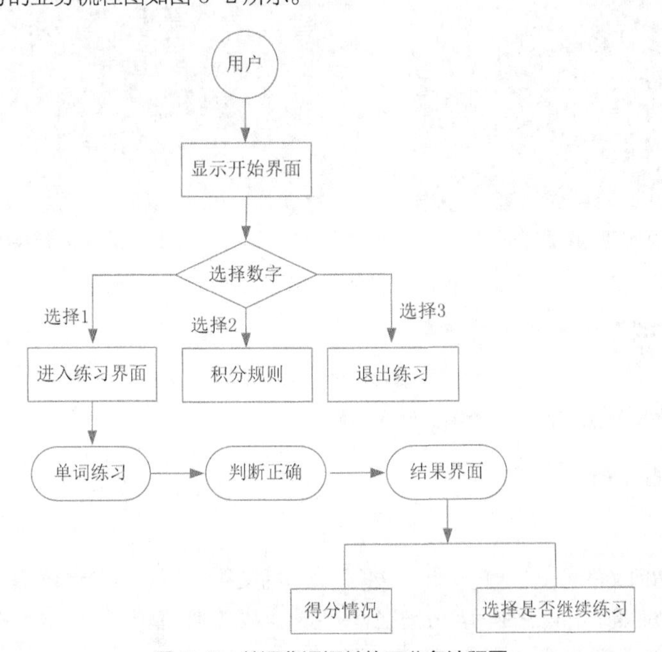

图 6-2 单词背记闯关练习业务流程图

6.2.5 系统预览

单词背记闯关练习由多个模块组成，本书呈现源程序主要代码。

单词背记闯关练习开始界面运行效果如图 6-3 所示。

单词背记闯关练习主界面运行效果如图 6-4 所示。

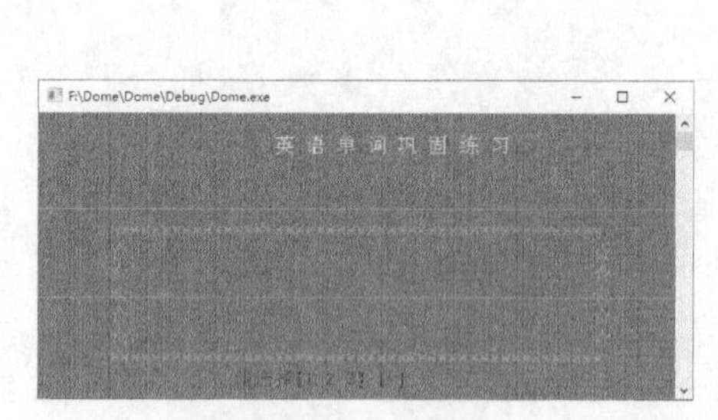

图 6-3　开始界面

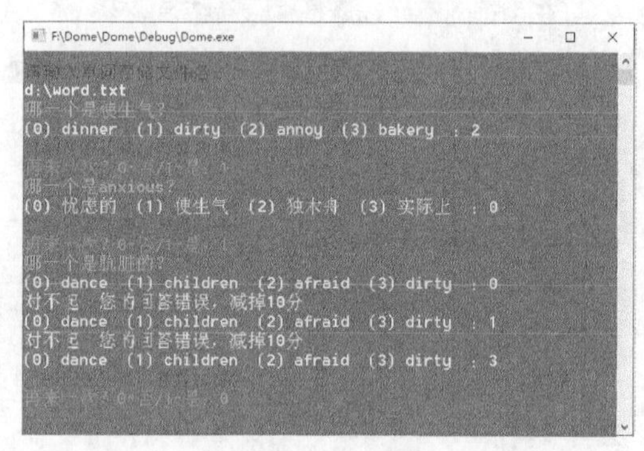

图 6-4　主界面

单词背记闯关练习积分规则界面运行效果如图 6-5 所示。

单词背记闯关练习显示结果界面如图 6-6 所示，包括得分情况、与最高分的差距，以及选择是否继续练习。

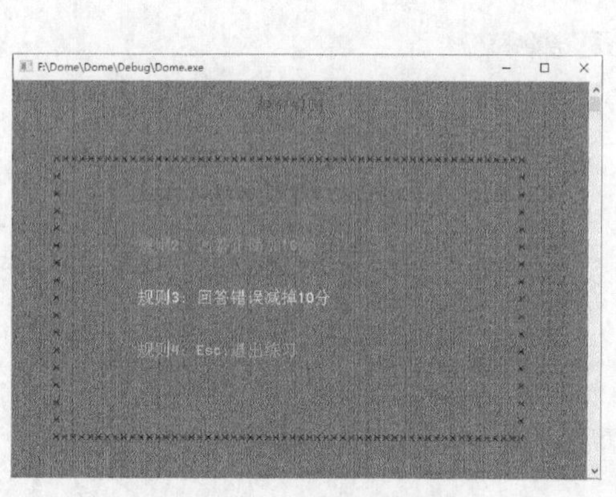

图 6-5　积分规则界面

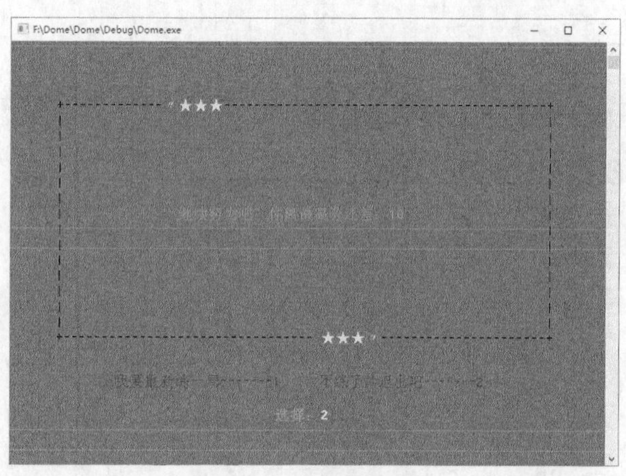

图 6-6　显示结果界面

6.3 技术准备

本程序使用了文件操作函数，本节介绍文件操作函数。

6.3.1 文件的基本操作

1. 文件指针

文件指针是一个指向文件有关信息的指针。这些信息包括文件名、状态和当前位置，它们保存在一个结构体变量中，在使用文件时需要在内存中为其分配空间，用来存放文件的基本信息。该结构体类型是由系统定义的，C 语言规定该类型为 FILE 型，其声明如下：

```
typedef struct
{
        short level;
        unsigned flags;
        char fd;
        unsigned char hold;
        short bsize;
        unsigned char *buffer;
        unsigned ar *curp;
        unsigned istemp;
        short token;
}FILE;
```

从上面的代码中可以发现，使用 typedef 定义了一个 FILE 结构体类型，在编写程序时可直接使用上面定义的 FILE 类型来定义变量，注意在定义变量时不必将结构体内容全部给出，只需写成如下形式：

```
FILE *fp;
```

fp 是一个指向 FILE 类型的指针变量。

2. 文件打开

fopen 函数用来打开一个文件，打开文件的操作就是创建一个流。fopen 函数的原型在 stdio.h 中，其调用的一般语法格式为：

```
FILE *fp;
fp=fopen(文件名,使用文件方式);
```

其中，“文件名”是将要被打开的文件的文件名，“使用文件方式”是指对打开的文件要进行读还是写。使用文件方式如表 6-1 所示。

表 6-1 使用文件方式

使用文件方式	含义
r（只读）	打开一个文本文件，只允许读数据
w（只写）	打开或建立一个文本文件，只允许写数据
a（追加）	打开一个文本文件，并在文件末尾写数据
rb（只读）	打开一个二进制文件，只允许读数据
wb（只写）	打开或建立一个二进制文件，只允许写数据
ab（追加）	打开一个二进制文件，并在文件末尾写数据
r+（读写）	打开一个文本文件，允许读和写
w+（读写）	打开或建立一个文本文件，允许读写
a+（读写）	打开一个文本文件，允许读，或在文件末追加数据
rb+（读写）	打开一个二进制文件，允许读和写
wb+（读写）	打开或建立一个二进制文件，允许读和写
ab+（读写）	打开一个二进制文件，允许读，或在文件末追加数据

如果要以只读方式打开文件名为 123 的文本文档文件，应写成如下形式：

```
FILE *fp;
fp=("123.txt","r");
```

如果使用 fopen 函数打开文件成功，则返回一个有确定指向的 FILE 类型指针；若打开失败，则返回 NULL。通常打开失败的原因有以下几方面。

（1）指定的盘符或路径不存在。

（2）文件名含有无效字符。

（3）以 r 模式打开一个不存在的文件。

3. 文件关闭

文件使用完毕后，应使用 fclose 函数将其关闭。就像水龙头，当用完水时，必须要关上水龙头。fclose 函数和 fopen 函数一样，原型也在 stdio.h 中，调用的语法格式为：

```
fclose(文件指针);
```

例如：

```
fclose(fp);
```

fclose 函数也带回一个值，当正常完成关闭文件操作时，fclose 函数返回值为 0，否则返回 EOF。

在程序结束之前应关闭所有文件，这样做的目的是防止没有关闭文件造成的数据流失。

6.3.2 文件的读写操作

1. 写字符——fputc 函数、fputs 函数

fputc 函数把一个字符写到磁盘文件（fp 指向的文件）中去，它的语法格式如下：

```
ch=fputc(ch,fp);
```

其中 ch 是要输出的字符，它可以是一个字符常量，也可以是一个字符变量。fp 是文件指针变量。如果函数输出成功，则返回值就是输出的字符；如果输出失败，则返回 EOF。

fputs 函数一次可以向文件写入多个字符。fputs 函数的语法格式如下：

```
fputs(字符串,文件指针);
```

其中“字符串”可以是字符串常量，也可以是字符数组名、指针或变量。

2. 按格式输出函数——fprintf 函数

fprintf 函数的作用是将数据格式化保存到文件中，它能够根据需要改变输出流。fprintf 函数的语法格式如下：

```
ch=fprintf(文件类型指针,格式字符串,输出列表);
```

3. 读字符——fgetc 函数、fgets 函数

fgetc 函数的作用是对文件一个字符一个字符读取。fgetc 函数的语法格式如下：

```
ch=fgetc(fp);
```

这个函数从指定的文件（fp 指向的文件）读入一个字符赋给 ch。需要注意的是，这个文件必须是以读或读写的方式打开。函数遇到文件结束符时将返回文件结束标志 EOF。

fgets 函数的作用是一次读取多个字符，它的语法格式如下：

```
fgets(字符数组名,n,文件指针);
```

这个函数从指定的文件读一个字符串到字符数组中。n 表示所得到的字符串中字符的个数（包含“\0”）。

4. 按格式输入函数——fscanf 函数

fscanf 函数的作用是按照格式输入数据。它的语法格式如下：

```
fscanf(文件类型指针,格式字符串,输入列表);
```

例如：

```
fscanf(fp,"%d",&i);
```

它读入 fp 所指向的文件中 i 的值。

6.4 公共类设计

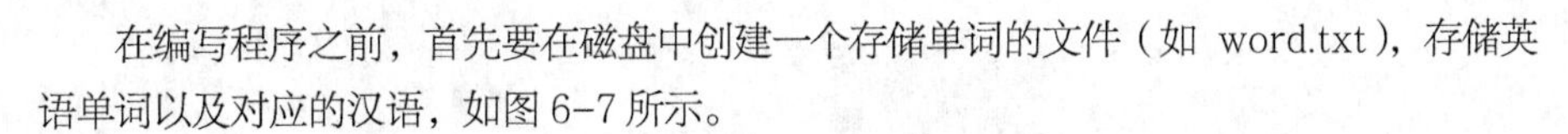

在编写程序之前，首先要在磁盘中创建一个存储单词的文件（如 word.txt），存储英语单词以及对应的汉语，如图 6-7 所示。

图 6-7　存储单词文件

6.5 预处理模块设计

6.5.1 模块概述

预处理模块包括文件引用、定义全局变量、声明函数以及定义字符常量等。下面我们来分别介绍。

6.5.2 代码实现

1. 文件引用

为了使程序更好地运行，程序中需要引入一些库文件，以支持程序的一些基本函数，在引用文件时需要使用#include 命令。下面是本程序引用的头文件，具体代码如下：

```
#include<stdio.h>                //标准输入输出函数库
#include<time.h>                 //用于获得随机数
#include<windows.h>              //控制dos界面
#include<stdlib.h>               //即standard library标志库头文件，里面定义了一些宏和通用工具函数
#include<string.h>
```

2. 定义全局变量

程序中经常会用到的变量放在程序的最前面，即为全局变量。本项目定义全局变量的具体代码如下：

```
int  QNO;                        //单词数量
char **cptr;                     //指向中文单词的指针数组
char **eptr;                     //指向英语单词的指针数组
```

```
    int score = 0;                //分数
    int HighScore = 0;            //最高分数
```

3. 声明函数

因为要实现很多功能，所以需要定义很多函数，那么在定义函数之前，需要进行函数声明，本程序的函数声明具体代码如下：

```
    void gotoxy(int x, int y);              //设置光标函数
    int color(int c);                       //设置颜色函数
    void start();                           //开始界面函数
    void run();                             //判断选择题结果函数
    void File_in();                         //存储最高分文件
    void File_out();                        //读取文件最高分
    void endgame();                         //结束练习函数
    void choose();                          //分支选择函数
    void Lost();                            //结果界面
    void rule();                            //积分规则函数
    int read();                             //读取单词文件函数
    int make(int c[], int n);               //生成选项并返回正确的下标
    void print(const int c[], int sw);      //显示选型
```

4. 定义字符常量

本项目需要定义的字符常量代码如下：

```
#define CNO 4                    //选项数量
#define swap(type, x, y)  do { type t = x; x = y; y = t; } while (0)
```

6.6 开始界面设计

6.6.1 模块概述

开始界面为用户提供了解和运行程序的平台，在这里可以选择开始练习、阅读积分规则、退出练习等操作。程序为了界面美观，不仅采用了多个颜色，而且还定义光标来控制每个字符的排列位置。开始界面运行效果如图 6-8 所示。

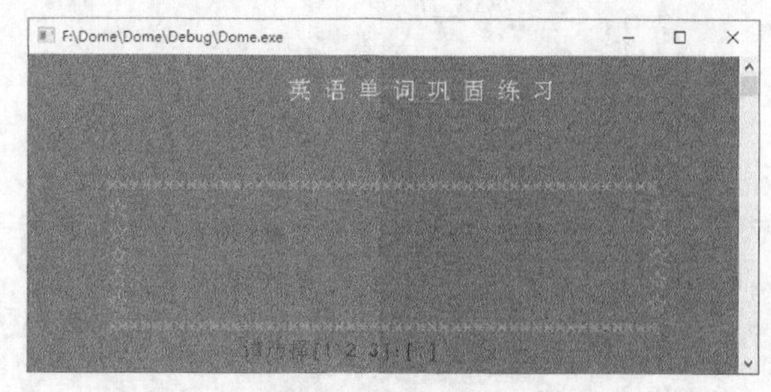

图 6-8　开始界面

6.6.2 代码实现

（1）定义 color 函数来控制颜色，具体代码如下：

```
/*文字颜色函数*/
int color(int c)
{
```

```
    SetConsoleTextAttribute(GetStdHandle(STD_OUTPUT_HANDLE), c);      //更改文字颜色
    return 0;
}
```

（2）定义 gotoxy 函数来控制光标位置，具体代码如下：

```
/*设置光标位置*/
void gotoxy(int x, int y)
{
    COORD c;
    c.X = x;
    c.Y = y;
    SetConsoleCursorPosition(GetStdHandle(STD_OUTPUT_HANDLE), c);
}
```

（3）完成了颜色和光标位置的函数设计，接下来是开始界面的设计。开始界面主要由菜单选项组成，本程序定义 start 函数实现开始界面，具体代码如下：

```
/*开始界面*/
void start()
{
    int n;
    int i, j = 1;
    gotoxy(23, 2);
    color(14);
    printf("英 语 单 词 巩 固 练 习");
    color(10);
    for (i = 6; i <= 12; i++)                //输出上下边框*
    {
        for (j = 7; j <= 54; j++)            //输出左右边框☆
        {
            gotoxy(j, i);
            if (i == 6 || i == 12)
            {
                printf("*");
            }
            else if (j == 7 || j == 54)
            {
                printf("☆");
            }
        }
    }
    color(13);
    gotoxy(15, 8);
    printf("1.开始练习");
    gotoxy(35, 8);
    printf("2.积分规则");
    gotoxy(15, 10);
    printf("3.退出练习");
    gotoxy(19, 13);
    color(12);
    printf("请选择[1 2 3]:[ ]\b\b");          //\b为退格，使得光标处于[]中间
    color(15);
    scanf("%d", &n);                          //输入选项
```

```
    switch (n)
    {
    case 1:
        system("cls");
        break;
    case 2:
        break;
    case 3:
        exit(0);                            //退出游戏
        break;
    default:                                //输入非1~3的选项
        color(12);
        gotoxy(40, 28);
        printf("请输入1~3的数!");
        getch();                            //输入任意键
        system("cls");                      //清屏
        start();
    }
}
```

6.7 积分规则界面设计

积分规则
界面设计

6.7.1 模块概述

在开始界面中选择数字“2”，即可进入积分规则界面，此界面显示了积分的详细说明。积分规则界面运行效果如图 6-9 所示。

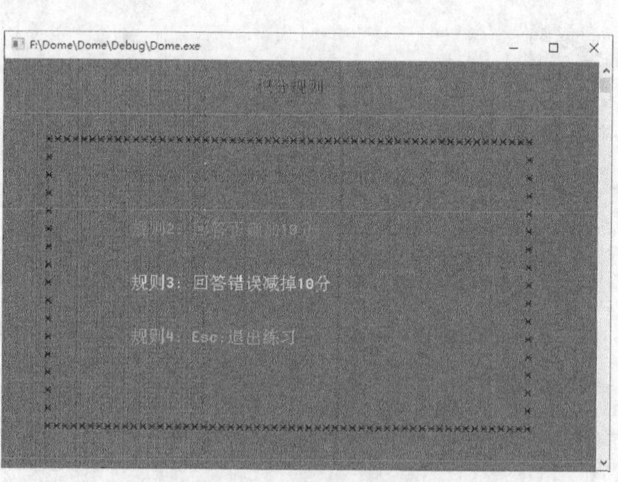

图 6-9　积分规则界面

6.7.2 代码实现

（1）定义 rule 函数实现积分规则设计，具体代码如下：

```
/*积分规则*/
void rule()
{
```

```
    int i, j = 1;
    system("cls");
    color(12);
    gotoxy(44, 3);
    printf("积分规则");
    color(5);
    for (i = 6; i <= 22; i++)         //输出上下边框*
    {
        for (j = 20; j <= 75; j++)  //输出左右边框*
        {
            gotoxy(j, i);
            if (i == 6 || i == 22) printf("*");
            else if (j == 20 || j == 75) printf("*");
        }
    }
    color(13);
    gotoxy(30, 8);
    printf("规则1: 从4个选项里选择对应的词义");
    color(10);
    gotoxy(30, 11);
    printf("规则2: 回答正确加10分");
    color(14);
    gotoxy(30, 14);
    printf("规则3: 回答错误减掉10分");
    color(11);
    gotoxy(30, 17);
    printf("规则4: Esc:退出练习");
    getch();                    //按任意键返回主界面
    system("cls");
    start();
}
```

（2）修改欢迎界面 start 函数中的 switch 选项的代码如下：

```
switch (n)
    {
    case 1:
        system("cls");
        break;
    case 2:
        rule();                                //新添加的代码
    break;
    case 3:
        exit(0);                               //退出游戏
        break;
default:                                       //输入非1~3的选项
        color(12);
        gotoxy(40, 28);
        printf("请输入1~3的数!");
        getch();                               //输入任意键
        system("cls");                         //清屏
        start();
    }
```

6.8 显示最高分设计

6.8.1 模块概述

本模块实现单词背记闯关最高分显示，最高分文件如图 6-10 所示。

图 6-10 最高分文件

6.8.2 代码实现

（1）定义 read 函数读取存储单词的文件，具体代码如下：

```
/*读取单词*/
int read()
{
    int i;
    FILE *fp;
    char filename[30];
    color(12);
    printf("请输入单词存储文件名:\n");
    color(15);
    scanf("%s", filename);
    if ((fp = fopen(filename, "r")) == NULL)
        return 1;
    fscanf(fp, "%d", &QNO);          //读取单词数量
    if ((cptr = calloc(QNO, sizeof(char *))) == NULL) return 1;
    if ((eptr = calloc(QNO, sizeof(char *))) == NULL) return 1;
    for (i = 0; i < QNO; i++) {
        char etemp[1024];
        char ctemp[1024];
        fscanf(fp, "%s%s", etemp, ctemp);
        if ((eptr[i] = malloc(strlen(etemp) + 1)) == NULL) return 1;
        if ((cptr[i] = malloc(strlen(ctemp) + 1)) == NULL) return 1;
        strcpy(eptr[i], etemp);
        strcpy(cptr[i], ctemp);
    }
    fclose(fp);
    return 0;
}
```

项目设定答对一个题目会加 10 分，答错一个题目减掉 10 分，使用 save.txt 文件存储练习的最高分，并显示当前分数与最高分的差距。

（2）定义 File_in 函数把最高分存储到文件中，具体代码如下：

```
/*储存最高分文件*/
void File_in()
{
    FILE *fp;
    fp = fopen("save.txt", "w+");          //以读写的方式建立一个名为save.txt的文件
    fprintf(fp, "%d", score);              //把分数写进文件
    fclose(fp);                            //关闭文件
}
```

（3）定义 File_out 函数读取最高分文件，具体代码如下：

```
/*在文件中读取最高分*/
void File_out()
{
    FILE *fp;
    fp = fopen("save.txt", "a+");          //打开文件save.txt
    fscanf(fp, "%d", &HighScore);          //把文件中的最高分读出来
    fclose(fp);                            //关闭文件
}
```

6.9 系统逻辑设计

系统逻辑设计

6.9.1 模块概述

当在开始界面中选择数字“1”时，用户就会进入图 6-11 所示的单词背记闯关主界面。

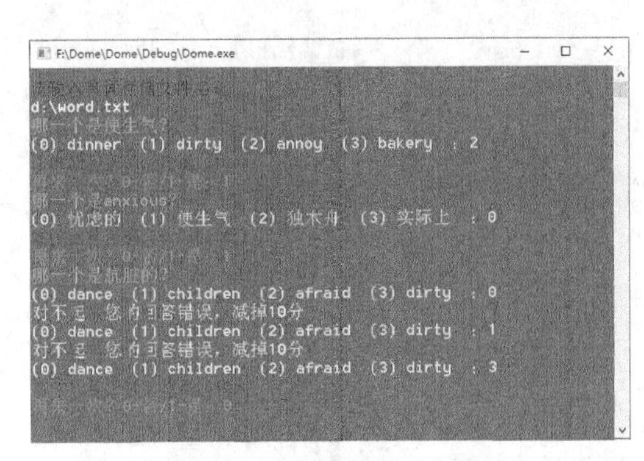

图 6-11 单词背记闯关主界面

6.9.2 代码实现

（1）定义 make 函数来随机生成选项，具体代码如下：

```
/*生成选项并返回正确的下标*/
int make(int c[], int n)
{
    int i, j, x;
    c[0] = n;                              //在开头元素中存入正确答案
    for (i = 1; i < CNO; i++) {
        do {                               //生成不重复的随机数
            x = rand() % QNO;
            for (j = 0; j < i; j++)
```

```
                if (c[j] == x)              //已经生成了相同的随机数
                    break;
        } while (i != j);
        c[i] = x;
    }
    j = rand() % CNO;
    if (j != 0)
        swap(int, c[0], c[j]);              //移动正确答案
    return j;
}
```

（2）定义 print 函数来显示选项，具体代码如下：

```
/*显示选项*/
void print(const int c[], int sw)
{
    int i;
    color(14);
    for (i = 0; i < CNO; i++)
        printf("(%d) %s  ", i, sw ? cptr[c[i]] : eptr[c[i]]);
    printf(": ");
}
```

（3）定义 run 函数判断选择的结果，具体代码如下：

```
/*判断选择结果*/
int run()
{
    int i;
    int nq, pq;                         //题目编号和上一次的题目编号
    int na;                             //正确答案的编号
    int sw;                             //题目语言（0：中文/1：英语）
    int retry;                          //重新挑战吗？
    int cand[CNO];                      //选项的编号
    if (read() == 1)
    {
        printf("\a单词文件读取失败。\n");
        return 1;
    }
    srand(time(NULL));                  //设定随机数的种子

    pq = QNO;                           //上一次的题目编号（不存在的编号）

    do {
        int no;

        do {                            //决定用于出题的单词的编号
            nq = rand() % QNO;
        } while (nq == pq);             //不连续出同一个单词

        na = make(cand, nq);            //生成选项
        sw = rand() % 2;
        color(11);
        printf("哪一个是%s? \n", sw ? eptr[nq] : cptr[nq]);
```

```
        do {
            print(cand, sw);            //显示选项
            scanf("%d", &no);
            if (no != na)
            {
                color(15);
                puts("对不起，您的回答错误，减掉10分");
                score -= 10;
            }
        } while (no != na);
        color(13);
        puts("您的回答正确，恭喜加10分");
        score += 10;
        pq = nq;
        color(10);
        printf("再来一次? 0-否/1-是: ");
        scanf("%d", &retry);
    } while (retry == 1);
    for (i = 0; i < QNO; i++) {
        free(eptr[i]);
        free(cptr[i]);
    }
    free(cptr);
    free(eptr);
    File_out();
    endgame();
    exit(0);
    return 0;
}
```

（4）修改欢迎界面 start 函数中的 switch 选项的代码如下：

```
switch (n)
    {
    case 1:
        system("cls");
        run();                  //新添加的代码
        break;
    case 2:
        rule();                 //积分规则函数
        break;
    case 3:
        exit(0);                //退出游戏
        break;
    default:                    //输入非1~3的选项
        color(12);
        gotoxy(40, 28);
        printf("请输入1~3的数!");
        getch();                //输入任意键
        system("cls");          //清屏
        start();
    }
}
```

6.10 显示结果界面设计

显示结果界面设计

6.10.1 模块概述

显示结果界面显示英语单词练习的得分情况，如果分数大于最高分，就会存储到文件中，如果分数小于最高分，就会显示与最高分的差距；还包括最后的分支选择，以及一个字符画。显示结果界面如图 6-12 所示。

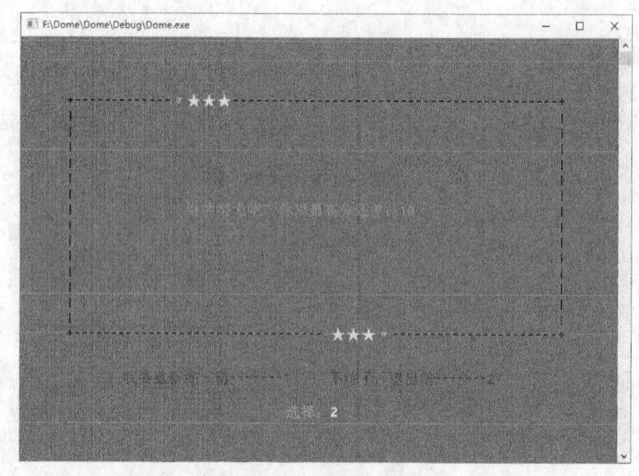

图 6-12 显示结果界面

6.10.2 代码实现

（1）定义 endgame 函数输出单词背记闯关的得分情况，具体代码如下：

```
/*练习结束*/
void endgame()
{
    system("cls");
    Lost();
    color(13);
    gotoxy(35, 10);
    printf("综合比赛成绩，您的得分是%d", score);
    if (score >= HighScore)
    {
        color(10);
        gotoxy(33, 12);
        printf("创纪录啦! 最高分被你刷新啦，真棒!!! \n");
        File_in();              //把最高分写进文件
    }
    else
    {
        color(10);
        gotoxy(33, 12);
        printf("继续努力吧~ 你离最高分还差：%d\n", HighScore - score);
    }
    choose();
}
```

（2）定义 choose 函数实现分支选项，选择数字“1”，重新开始练习，选择数字“2”，退出练习，具体代码如下：

```
/*边框下面的分支选项*/
void choose()
{
    int n;
    gotoxy(25, 23);
    color(12);
    printf("我要重新练一局-------1");
    gotoxy(52, 23);
    printf("不练了，退出吧-------2");
    gotoxy(46, 25);
    color(11);
    printf("选择：");
    color(15);
    scanf("%d", &n);
    switch (n)
    {
    case 1:
        system("cls");          //清屏
        score = 0;              //分数归零
        start();
        break;
    case 2:
        exit(0);                //退出游戏
        break;
    default:
        gotoxy(35, 27);
        color(12);
        printf("※※您的输入有误，请重新输入※※");
        system("pause >nul");
        endgame();
        choose();
        break;
    }
}
```

（3）定义 Lost 函数实现字符画，具体代码如下：

```
/*字符画*/
void Lost()
{
    int i;
    system("cls");
    gotoxy(17, 5);
    color(9);
    printf("+-------------------------");
    gotoxy(31, 5);
    color(14);
    printf("〃★★★");
    gotoxy(40, 5);
    color(9);
```

```
    printf("--------------------");
    gotoxy(55, 5);
    color(9);
    printf("----------");
    gotoxy(65, 5);
    color(9);
    printf("-----------------+");
    for (i = 6; i <= 19; i++)        //竖边框
    {
        gotoxy(17, i);
        printf("|");
        gotoxy(82, i);
        printf("|");
    }

    gotoxy(17, 20);
    printf("+----------------------------------");

    gotoxy(52, 20);
    color(14);
    printf("★★★〃");

    gotoxy(60, 20);
    color(9);
    printf("----------------------+");
}
```

（4）程序的主函数 main 具体代码如下：

```
/*主函数*/
int main()
{
    start();
    run();
    return 0;
}
```

小 结

本章使用的主要技术就是文件操作函数，同时利用了循环语句、输出语句以及流程控制语句，还用了 windows.h 库函数中的函数，利用光标位置函数来画出字符画，添加趣味性。通过本章介绍的代码可以看出，每个功能都可以自定义函数，最后在主函数中调用自定义函数，实现想要的功能。希望本章的案例能够对读者掌握文件操作、自定义函数等知识有所帮助。

PART07

第7章

学生成绩管理系统——C+文件读取数据+链表实现

本章设计的系统是学生成绩管理系统，该系统能够录入学生成绩信息、删除学生成绩信息、修改学生成绩信息、查询学生成绩信息、插入学生成绩信息以及统计学生人数。通过该项目，读者应学会灵活使用数组和文件操作。

本章知识要点

- 系统的功能结构及业务流程
- 开发学生成绩管理系统的设计思路
- 文件操作函数
- 数组知识

7.1 需求分析

目前，各类学校的在校生人数都在不断增加，而且不同专业的选修课、实验课、必修课分别占的比重不同，依靠传统的方式管理学生成绩信息会给日常的管理工作带来诸多不便，而计算机信息技术的发展为学生成绩管理注入了新的生机。合格的学生成绩管理系统必须具备以下功能：

（1）对学生成绩信息进行集中管理；

（2）对学生成绩信息实现增、删、改；

（3）按成绩信息进行排序。

7.2 系统设计

7.2.1 系统目标

根据上面的需求分析，学生成绩管理系统要达到以下目标：

（1）录入学生成绩信息；

（2）实现删除功能；

（3）实现查找功能；

（4）实现修改功能；

（5）可在指定位置插入学生成绩信息；

（6）实现学生成绩排名；

（7）统计保存的学生人数。

7.2.2 构建开发环境

系统开发平台：Dev C++。

系统开发语言：C 语言。

运行平台：Windows 7（SP1）/ Windows 8/Windows 8.1/Windows 10。

7.2.3 系统功能结构

学生成绩管理系统的具体功能如下。

1. 删除功能

删除学生成绩信息，也就是输入学号，删除相应的记录。

2. 查找功能

查询学生成绩信息，也就是输入学号，查询该学生成绩的相关信息。

3. 修改功能

修改学生成绩信息，也就是输入学号，修改相应信息。

4. 插入学生成绩信息

输入要插入的位置，并将新的信息插入到该位置。

5. 学生成绩排名

按照总成绩进行由高到低排名。

6. 统计保存的学生人数

根据存储的学号数量对学生人数进行统计。

学生成绩管理系统功能结构如图 7-1 所示。

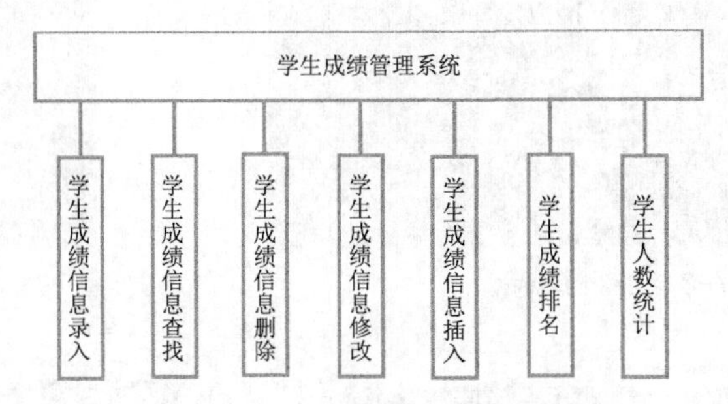

图 7-1　学生成绩管理系统功能结构

7.2.4　业务流程图

学生成绩管理系统的业务流程图如图 7-2 所示。

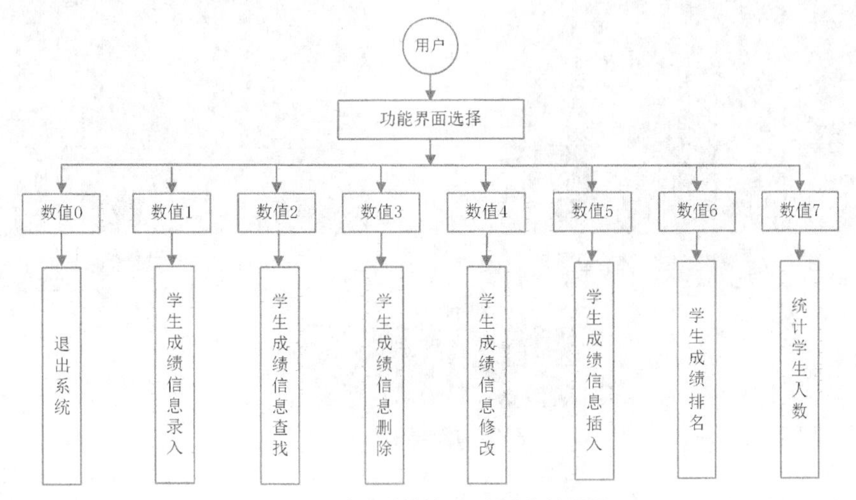

图 7-2　学生成绩管理系统业务流程图

7.2.5　系统预览

学生成绩管理系统由多个模块组成，本书呈现源程序主要代码。

学生成绩管理系统功能选择界面如图 7-3 所示。

学生成绩管理系统录入学生成绩信息界面如图 7-4 所示。

学生成绩管理系统查询学生成绩信息界面如图 7-5 所示。

学生成绩管理系统删除学生成绩信息界面如图 7-6 所示。

学生成绩管理系统修改学生成绩信息界面如图 7-7 所示。

学生成绩管理系统插入学生成绩信息界面如图 7-8 所示。

学生成绩管理系统统计学生人数界面如图 7-9 所示。

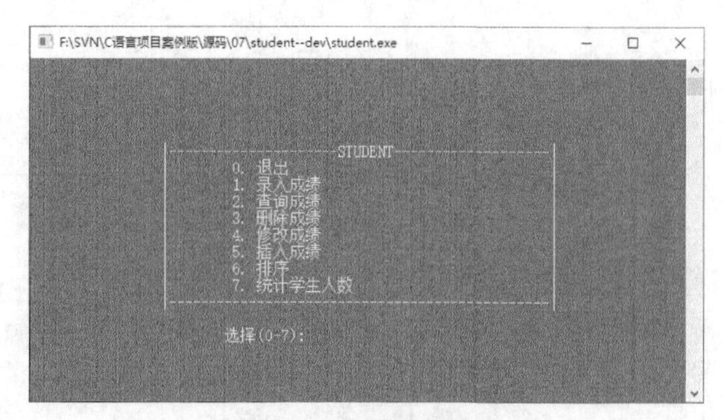

图 7-3　功能选择界面

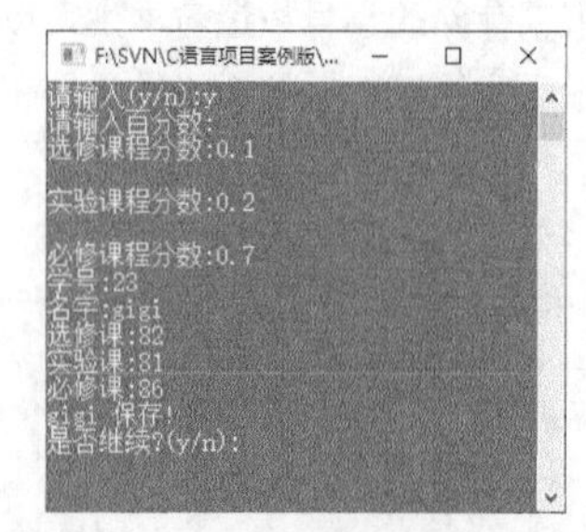

图 7-4　录入学生成绩信息界面

F:\SVN\C语言项目案例版\源码\07\student--dev\student.exe
找到该学生,是否显示?(y/n)y
学号　姓名　选修　实验　必修　平均成绩
23　gigi　82.0　81.0　86.0　84.6

图 7-5　查询学生成绩信息界面

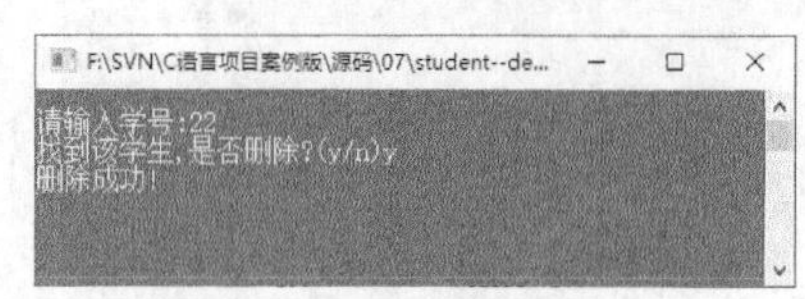

图 7-6　删除学生成绩信息界面

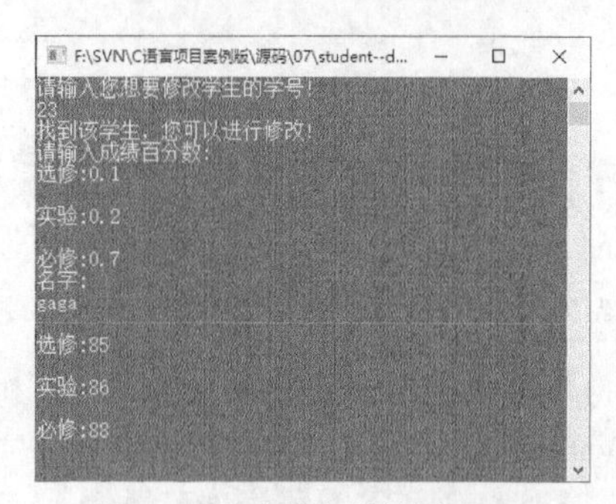

图 7-7　修改学生成绩信息界面

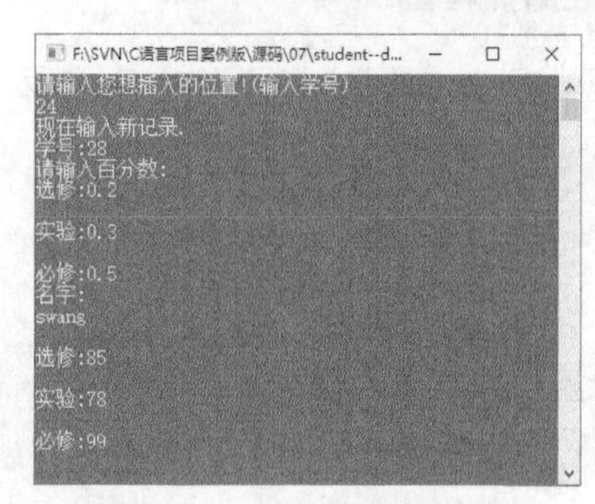

图 7-8　插入学生成绩信息界面

图 7-9　统计学生人数界面

7.3　公共类设计

在实现各个功能之前，首先要引入函数库，为了方便操作，定义几个字符常量，具体代码如下：

```
#include<stdio.h>
#include<stdlib.h>
#include<conio.h>
#include<dos.h>
#include<string.h>
#define LEN sizeof(struct student)
#define FORMAT "%-8d%-15s%-12.1lf%-12.1lf%-12.1lf%-12.1lf\n"
#define DATA stu[i].num,stu[i].name,stu[i].elec,stu[i].expe,stu[i].requ,stu[i].sum
float Felec,Fexpe,Frequ;
```

操作学生信息需要定义学生成绩结构体，具体代码如下：

```
struct student/*定义学生成绩结构体*/
{
    int num;/*学号*/
    char name[15];/*姓名*/
    double elec;/*选修课*/
    double expe;/*实验课*/
    double requ;/*必修课*/
    double sum;/*总分*/
};
```

在使用函数之前，需要声明函数，具体代码如下：

```
struct student stu[50];/*定义结构体数组*/
void in();/*录入学生成绩信息*/
void show();/*显示学生成绩信息*/
void order();/*按总分排序*/
void del();/*删除学生成绩信息*/
void modify();/*修改学生成绩信息*/
void menu();/*主菜单*/
void insert();/*插入学生成绩信息*/
void total();/*计算总人数*/
void search();/*查找学生成绩信息*/
```

7.4 功能选择界面设计

功能选择界面设计

7.4.1 模块概述

功能选择界面会将该系统中的所有功能显示出来，每种功能前有对应的数字，输入对应的数字，即可选择相应的功能，如图 7-10 所示。

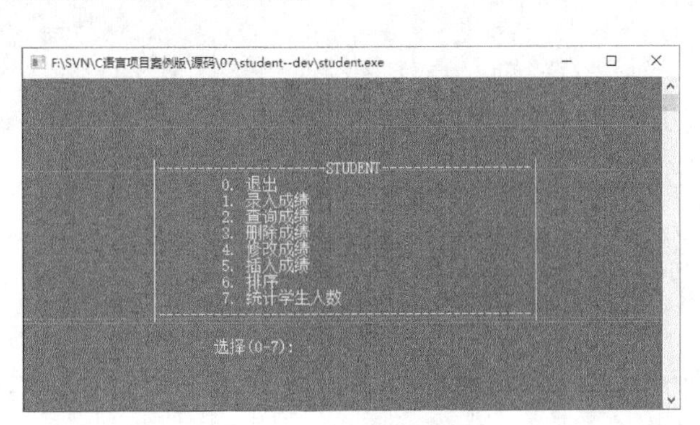

图 7-10 功能选择界面

7.4.2 代码实现

实现功能选择界面的具体代码如下：

```
void menu()/*自定义函数实现菜单功能*/
{
    system("cls");
    printf("\n\n\n\n\n");
    printf("\t\t|---------------------STUDENT-------------------|\n");
```

```
    printf("\t\t|\t 0. 退出                              |\n");
    printf("\t\t|\t 1. 录入成绩                          |\n");
    printf("\t\t|\t 2. 查询成绩                          |\n");
    printf("\t\t|\t 3. 删除成绩                          |\n");
    printf("\t\t|\t 4. 修改成绩                          |\n");
    printf("\t\t|\t 5. 插入成绩                          |\n");
    printf("\t\t|\t 6. 排序                              |\n");
    printf("\t\t|\t 7. 统计学生人数                      |\n");
    printf("\t\t|-----------------------------------------------|\n\n");
    printf("\t\t\t选择(0-7):");
}
```

menu 函数将程序中的基本功能列出。输入相应数字后，程序会根据该数字调用不同的函数，当输入“0”时，退出该系统。这部分主要通过 main 函数实现，具体代码如下：

```
void main()/*主函数*/
{
    int n;
    menu();
    scanf("%d",&n);/*输入选择功能的编号*/
    while(n)
    {
        switch(n)
        {
        case 1:
            in();
            break;
        case 2:
            search();
            break;
        case 3:
            del();
            break;
        case 4:
            modify();
            break;
        case 5:
            insert();
            break;
        case 6:
            order();
            break;
        case 7:
            total();
            break;
        default:break;
        }
        getch();
        menu();/*执行完功能再次显示菜单界面*/
        scanf("%d",&n);
    }
}
```

录入学生成绩信息设计

7.5 录入学生成绩信息设计

7.5.1 模块概述

在功能选择界面输入“1”进入录入学生成绩信息界面，如图 7-11 所示。

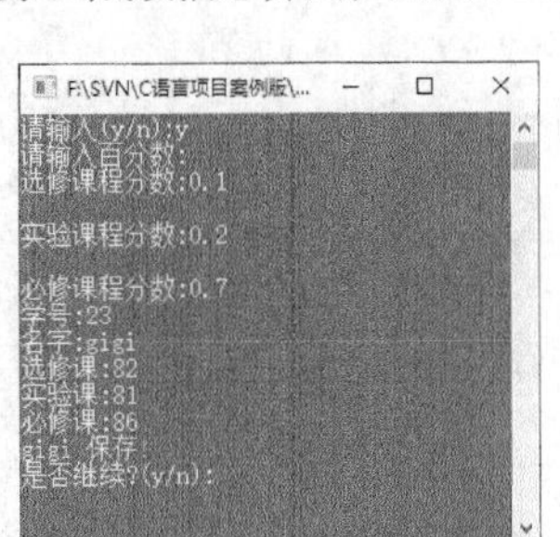

图 7-11　录入学生成绩信息界面

7.5.2 代码实现

在录入新的信息之前，系统会将原有的记录显示出来，当无记录时会提示“无记录”；要录入时输入“y”或“Y”，按照给出的提示信息输入便可；要退出该功能时按下除“Y”之外的任意键即可。主要程序具体代码如下：

```
void in()/*录入学生信息*/
{
    int i,m=0;/*m是记录的条数*/
    char ch[2];
    FILE *fp;/*定义文件指针*/
    if((fp=fopen("data","ab+"))==NULL)/*打开指定文件*/
    {
        printf("不能打开\n");
        return;
    }
    while(!feof(fp))
    {
        if(fread(&stu[m] ,LEN,1,fp)==1)
            m++;/*统计当前记录条数*/
    }
    fclose(fp);
    if(m==0)
        printf("无记录!\n");
    else
    {
        system("cls");
        show();/*调用show函数，显示原有信息*/
    }
    if((fp=fopen("data","wb"))==NULL)
    {
        printf("不能打开\n");
```

```
        return;
    }
    for(i=0;i<m;i++)
        fwrite(&stu[i] ,LEN,1,fp);/*向指定的磁盘文件写入信息*/
    printf("请输入(y/n):");
    scanf("%s",ch);
    if(strcmp(ch,"Y")==0||strcmp(ch,"y")==0)
    {
        printf("请输入百分数:");
        printf("\n选修课程分数:");
        scanf("%f",&Felec);
        printf("\n实验课程分数:");
        scanf("%f",&Fexpe);
        printf("\n必修课程分数:");
        scanf("%f",&Frequ);
    }
    while(strcmp(ch,"Y")==0||strcmp(ch,"y")==0)/*判断是否要录入新信息*/
    {
        printf("学号:");
        scanf("%d",&stu[m].num);/*输入学生学号*/
        for(i=0;i<m;i++)
            if(stu[i].num==stu[m].num)
            {
                printf("此学号已经存在，请按任意键继续!");
                getch();
                fclose(fp);
                return;
            }
            printf("名字:");
            scanf("%s",stu[m].name);/*输入学生姓名*/
            printf("选修课:");
            scanf("%lf",&stu[m].elec);/*输入选修课成绩*/
            printf("实验课:");
            scanf("%lf",&stu[m].expe);/*输入实验课成绩*/
            printf("必修课:");
            scanf("%lf",&stu[m].requ);/*输入必修课成绩*/
            stu[m].sum=stu[m].elec*Felec+stu[m].expe*Fexpe+stu[m].requ*Frequ;/*计算出总成绩*/
            if(fwrite(&stu[m],LEN,1,fp)!=1)/*将新录入的信息写入指定的磁盘文件*/
            {
                printf("不能保存!");
                getch();
            }
            else
            {
                printf("%s 保存!\n",stu[m].name);
                m++;
            }
            printf("是否继续?(y/n):");/*询问是否继续*/
            scanf("%s",ch);
    }
    fclose(fp);
```

```
    printf("OK!\n");
}
```

7.6 查询学生成绩信息设计

查询学生成绩信息设计

7.6.1 模块概述

在功能选择界面输入“2”查询学生成绩信息，只需要输入学号，若该学号存在则会询问是否显示该条信息，若不存在则会输出提示信息，如图 7-12 所示。

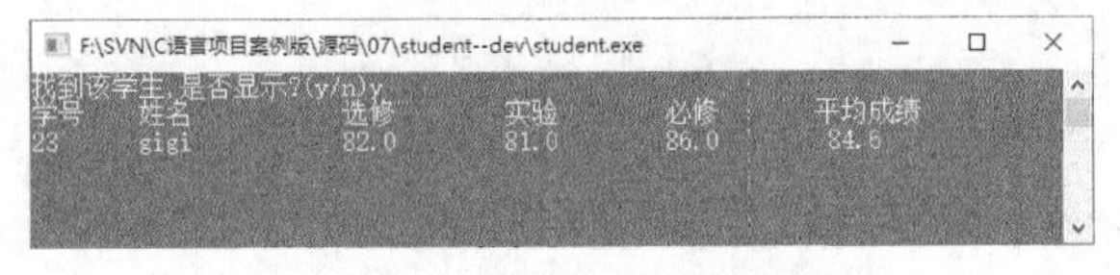

图 7-12 查询学生成绩信息界面

7.6.2 代码实现

实现查询学生成绩信息的具体代码如下：

```
void search()/*自定义查找函数*/
{
    FILE *fp;
    int snum,i,m=0;
    char ch[2];
    if((fp=fopen("data","ab+"))==NULL)
    {
        printf("不能打开\n");
        return;
    }
    while(!feof(fp))
        if(fread(&stu[m],LEN,1,fp)==1)
            m++;
        fclose(fp);
        if(m==0)
        {
            printf("无记录!\n");
            return;
        }
        printf("请输入学号:");
        scanf("%d",&snum);
        for(i=0;i<m;i++)
            if(snum==stu[i].num)/*查找输入的学号是否在记录中*/
            {
                printf("找到该学生,是否显示?(y/n)");
                scanf("%s",ch);
                if(strcmp(ch,"Y")==0||strcmp(ch,"y")==0)
                {
                    printf("学号    姓名        选修      实验          必修        平均成绩\t\n");
                    printf(FORMAT,DATA);/*将查找出的结果按指定格式输出*/
```

```
                break;
            }
            else
                return;
        }
        if(i==m)
            printf("不能找到该同学!\n");/*未找到要查找的信息*/
}
```

7.7 删除学生成绩信息设计

删除学生成绩信息设计

7.7.1 模块概述

在选择功能界面中选择数字“3”，进入删除学生成绩信息界面，输入要删除的学生的学号，如果该学号存在，则询问是否删除，若不存在，则给出提示信息。删除学生成绩信息界面如图 7-13 所示。

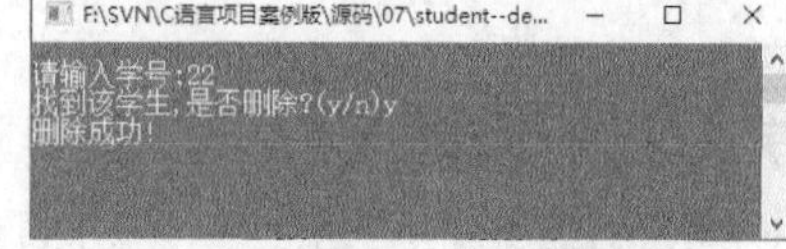

图 7-13 删除学生成绩信息界面

7.7.2 代码实现

实现删除学生成绩信息的具体代码如下：

```
void del()/*自定义删除函数*/
{
    FILE *fp;
    int snum,i,j,m=0;
    char ch[2];
    if((fp=fopen("data","ab+"))==NULL)
    {
        printf("不能打开\n");
        return;
    }
    while(!feof(fp))
        if(fread(&stu[m],LEN,1,fp)==1)
            m++;
        fclose(fp);
        if(m==0)
        {
            printf("无记录!\n");
            return;
        }
        printf("请输入学号:");
        scanf("%d",&snum);
        for(i=0;i<m;i++)
            if(snum==stu[i].num)
                break;
        if(i==m)
            {
            printf("不能找到");
            getchar();
            return;
```

```
            }
            printf("找到该学生,是否删除?(y/n)");
            scanf("%s",ch);
            if(strcmp(ch,"Y")==0||strcmp(ch,"y")==0)/*判断是否要进行删除*/
            {
                for(j=i;j<m;j++)
                    stu[j]=stu[j+1];/*将后一个记录移到前一个记录的位置*/
                    m--;/*记录的总个数减1*/
                    printf("删除成功!\n");
                }
                if((fp=fopen("data","wb"))==NULL)
                {
                    printf("不能打开\n");
                    return;
                }
                for(j=0;j<m;j++)/*将更改后的记录重新写入指定的磁盘文件*/
                    if(fwrite(&stu[j] ,LEN,1,fp)!=1)
                    {
                        printf("不能保存!\n");
                        getch();
                    }
                    fclose(fp);

}
```

7.8 修改学生成绩信息设计

修改学生成绩信息设计

7.8.1 模块概述

在选择功能界面输入数字“4”进入修改学生成绩信息界面，输入学号，若该学号存在，则修改该学号所对应的学生成绩信息并保存，若不存在，则给出相应的提示信息，如图 7-14 所示。

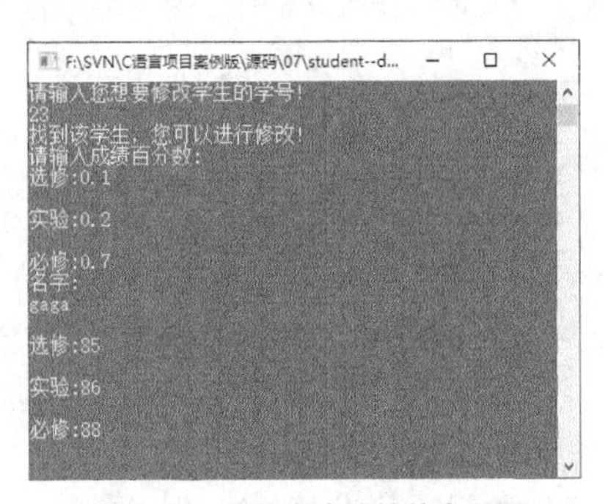

图 7-14 修改学生成绩信息界面

7.8.2 代码实现

实现修改学生成绩信息的具体代码如下：

```
void modify()/*自定义修改函数*/
{
```

```
FILE *fp;
int i,j,m=0,snum;
if((fp=fopen("data","ab+"))==NULL)
{
    printf("不能打开\n");
    return;
}
while(!feof(fp))
    if(fread(&stu[m],LEN,1,fp)==1)
        m++;
    if(m==0)
    {
        printf("无记录!\n");
        fclose(fp);
        return;
    }
    printf("请输入您想要修改学生的学号!\n");
    scanf("%d",&snum);
    for(i=0;i<m;i++)
        if(snum==stu[i].num)/*检索记录中是否有要修改的信息*/
            break;
        if(i<m)
        {
            printf("找到该学生，您可以进行修改!\n");
            printf("请输入成绩百分数:");
            printf("\n选修:");
            scanf("%f",&Felec);
            printf("\n实验:");
            scanf("%f",&Fexpe);
            printf("\n必修:");
            scanf("%f",&Frequ);
            printf("名字:\n");
            scanf("%s",stu[i].name);/*输入名字*/
            printf("\n选修:");
            scanf("%lf",&stu[i].elec);/*输入选修课成绩*/
            printf("\n实验:");
            scanf("%lf",&stu[i].expe);/*输入实验课成绩*/
            printf("\n必修:");
            scanf("%lf",&stu[i].requ);/*输入必修课成绩*/
            stu[i].sum=stu[i].elec*Felec+stu[i].expe*Fexpe+stu[i].requ*Frequ;
        }
        else
        {
            printf("没有找到该学生!");
            getchar();
            return;
        }
        if((fp=fopen("data","wb"))==NULL)
        {
            printf("不能打开\n");
            return;
```

```
        }
        for(j=0;j<m;j++)/*将新修改的信息写入指定的磁盘文件*/
            if(fwrite(&stu[j] ,LEN,1,fp)!=1)
            {
                printf("不能保存!");
                getch();
            }
            fclose(fp);
}
```

7.9 插入学生成绩信息设计

插入学生成绩信息设计

7.9.1 模块概述

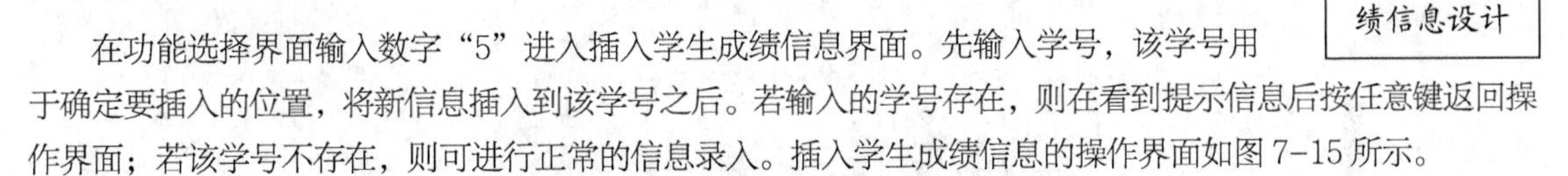

在功能选择界面输入数字“5”进入插入学生成绩信息界面。先输入学号，该学号用于确定要插入的位置，将新信息插入到该学号之后。若输入的学号存在，则在看到提示信息后按任意键返回操作界面；若该学号不存在，则可进行正常的信息录入。插入学生成绩信息的操作界面如图 7-15 所示。

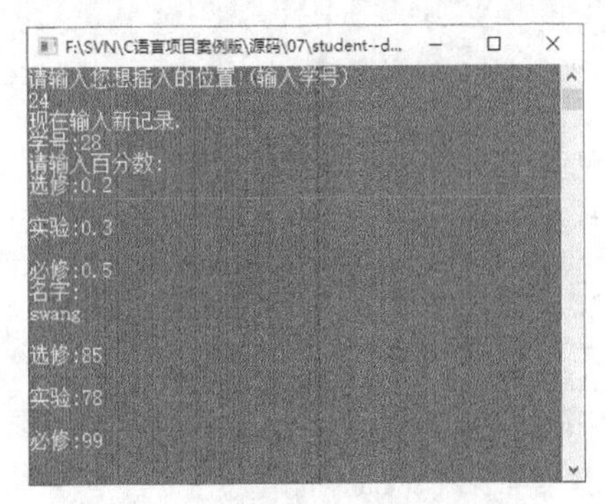

图 7-15 插入学生成绩信息界面

7.9.2 代码实现

实现插入学生成绩信息的具体代码如下：

```
void insert()/*自定义插入函数*/
{
    FILE *fp;
    int i,j,k,m=0,snum;
    if((fp=fopen("data","ab+"))==NULL)
    {
        printf("不能打开\n");
        return;
    }
    while(!feof(fp))
        if(fread(&stu[m],LEN,1,fp)==1)
            m++;
        if(m==0)
        {
            printf("无记录!\n");
```

```
            fclose(fp);
            return;
        }
        printf("请输入您想插入的位置!(输入学号)\n");
        scanf("%d",&snum);/*输入要插入的位置*/
        for(i=0;i<m;i++)
            if(snum==stu[i].num)
                break;
            for(j=m-1;j>i;j--)
                stu[j+1]=stu[j];/*从最后一条记录开始均向后移一位*/
            printf("现在输入新记录.\n");
            printf("学号:");
            scanf("%d",&stu[i+1].num);
            for(k=0;k<m;k++)
                if(stu[k].num==stu[i+1].num&&k!=i+1)
                {
                    printf("该学号已经存在，请按任意键继续!");
                    getch();
                    fclose(fp);
                    return;
                }
                printf("请输入百分数:");
                printf("\n选修:");
                scanf("%f",&Felec);
                printf("\n实验:");
                scanf("%f",&Fexpe);
                printf("\n必修:");
                scanf("%f",&Frequ);
                printf("名字:\n");
                scanf("%s",stu[i+1].name);
                printf("\n选修:");
                scanf("%lf",&stu[i+1].elec);
                printf("\n实验:");
                scanf("%lf",&stu[i+1].expe);
                printf("\n必修:");
                scanf("%lf",&stu[i+1].requ);

stu[i+1].sum=stu[i+1].elec*Felec+stu[i+1].expe*Fexpe+stu[i+1].requ*Frequ;
                if((fp=fopen("data","wb"))==NULL)
                {
                    printf("不能打开\n");
                    return;
                }
                for(k=0;k<=m;k++)
                    if(fwrite(&stu[k] ,LEN,1,fp)!=1)/*将修改后的记录写入磁盘文件*/
                    {
                        printf("不能保存!");
                        getch();
                    }
                    fclose(fp);
}
```

7.10 统计学生人数设计

7.10.1 模块概述

在功能选择界面输入数字“7”，进入统计学生人数界面，出现图 7-16 所示的信息。

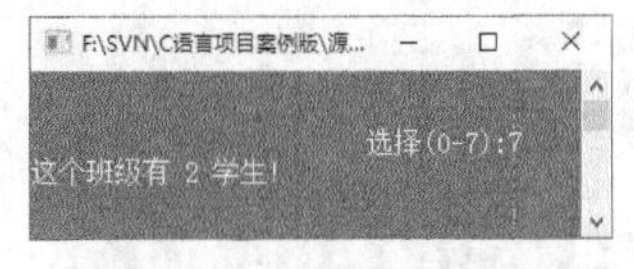

图 7-16 统计学生人数

7.10.2 代码实现

实现统计学生人数的具体代码如下：

```
void total()
{
    FILE *fp;
    int m=0;
    if((fp=fopen("data","ab+"))==NULL)
    {
        printf("不能打开\n");
        return;
    }
    while(!feof(fp))
        if(fread(&stu[m],LEN,1,fp)==1)
            m++;/*统计记录个数即学生个数*/
        if(m==0)
        {
            printf("无记录!\n");
            fclose(fp);
            return;
        }
        printf("这个班级有 %d 学生!\n",m);/*将统计的个数输出*/
        fclose(fp);
}
```

小 结

本章通过学生成绩管理系统的开发实例，介绍了开发 C 语言系统的流程和技巧。本项目并没有太多难点，项目中介绍的几种功能都是在对文件进行操作的基础上实现的。通过该项目的学习，读者可以理解一个管理系统开发的过程，为今后开发其他程序奠定基础。只要多读、多写、多练习，编写程序根本不是一个很难的过程。

PART08

第8章

企业雇员管理系统——C+字符串处理操作+结构体实现

本章设计的系统是企业雇员管理系统，该系统能够实现登录、添加员工信息、修改员工信息、删除员工信息、查询员工信息等。通过该项目，应掌握 strcmp、fwrite 等函数的用法，熟练使用循环语句、选择语句、指针、结构体。

本章知识要点

- 开发企业雇员管理系统的设计思路
- strcmp 函数
- fwrite 函数
- 员工信息的添加、修改、查询、删除功能

8.1 需求分析

当前计算机广泛应用于企事业单位的信息管理，应用基本的数据库可以开发出高效的信息管理系统。但是，应用基本的数据库开发出的信息管理系统在发布的时候需要附带很大的发布包，这样不利于一些小型的企事业单位降低管理成本。虽然C语言不是系统设计的主要语言，但它在小型信息管理系统的开发方面也是一柄利器。本系统就是应用C语言开发的一个企业雇员管理系统。

企业雇员管理系统是一个客户端的应用程序，以高效管理、满足用户基本管理需求为原则，应做到：

（1）具备统一友好的操作界面，提供良好的用户体验；

（2）系统运行安全稳定，响应及时。

8.2 系统设计

8.2.1 系统目标

根据8.1节的需求分析，该企业雇员管理系统应达到以下目标：

（1）可登录；

（2）可添加员工信息；

（3）可删除员工信息；

（4）可修改员工信息；

（5）可查询员工信息。

8.2.2 构建开发环境

系统开发平台：Dev C++。

系统开发语言：C语言。

运行平台：Windows 7（SP1）/ Windows 8/Windows 8.1/Windows 10。

8.2.3 系统功能结构

企业雇员管理系统主要用于对企业员工的基本信息进行增、删、改、查的相关操作，以便用户对这些信息进行管理。本系统对管理员的控制比较严格，只设置一个管理账号。

企业雇员管理系统功能结构图如图8-1所示。

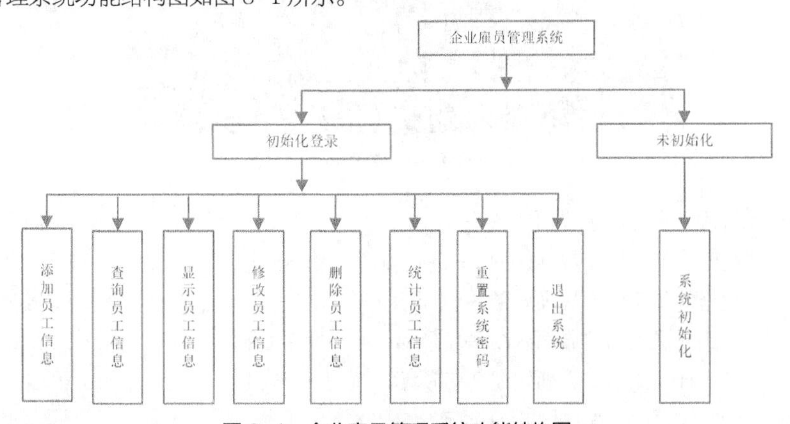

图8-1 企业雇员管理系统功能结构图

8.2.4 业务流程图

企业雇员管理系统的业务流程图如图 8-2 所示。

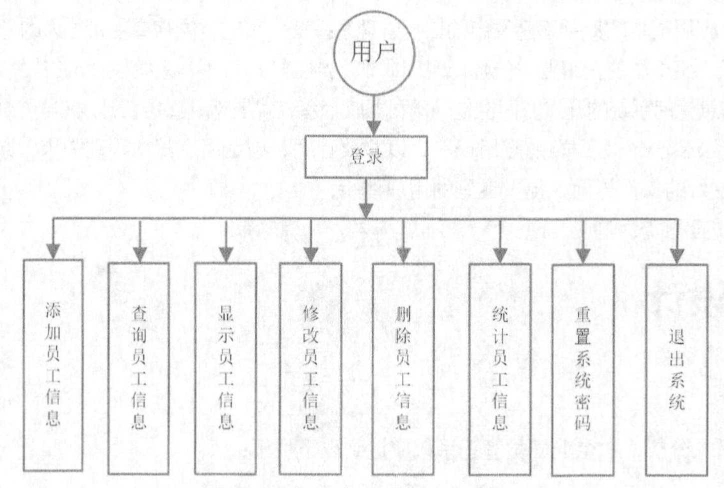

图 8-2 企业雇员管理系统业务流程图

8.2.5 系统预览

企业雇员管理系统由多个模块组成，本书呈现的是源程序主要代码。

企业雇员管理系统主界面如图 8-3 所示。

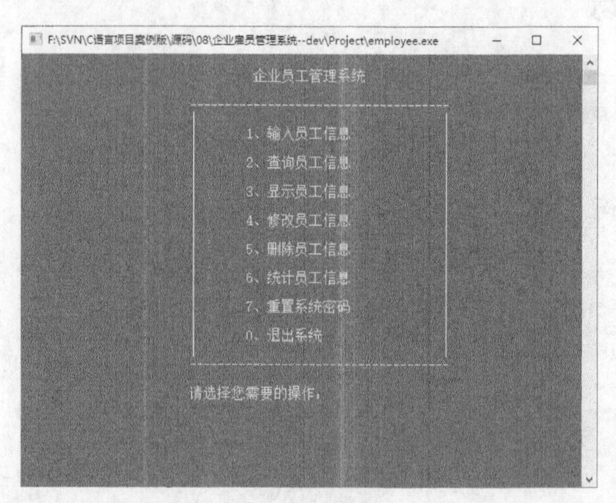

图 8-3 主界面

企业雇员管理系统添加员工信息界面如图 8-4 所示。

企业雇员管理系统查询员工信息界面如图 8-5 所示。

企业雇员管理系统修改员工信息界面如图 8-6 所示。

企业雇员管理系统删除员工信息界面如图 8-7 所示。

企业雇员管理系统统计员工信息界面如图 8-8 所示。

企业雇员管理系统重置密码界面如图 8-9 所示。

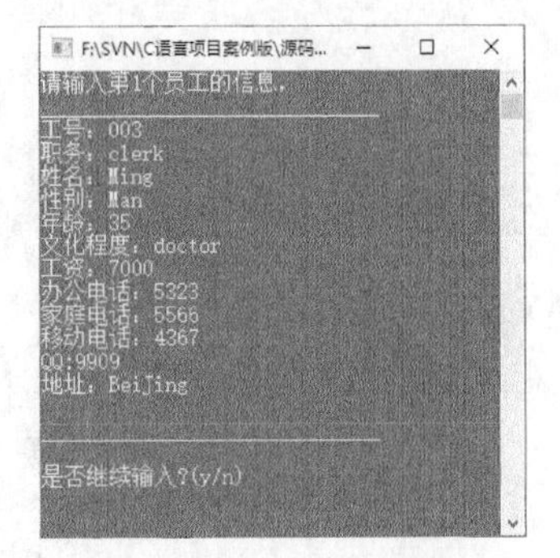

图 8-4　添加员工信息界面

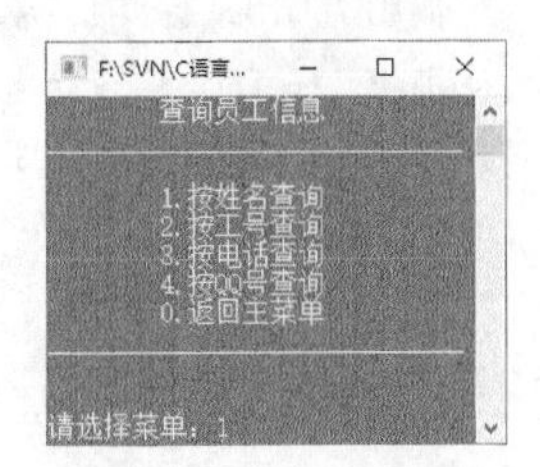

图 8-5　查询员工信息界面

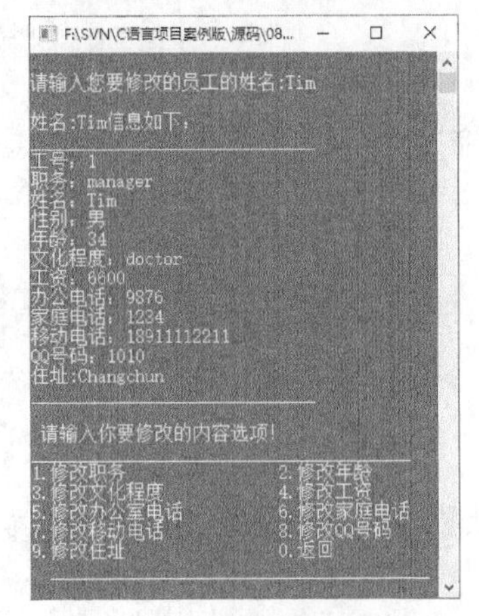

图 8-6　修改员工信息界面

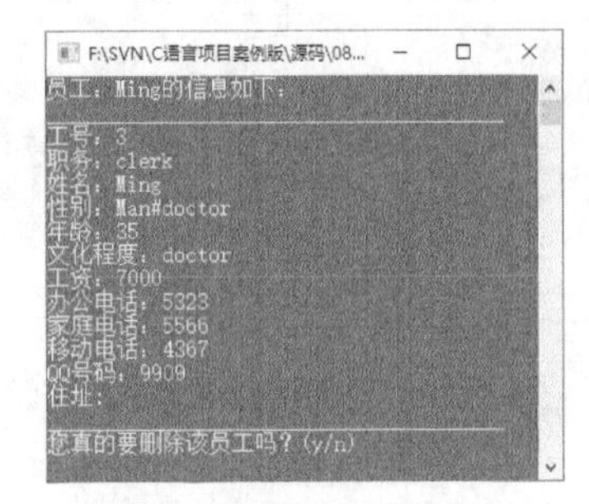

图 8-7　删除员工信息界面

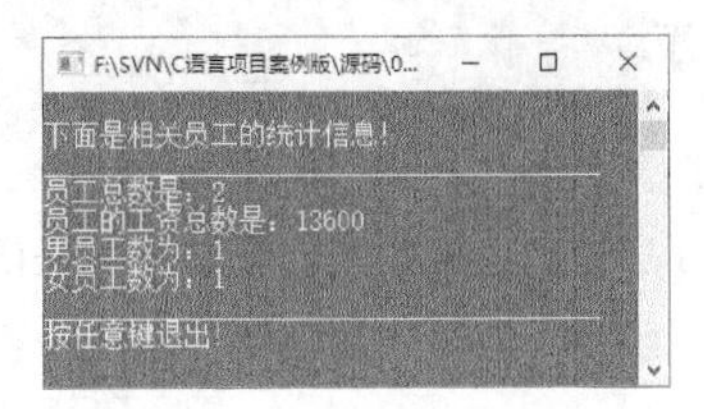

图 8-8　统计员工信息界面

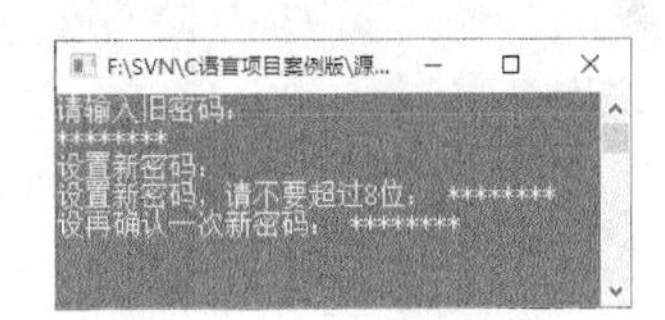

图 8-9　重置密码界面

8.3　技术准备

技术准备

8.3.1　strcmp 函数

登录模块需要对密码进行比较，因此需要使用字符串比较函数 strcmp，下面来详细介绍这一函数的用法。

库函数 strcmp 可对字符串进行比较，函数原型如下：

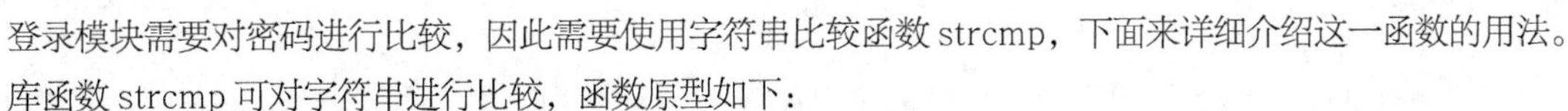

```
int strcmp(char *str1, char *str2);
```

函数对字符串 str1 和 str2 进行比较，根据两个字符串的大小，可以有三种不同的返回值：

当 str1>str2 时，返回值大于 0；

当 str1=str2 时，返回值等于 0；

当 str1<str2 时，返回值小于 0。

8.3.2 fwrite 函数

本模块需要对输出流添加数据项，就需要使用 fwrite 函数。

fwrite 函数从指针 ptr 开始把 n 个数据项添加到给定输出流 stream，每个数据项的长度为 size 字节。成功时返回确切的数据项数（不是字节数）；出错时返回值可能是 0，函数原型如下：

```
size_t fwrite(const void *ptr,size_t size,size_t n,FILE *stream);
```

8.4 公共类设计

公共类设计

8.4.1 预处理

1. 文件引用

因为使用了 strcmp 比较字符串函数，所以需要引用头文件 string.h。string.h 是 C 语言中一种常用的编译预处理指令，在使用字符数组时需要引用。在 C 语言中，关于字符数组的常用函数有 strlen、strcmp、strcpy 等，相应代码如下：

```
//头文件
#include <stdio.h>
#include <stdlib.h>
#include <string.h>
```

2. 定义全局变量

下面列出了本程序中定义的全局变量，在定义之后一直到本源文件结束都可以使用这些全局变量，相应代码如下：

```
//定义全局变量
char password[9];                  //系统密码
EMP *emp_first,*emp_end;           //定义指向链表的头节点和尾节点的指针
char gsave,gfirst;                 //判断标识
```

3. 定义结构体

定义保存员工信息的结构体 **struct** employee，其中有员工工号、员工职务、员工姓名等信息，相应代码如下：

```
//存储员工信息的结构体
typedef struct employee
{
   int num;                        //员工工号
   char duty[10];                  //员工职务
   char name[10];                  //员工姓名
   char sex[3];                    //员工性别
   unsigned char age;              //员工年龄
   char edu[10];                   //教育水平
   int salary;                     //员工工资
   char tel_office[13];            //办公电话
   char tel_home[13];              //家庭电话
   char mobile[13];                //手机
   char qq[11];                    //QQ号码
   char address[31];               //家庭住址
   struct employee *next;
}EMP;
```

4. 函数声明

本程序定义了一系列的自定义函数，每个函数都能实现一个模块的基本功能。这些自定义函数的功能及声明形式如下：

```
//自定义函数声明
void addemp(void);                                   //添加员工信息的函数
void findemp(void);                                  //查找员工信息的函数
void listemp(void);                                  //显示员工信息列表的函数
void modifyemp(void);                                //修改员工信息的函数
void summaryemp(void);                               //统计员工信息的函数
void delemp(void);                                   //删除员工信息的函数
void resetpwd(void);                                 //重置系统的函数
void readdata(void);                                 //读取文件数据的函数
void savedata(void);                                 //保存数据的函数
int modi_age(int s);                                 //修改员工年龄的函数
int modi_salary(int s);                              //修改员工工资的函数
char *modi_field(char *field,char *s,int n);         //修改员工其他信息的函数
EMP *findname(char *name);                           //按员工姓名查找员工信息
EMP *findnum(int num);                               //按员工工号查找员工信息
EMP *findtelephone(char *name);                      //按员工的电话号码查找员工信息
EMP *findqq(char *name);                             //按员工的QQ号查找员工信息
void displayemp(EMP *emp,char *field,char *name);    //显示员工信息
void checkfirst(void);                               //初始化检测
void bound(char ch,int n);                           //画出分界线
void login();                                        //登录检测
void menu();                                         //主菜单列表
```

8.4.2 主函数

本模块是程序的入口主函数，即 main 函数，主要实现一些初始化工作以及对程序功能菜单的显示，以供用户操作。

首先实现链表指针的初始化以及判断标识的赋值，将它们的初始化值都设为 0，表示没有数据需要保存和系统已经初始化完成，即假设不是第一次使用本系统。然后再调用 checkfirst 函数进行具体的初始化检查，如果不是第一次登录便会进入下一步，提示输入密码，正确输入密码后会显示程序的功能菜单，供用户选择。主函数 main 的实现代码如下所示：

```
/**
*  主函数
*/
int main(void)
{
    system("color f0\n");        //白底黑字
    emp_first=emp_end=NULL;
    gsave=gfirst=0;

    checkfirst();                //初始化检测
    login();                     //登录检测
    readdata();                  //读取文件数据的函数
    menu();                      //主菜单列表
    system("PAUSE");
    return 0;
}
```

8.5 系统初始化设计

8.5.1 模块概述

本模块主要实现对系统是否是第一次使用的检测，此功能是通过函数 checkfirst 实现的。系统初始化操作界面如图 8-10 所示，系统初始化成功界面如图 8-11 所示。

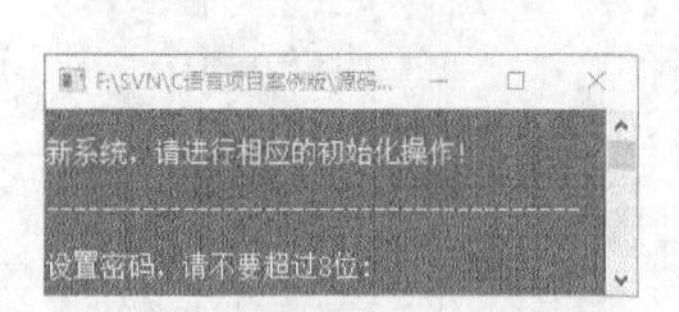

图 8-10 系统初始化操作界面

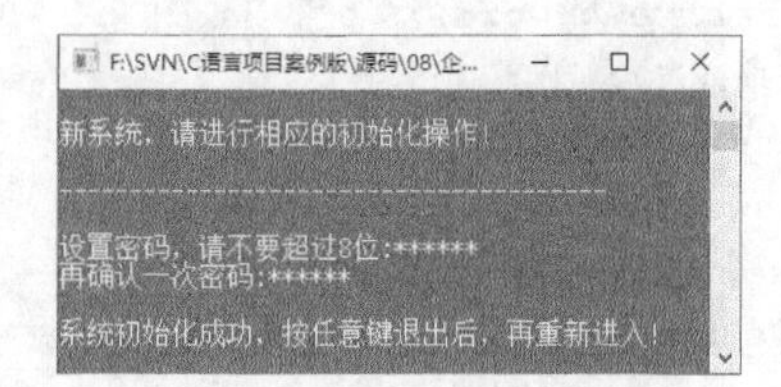

图 8-11 系统初始化成功界面

8.5.2 操作密码文件

本模块需要实现用密码打开文件，并在使用完文件后关闭文件流，因此需要使用 fopen 函数和 fclose 函数，下面详细介绍。

1. 通过 fopen 函数打开文件

fopen 函数用来打开一个文件，其调用的语法格式为：

```
FILE *fp;
fp=fopen(文件名，使用文件方式)；
```

其中“文件名”是将要被打开文件的文件名；“使用文件方式”是指对打开的文件要进行读还是写。

2. 通过 fclose 函数关闭文件

fclose 函数用于文件的关闭。当正常完成关闭文件操作时，fclose 函数返回值为 0，否则返回 EOF。fclose 函数调用的语法格式是：

```
fclose(文件指针);
```

例如：

```
fclose(fp);
```

3. 通过 feof 函数判断文件的结束

测试所给 stream 的文件尾标记的宏。如果检测到文件尾标记 EOF 则返回非零值；否则，返回 0。

8.5.3 第一次使用本系统

本模块首先打开密码文件，判断是否为空，进而判断系统是否是第一次使用，如果是第一次使用，系统会提示输入初始密码，如图 8-12 所示。

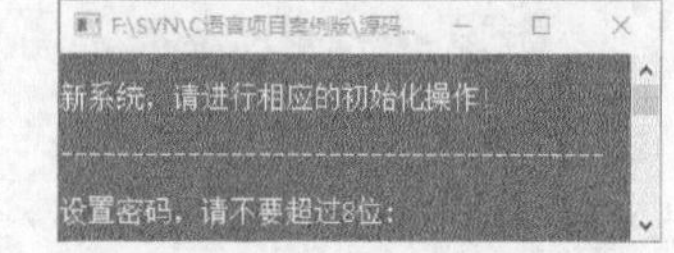

图 8-12 第一次使用本系统

使用 fopen 函数打开密码文件，判断文件内容是否为空，如果为空，则判定为第一次使用本系统，需要设置密码。密码的设置有几点要求：密码长度不超过 8 位；密码字符中不能有回车；两次密码输入需要相同。具体实现代码如下：

```
/**
 * 首次使用，进行用户信息初始化
 */
void checkfirst()
```

```
{
    FILE *fp,*fp1;                                    //声明文件型指针
    char pwd[9],pwd1[9],pwd2[9],pwd3[9],ch;
    int i;
    char strt='8';

    if((fp=fopen("config.bat","rb"))==NULL)    //判断系统密码文件是否为空
    {
        printf("\n新系统，请进行相应的初始化操作！\n");
        bound('_',50);
        getch();

        do{
            printf("\n设置密码，请不要超过8位：");
            for(i=0;i<8&&((pwd[i]=getch())!=13);i++)
            {
                putch('*');
            }
            printf("\n再确认一次密码：");
            for(i=0;i<8&&((pwd1[i]=getch())!=13);i++)
            {
                putch('*');
            }

            pwd[i]='\0';
            pwd1[i]='\0';

            if(strcmp(pwd,pwd1)!=0)                //判断两次新密码是否一致
            {
                printf("\n两次密码输入不一致，请重新输入！\n\n");
            }
            else break;

        }while(1);

        if((fp1=fopen("config.bat","wb"))==NULL)
        {
            printf("\n系统创建失败，请按任意键退出！");
            getch();
            exit(1);
        }

        i=0;
        while(pwd[i])
        {

            pwd2[i]=(pwd[i]^ strt);
            putw(pwd2[i],fp1);                     //将数组元素送入文件流
            i++;
        }

        fclose(fp1);                               //关闭文件流
        printf("\n\n系统初始化成功，按任意键退出后，再重新进入！\n");
        getch();
        exit(1);
```

```
    }
```

8.5.4 非第一次使用本系统

如果不是第一次使用系统，系统会进入登录页面，提示输入密码登录，如图 8-13 所示。

图 8-13 非第一次使用本系统

首先通过 feof 函数从文件中读取到完整密码，将密码保存在数组 password 中，以便和输入的密码做对比。具体实现代码如下：

```
    else{
        i=0;
        while(!feof(fp)&&i<8)                      //判断是否读完密码文件
        {
            pwd[i++]=(getw(fp)^strt);              //从文件流中读出字符赋给数组
        }

        pwd[i]='\0';

        if(i>=8)
        {
            i--;
        }
        while(pwd[i]!=-1&&i>=0)
        {
            i--;
        }
        pwd[i]='\0';                               //将数组最后一位设定为字符串的结束符
        strcpy(password,pwd);                      //将数组pwd中的数据复制到数组password中
    }
}
```

8.6 系统登录设计

8.6.1 模块概述

系统登录模块是用户进入系统的大门，能够验证用户的合法性，起到保护系统不被非法用户进入的作用。本系统的登录模块是通过从文件中读取数据与输入密码做比较来实现密码验证的。系统登录界面如图 8-14 所示。

三次密码输入错误强制退出界面，如图 8-15 所示。

图 8-14 系统登录界面

图 8-15 密码错误强制退出界面

8.6.2 代码实现

本模块中的函数在初始化检测后调用，用于管理员的登录。用户根据提示输入密码后，strcmp 函数对输入的密码和密码文件中的数据进行比较，如果一致会进入系统，不一致会提示重新输入，如果三次不一致则强制退出。具体实现代码如下：

```
/**
 * 检测登录密码
 */
void login()
{
    int i,n=3;
    char pwd[9];
    do{
        printf("请输入密码：");
        for(i=0;i<8 && ((pwd[i]=getch())!=13);i++)
            putch('*');
        pwd[i]='\0';
        if(!strcmp(pwd,password))            //如果密码不匹配
        {
            printf("\n密码错误，请重新输入！\n");
            getch();
            system("cls");                    //调用清屏命令
            n--;
        }else
            break;
    } while(n>0);                             //密码输入三次的控制
    if(!n)
    {
        printf("请退出，您的三次输入密码错误！");
        getch();
        exit(1);
    }
}
```

8.7 主界面功能菜单设计

8.7.1 模块概述

为了提供良好的用户体验和便捷的操作功能，功能菜单是一个不可缺少的模块。功能菜单界面如图 8-16 所示。

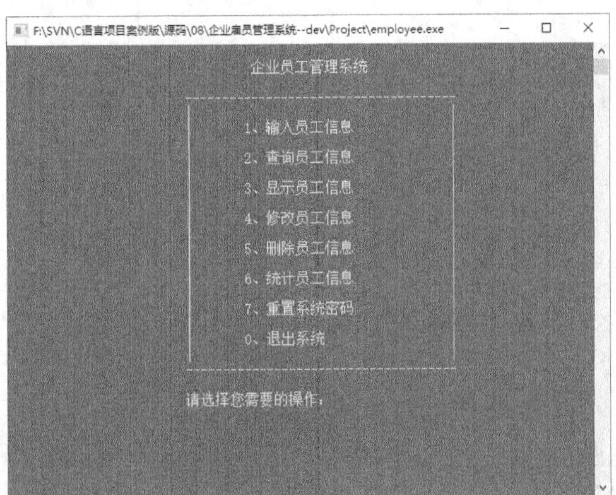

图 8-16　功能菜单界面

8.7.2 代码实现

1. 设计主菜单界面

本模块使用 menu 函数创建功能菜单，此函数在初始化检测后调用。用户登录成功后，系统会显示菜单页面，供用户选择。具体实现代码如下：

```
/**
*  主菜单列表
*/
void menu()
{
    char choice;
    system("cls");
    do{
     printf("\n\t\t\t\t 企业员工管理系统\n\n");
       printf("\t\t\t---------------------------------------\n");
       printf("\t\t\t|\t\t\t\t    |\n");
       printf("\t\t\t|  \t1、输入员工信息\t\t    |\n");
       printf("\t\t\t|\t\t\t\t    |\n");
       printf("\t\t\t|  \t2、查询员工信息\t\t    |\n");
       printf("\t\t\t|\t\t\t\t    |\n");
       printf("\t\t\t|  \t3、显示员工信息\t\t    |\n");
       printf("\t\t\t|\t\t\t\t    |\n");
       printf("\t\t\t|  \t4、修改员工信息\t\t    |\n");
       printf("\t\t\t|\t\t\t\t    |\n");
       printf("\t\t\t|  \t5、删除员工信息\t\t    |\n");
       printf("\t\t\t|\t\t\t\t    |\n");
       printf("\t\t\t|  \t6、统计员工信息\t\t    |\n");
       printf("\t\t\t|\t\t\t\t    |\n");
       printf("\t\t\t|  \t7、重置系统密码\t\t    |\n");
       printf("\t\t\t|\t\t\t\t    |\n");
       printf("\t\t\t|  \t0、退出系统\t\t    |\n");
       printf("\t\t\t|\t\t\t\t    |\n");
       printf("\t\t\t---------------------------------------\n");
       printf("\n\t\t\t请选择您需要的操作：");
```

2. 主菜单界面实现分支选择

菜单中一共有 8 个菜单项，按数字键 0～7 即可进入对应模块，程序通过 switch...case 语句实现功能选择。按数字键“1”可添加员工信息，同时，如果此系统中没有员工信息，一些对员工信息的操作则无法进行，所以当用户选择了这些操作，系统会给出提示，让用户先添加员工信息。具体实现代码如下：

```
       do{
         fflush(stdin);
          choice=getchar();
          system("cls");
          switch(choice)
          {
             case '1':
               addemp();          //调用员工信息添加函数
               break;
             case '2':
               if(gfirst)
```

```
    {
       printf("系统信息中无员工信息，请先添加员工信息！\n");
       getch();
       break;
    }
    findemp();       //调用员工信息查找函数
    break;
  case '3':
    if(gfirst)
    {
       printf("系统信息中无员工信息，请先添加员工信息！\n");
       getch();
       break;
    }
    listemp();       //员工列表函数
    break;
 case '4':
    if(gfirst)
    {
       printf("系统信息中无员工信息，请先添加员工信息！\n");
       getch();
       break;
    }
    modifyemp();     //员工信息修改函数
    break;
 case '5':
     if(gfirst)
    {
       printf("系统信息中无员工信息，请先添加员工信息！\n");
       getch();
       break;
    }
    delemp();        //删除员工信息的函数
    break;
 case '6':
     if(gfirst)
    {
       printf("系统信息中无员工信息，请先添加员工信息！\n");
       getch();
       break;
    }
    summaryemp();     //统计函数
    break;
 case '7':
    resetpwd();      //重置系统的函数
    break;
 case '0':
    savedata();      //保存数据的函数
    exit(0);
 default:
          printf("请输入0~7的数字");
```

```
                    getch();
                    menu();
            }
        } while(choice<'0'||choice>'7');
        system("cls");
    }while(1);
}
```

8.8 添加员工信息设计

添加员工
信息设计

8.8.1 模块概述

员工信息添加功能是企业雇员管理系统必不可少的模块。在主菜单中输入数字“1”，即可添加员工信息。本模块主要实现添加新的员工信息到数据库中。添加员工信息界面如图 8-17 所示。

图 8-17　添加员工信息界面

8.8.2 功能实现

本模块首先打开存储员工信息的数据文件，系统会提示用户输入相应的员工基本信息。在用户输入完一个员工的信息后，系统会询问用户是否继续输入员工信息。具体实现代码如下：

```
/**
*  员工信息添加
*/
void addemp()
{
    FILE *fp;                                           //声明一个文件型指针
    EMP *emp1;                                          //声明一个结构型指针
    int i=0;
    char choice='y';

    if((fp=fopen("employee.dat","ab"))==NULL)           //判断信息文件中是否有信息
    {
        printf("打开文件employee.dat出错！ \n");
        getch();
        return;
    }
```

```
do{
    i++;
    emp1=(EMP *)malloc(sizeof(EMP));        //申请一段内存
    if(emp1==NULL)                          //判断内存是否分配成功
    {
        printf("内存分配失败，按任意键退出！\n");
        getch();
        return;
    }
    printf("请输入第%d个员工的信息，\n",i);
    bound('_',30);
    printf("工号：");
    scanf("%d",&emp1->num);

    printf("职务：");
    scanf("%s",&emp1->duty);

    printf("姓名：");
    scanf("%s",&emp1->name);

    printf("性别：");
    scanf("%s",&emp1->sex);

    printf("年龄：");
    scanf("%d",&emp1->age);

    printf("文化程度：");
    scanf("%s",&emp1->edu);

    printf("工资：");
    scanf("%d",&emp1->salary);

    printf("办公电话：");
    scanf("%s",&emp1->tel_office);

    printf("家庭电话：");
    scanf("%s",&emp1->tel_home);

    printf("移动电话：");
    scanf("%s",&emp1->mobile);

    printf("QQ:");
    scanf("%s",&emp1->qq);

    printf("地址：");
    scanf("%s",&emp1->address);

    emp1->next=NULL;
    if(emp_first==NULL)                     //判断链表头指针是否为空
    {
        emp_first=emp1;
```

```
            emp_end=emp1;
        }else {
            emp_end->next=emp1;
            emp_end=emp1;
        }

        fwrite(emp_end,sizeof(EMP),1,fp);       //对数据流添加数据项

        gfirst=0;
        printf("\n");
        bound('_',30);
        printf("\n是否继续输入?(y/n)");
        fflush(stdin);                          //清除缓冲区
        choice=getch();

        if(toupper(choice)!='Y')                //把小写字母转换成大写字母
        {
            fclose(fp);                         //关闭文件流
            printf("\n输入完毕，按任意键返回\n");
            getch();
            return;
        }
        system("cls");
    }while(1);
}
```

8.9 删除员工信息设计

删除员工
信息设计

8.9.1 模块概述

某员工离职后需要对该员工的信息进行删除，因此系统中的删除模块是必要的。删除查询条件界面如图 8-18 所示。

删除员工信息界面如图 8-19 所示。

图 8-18　删除查询条件界面

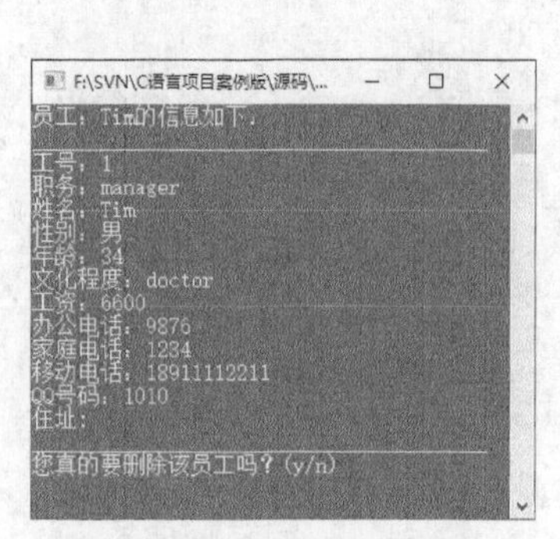

图 8-19　删除员工信息界面

8.9.2 功能实现

在系统的功能菜单中选择删除信息的操作选项后，系统会提示输入要删除的员工的姓名；输入要删除的员

工姓名后，系统如果从信息链表中找到了相关信息，则会将信息显示出来，再次要求用户确定是否要删除，以防误操作，提高了信息的安全性。具体实现代码如下：

```
/**
 * 删除员工信息
 */
void delemp()
{
    int findok=0;
    EMP *emp1,*emp2;
    char name[10],choice;
    system("cls");                                    //对屏幕清屏
    printf("\n输入要删除的员工姓名：");
    scanf("%s",name);

    emp1=emp_first;
    emp2=emp1;
    while(emp1)
    {
        if(strcmp(emp1->name,name)==0)
        {
            findok=1;
            system("cls");
            printf("员工：%s的信息如下：",emp1->name); //显示要删除的员工信息
            bound('_',40);
            printf("工号：%d\n",emp1->num);
            printf("职务：%s\n",emp1->duty);
            printf("姓名：%s\n",emp1->name);
            printf("性别：%s\n",emp1->sex);
            printf("年龄：%d\n",emp1->age);
            printf("文化程度：%s\n",emp1->edu);
            printf("工资：%d\n",emp1->salary);
            printf("办公电话：%s\n",emp1->tel_office);
            printf("家庭电话：%s\n",emp1->tel_home);
            printf("移动电话：%s\n",emp1->mobile);
            printf("QQ号码：%s\n",emp1->qq);
            printf("住址:%\ns",emp1->address);
            bound('_',40);
            printf("您真的要删除该员工吗？(y/n)");

            fflush(stdin);                            //清除缓冲区
            choice=getchar();

            if(choice!='y' && choice!='Y')            //确定删除
            {
                return;
                }
            if(emp1==emp_first)
                {
                    emp_first=emp1->next;
                }
```

```
            else
              {
                   emp2->next=emp1->next;
            }
            printf("员工%s已被删除",emp1->name);
            getch();
            free(emp1);
            gsave=1;
            savedata();                                    //保存数据
            return;
        }else{
            emp2=emp1;
            emp1=emp1->next;
        }
    }
    if(!findok)
    {
       bound('_',40);
       printf("\n没有找到姓名是：%s的信息！ \n",name); //没找到信息的提示
       getch();
    }
    return;
}
```

8.10 查询员工信息设计

查询员工
信息设计

8.10.1 模块概述

对员工信息的查找是常用的基本操作，因此本系统对它做了多种方式的实现，即使用不同的查询条件进行查询。查询员工信息子菜单界面如图 8-20 所示。

查找条件输入界面如图 8-21 所示。

员工信息显示界面如图 8-22 所示。

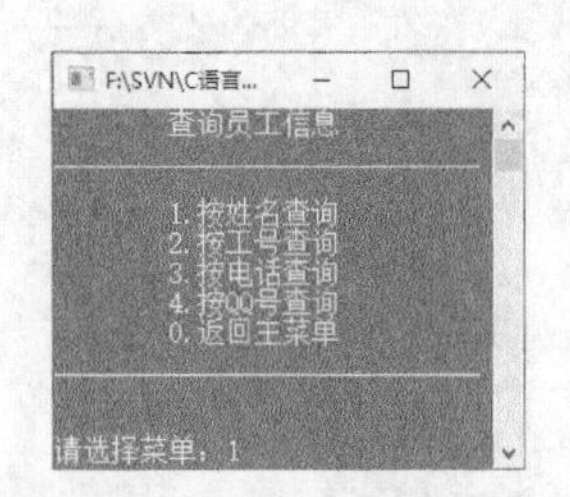

图 8-20 查询员工信息子菜单界面

图 8-21 查找条件输入界面

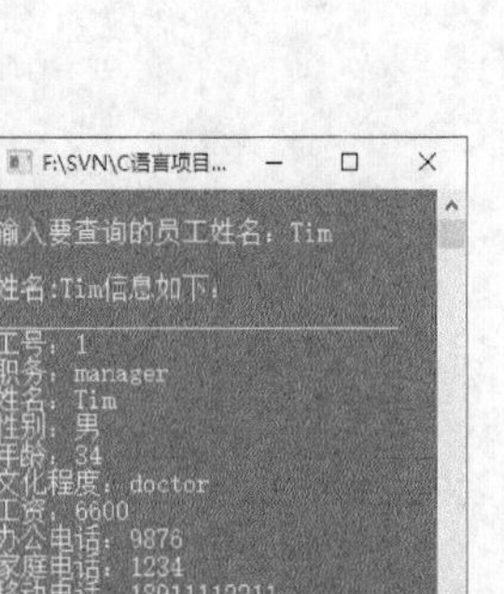

图 8-22 员工信息显示界面

8.10.2 查询员工信息的界面设计

在系统的功能菜单中选择查询员工信息的操作选项后，系统会进入一个查询选项列表，用户根据自己的需要选择要使用的查询条件，根据用户输入的不同条件，系统会调用不同的查询函数，系统从信息链表中找到相

关信息后会将信息显示出来。具体实现代码如下：

```
/**
* 查询员工信息
*/
void findemp()
{
    int choice,ret=0,num;
    char str[13];
    EMP *emp1;

    system("cls");

    do{
       printf("\t查询员工信息\n");
       bound('_',30);
       printf("\t1.按姓名查询\n");
       printf("\t2.按工号查询\n");
       printf("\t3.按电话查询\n");
       printf("\t4.按QQ号查询\n");
       printf("\t0.返回主菜单\n");
       bound('_',30);
       printf("\n请选择菜单：");

       do{
          fflush(stdin);
          choice=getchar();
          system("cls");
          switch(choice)
          {
             case '1':
                printf("\n输入要查询的员工姓名：");
                scanf("%s",str);
                emp1=findname(str);
                displayemp(emp1,"姓名",str);
                getch();
                break;

             case '2':
                printf("\n请输入要查询的员工的工号");
                scanf("%d",&num);
                emp1=findnum(num);
                itoa(num,str,10);
                displayemp(emp1,"工号",str);
                getch();
                break;

             case '3':
                printf("\n输入要查询员工的电话:");
                scanf("%s",str);
```

```
                    emp1=findtelephone(str);
                    displayemp(emp1,"电话",str);
                    getch();
                    break;

                case '4':
                    printf("\n输入要查询的员工的QQ号：");
                    scanf("%s",str);
                        emp1=findqq(str);
                    displayemp(emp1,"QQ号码",str);
                    getch();
                    break;

                case '0':
                    ret=1;
                    break;
            }
        }while(choice<'0'||choice>'4');

        system("cls");
        if(ret) break;
    }while(1);
}
```

8.10.3 根据姓名查找员工信息

在查询员工信息界面选择数字“1”，可以输入姓名来查找员工的信息。根据姓名查询员工信息的显示界面如图 8-23 所示。

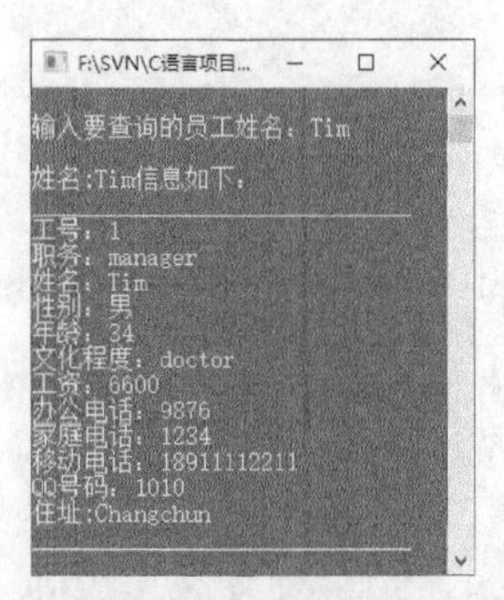

图 8-23　根据姓名查询员工信息的显示界面

实现根据姓名来查找员工信息的代码如下：

```
/**
* 按照姓名查找员工信息
*/
EMP *findname(char *name)
{
    EMP *emp1;
    emp1=emp_first;
```

```
    while(emp1)
    {
       if(strcmp(name,emp1->name)==0)       //比较输入的姓名和链表中记载的姓名是否相同
       {
             return emp1;
         }
       emp1=emp1->next;
    }
    return NULL;
}
```

8.10.4 根据工号查找员工信息

在查询员工信息界面选择数字“2”，可以输入员工工号来查找员工的信息。根据工号查询员工信息的显示界面如图 8-24 所示。

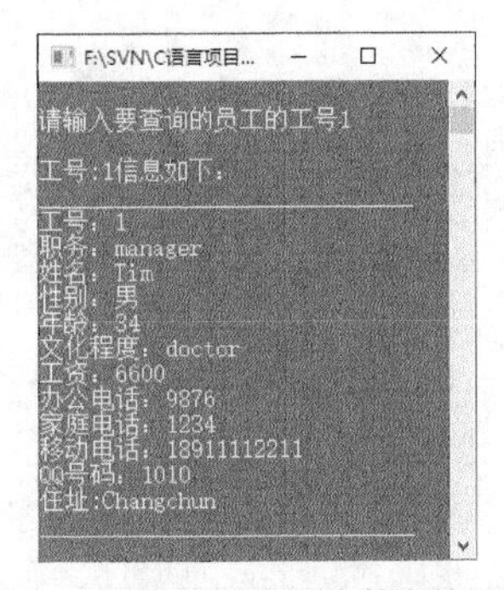

图 8-24　根据工号查询员工信息的显示界面

实现根据工号来查找员工信息的代码如下：

```
/**
* 按照工号查询
*/
EMP *findnum(int num)                          //声明一个结构体指针
{
   EMP *emp1;
   emp1=emp_first;
   while(emp1)
   {
      if(num==emp1->num)  return emp1;    //链表中是否有此工号
      emp1=emp1->next;
   }
   return NULL;
}
```

8.10.5 根据电话号码查找员工信息

在查询员工信息界面选择数字“3”，可以输入电话号码来查找员工的信息，无论输入的是办公电话号码、家庭电话号码还是手机号，都会找到号码所属员工。根据电话号码查询员工信息的显示界面如图 8-25 所示。

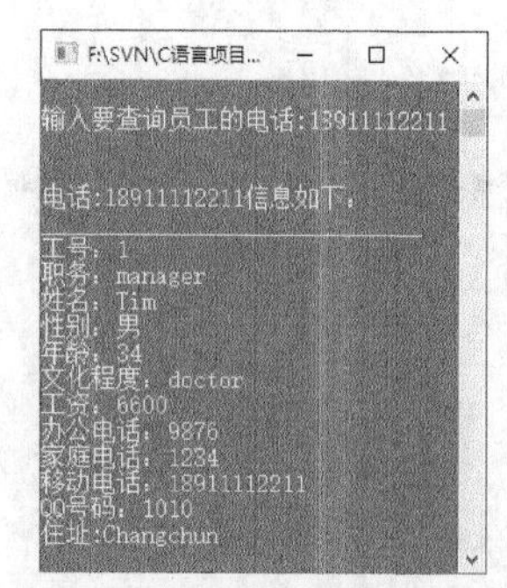

图 8-25　根据电话号码查询员工信息的显示界面

实现根据电话号码来查找员工信息的代码如下：

```
/**
* 按照电话号码查询员工信息
*/
EMP *findtelephone(char *name)
{
    EMP *emp1;
    emp1=emp_first;
    while(emp1)
    {
       if((strcmp(name,emp1->tel_office)==0)||
       (strcmp(name,emp1->tel_home)==0)||
       (strcmp(name,emp1->mobile)==0))          //使用逻辑或判断电话号码
       return emp1;
       emp1=emp1->next;

    }
     return NULL;
}
```

8.10.6　根据 QQ 号查找员工信息

在查询员工信息界面选择数字“4”，可以输入 QQ 号来查找员工的信息。根据 QQ 号查询员工信息的显示界面如图 8-26 所示。

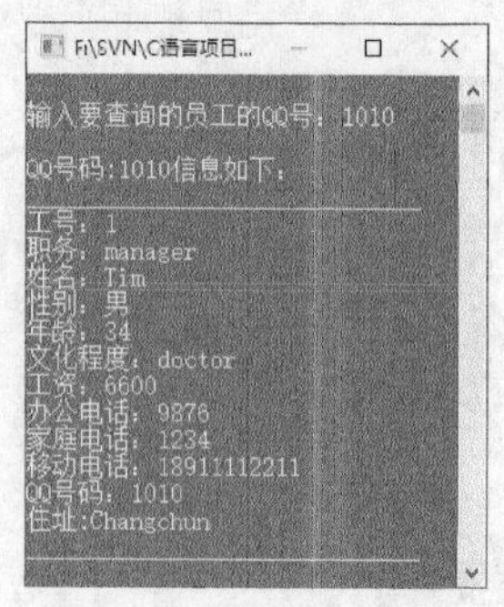

图 8-26　根据 QQ 号查询员工信息的显示界面

实现根据 QQ 号来查找员工信息的代码如下：

```
/**
* 按照员工QQ号查询员工信息
```

```
*/
EMP *findqq(char *name)
{
   EMP *emp1;

   emp1=emp_first;
   while(emp1)
   {
      if(strcmp(name,emp1->qq)==0)  return emp1;
      emp1=emp1->next;
   }
   return NULL;
}
```

8.10.7 显示查询结果

在查找函数查找到员工的信息后，需要进行显示，下面就是相应的显示查询结果函数的具体代码：

```
/**
 * 显示员工信息
 */
void displayemp(EMP *emp,char *field,char *name)
{
   if(emp)
   {
      printf("\n%s:%s信息如下：\n",field,name);
      bound('_',30);
      printf("工号：%d\n",emp->num);
      printf("职务：%s\n",emp->duty);
      printf("姓名：%s\n",emp->name);
      printf("性别：%s\n",emp->sex);
      printf("年龄：%d\n",emp->age);
      printf("文化程度：%s\n",emp->edu);
      printf("工资：%d\n",emp->salary);
      printf("办公电话：%s\n",emp->tel_office);
      printf("家庭电话：%s\n",emp->tel_home);
      printf("移动电话：%s\n",emp->mobile);
      printf("QQ号码：%s\n",emp->qq);
      printf("住址:%s\n",emp->address);
      bound('_',30);
   }else {
    bound('_',40);
    printf("资料库中没有%s为：%s的员工！请重新确认！",field,name);
   }
   return;
}
```

8.11 修改员工信息设计

修改员工信息设计

8.11.1 模块概述

随着在职时间的延长，员工的一些基本信息也会发生变化，此时就需要对员工信息系统中的信息进行修改，如员工的年龄、工资等。基本修改操作界面如图 8-27 所示。

修改具体内容界面如图 8-28 所示。

修改后的数据显示界面如图 8-29 所示。

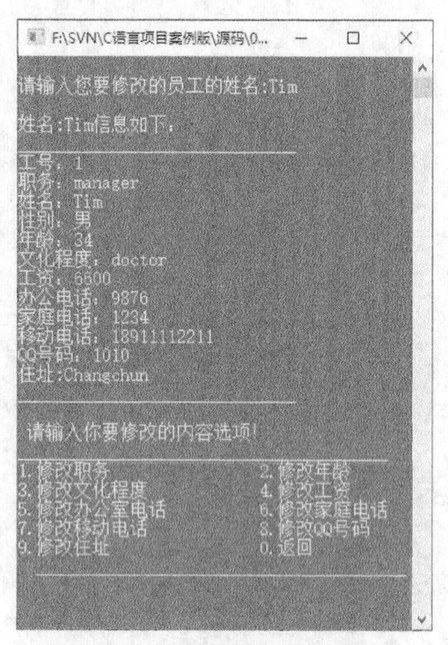

图 8-27　基本修改操作界面

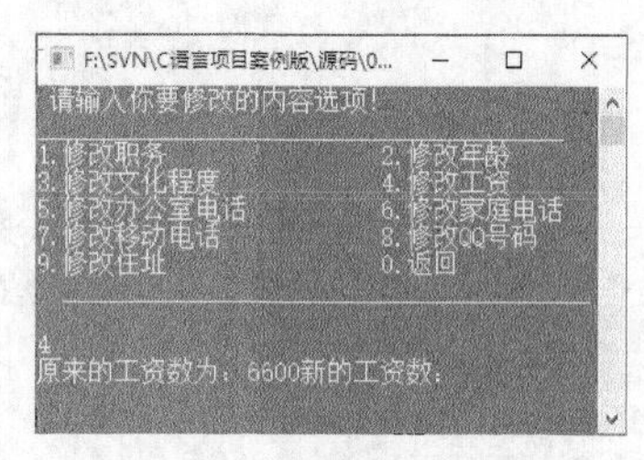

图 8-28　修改具体内容界面

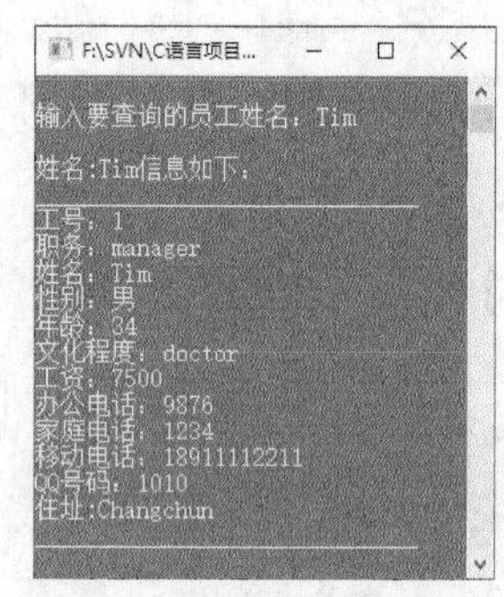

图 8-29　修改后的数据显示界面

8.11.2　实现修改员工信息的界面

在系统的功能菜单中选择修改员工信息的操作选项后，系统会提示输入要修改的员工姓名，用户输入姓名后，系统会显示出员工的基本信息，以及修改选择菜单列表，用户根据自己的需要选择相应的操作。具体实现代码如下：

```
/**
 * 修改员工信息
 */
void modifyemp()
{
    EMP *emp1;
    char name[10],*newcontent;
    int choice;

    printf("\n请输入您要修改的员工的姓名:");
    scanf("%s",&name);

    emp1=findname(name);
    displayemp(emp1,"姓名",name);

    if(emp1)
    {
     printf("\n 请输入你要修改的内容选项! \n");
       bound('_',40);
       printf("1.修改职务                2.修改年龄\n");
       printf("3.修改文化程度            4.修改工资\n");
       printf("5.修改办公室电话          6.修改家庭电话\n");
       printf("8.修改移动电话            8.修改QQ号码 \n");
```

```
        printf("9.修改住址                0.返回\n  ");
        bound('_',40);

        do{
            fflush(stdin);          //清除缓冲区
            choice=getchar();
            switch(choice)          //操作选择函数
            {
                case '1':
                    newcontent=modi_field("职务",emp1->duty,10);  //调用修改函数修改基本信息
                    if(newcontent!=NULL)
                    {
                        strcpy(emp1->duty,newcontent);
                        free(newcontent);
                    }
                    break;
                case '2':
                    emp1->age=modi_age(emp1->age);
                    break;
                case '3':
                    newcontent=modi_field("文化程度",emp1->edu,10);
                    if(newcontent!=NULL)
                    {
                        strcpy(emp1->edu,newcontent);          //获取新信息内容
                        free(newcontent);
                    }
                    break;
                case '4':
                    emp1->salary=modi_salary(emp1->salary);
                    break;
                case '5':
                    newcontent=modi_field("办公室电话",emp1->tel_office,13);
                    if(newcontent!=NULL)
                    {
                        strcpy(emp1->tel_office,newcontent);
                        free(newcontent);
                    }
                    break;
                case '6':
                    newcontent=modi_field("家庭电话",emp1->tel_home,13);
                    if(newcontent!=NULL)
                    {
                        strcpy(emp1->tel_home,newcontent);
                        free(newcontent);
                    }
                    break;
                 case '7':
                    newcontent=modi_field("移动电话",emp1->mobile,12);
                    if(newcontent!=NULL)
                    {
                        strcpy(emp1->mobile,newcontent);
```

```
                free(newcontent);
            }
            break;
        case '8':
            newcontent=modi_field("QQ号码",emp1->qq,10);
            if(newcontent==NULL)
            {
                strcpy(emp1->qq,newcontent);
                free(newcontent);
            }
            break;
        case '9':
            newcontent=modi_field("住址",emp1->address,30);
            if(newcontent!=NULL)
            {
                strcpy(emp1->address,newcontent);
                free(newcontent);              //释放内存空间
            }
            break;
        case '0':
            return;
        }
    }while(choice<'0' || choice>'9');

    gsave=1;
    savedata();                                //保存修改的数据信息
    printf("\n修改完毕，按任意键退出！\n");
    getch();
  }
  return;
}
```

8.11.3 修改员工工资

在修改员工信息界面输入数字“4”，会显示此员工原来的工资数，用户输入新的工资数，即可修改员工工资，如图 8-30 所示。

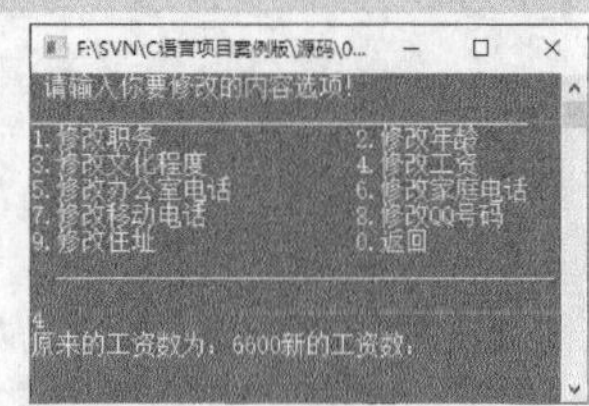

图 8-30 修改员工工资

定义整型变量 newsalary 为新修改的工资数，输入新的工资数之后，modi_salary 函数返回 newsalary。实现修改员工工资的代码如下：

```
/**
 * 修改工资的函数
 */
int modi_salary(int salary)
{
    int newsalary;
    printf("原来的工资数为：%d",salary);
    printf("新的工资数：");
    scanf("%d",&newsalary);
    return(newsalary);
}
```

8.11.4 修改员工年龄

在修改员工信息界面输入数字“2”，即可修改员工年龄，如图8-31所示。

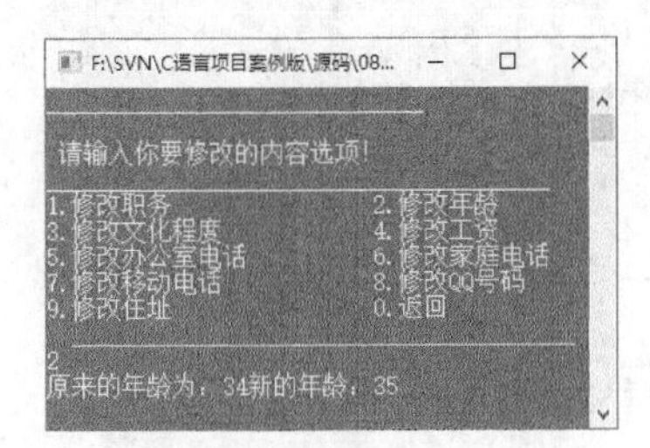

图8-31 修改员工年龄

修改员工年龄的代码和修改员工工资的代码类似，实现修改员工年龄的代码如下：

```
/**
 * 修改年龄的函数
 */
int modi_age(int age)
{
    int newage;
   printf("原来的年龄为：%d",age);
   printf("新的年龄：");
   scanf("%d",&newage);
   return(newage);
}
```

8.11.5 修改非数值型信息

除了员工的年龄和工资以外，其他的员工信息都是非数值型信息，如果要修改需要使用 **modi_field** 方法。修改非数值型信息的界面如图8-32所示。

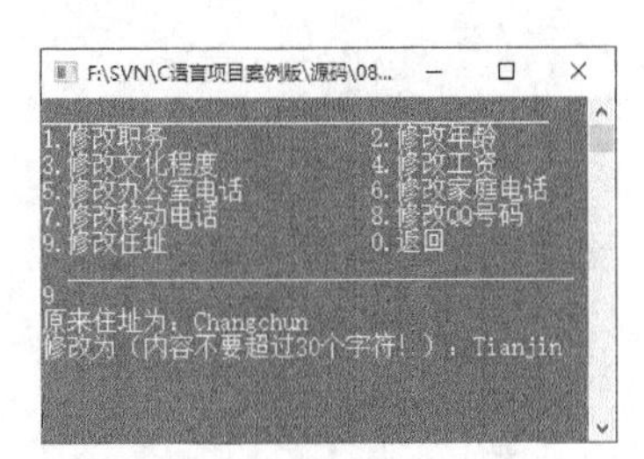

图8-32 修改非数值型信息

实现修改员工的非数值型信息的代码如下：

```
/**
 * 修改非数值型信息的函数
 */
char *modi_field(char *field,char *content,int len)
{
    char *str;
    str=malloc(sizeof(char)*len);
    if(str==NULL)
    {
```

```
        printf("内存分配失败，按任意键退出！");
        getch();
        return NULL;
    }
    printf("原来%s为：%s\n",field,content);
    printf("修改为（内容不要超过%d个字符！）：",len);
    scanf("%s",str);
    return str;
}
```

8.12　统计员工信息设计

统计员工信息设计

8.12.1　模块概述

本模块主要实现对员工的基本信息的统计，如员工的总数量、员工的工资总数、不同性别员工的数量等。员工信息统计界面如图 8-33 所示。

```
下面是相关员工的统计信息！
员工总数是：2
员工的工资总数是：13600
男员工数为：1
女员工数为：1
按任意键退出！
```

图 8-33　员工信息统计界面

8.12.2　代码实现

在系统的功能菜单中选择统计员工信息的操作选项后，系统会显示对员工信息的统计结果。具体实现代码如下：

```
/**
 * 统计学生信息
 */
void summaryemp()
{
    EMP *emp1;
    int sum=0,num=0,man=0,woman=0;
    emp1=emp_first;
    while(emp1)
    {
        num++;
        sum+=emp1->salary;
        char strw[2];
        strncpy(strw,emp1->sex,2);
        if((strcmp(strw,"ma")==0)||(strcmp(emp1->sex,"男")==0)) man++;
        else woman++;
        emp1=emp1->next;
    }
```

```
    printf("\n下面是相关员工的统计信息! \n");
    bound('_',40);
    printf("员工总数是: %d\n",num);
    printf("员工的工资总数是: %d\n",sum);
    printf("男员工数为: %d\n",man);
    printf("女员工数为: %d\n",woman);
    bound('_',40);
    printf("按任意键退出! \n");
    getch();
    return;
}
```

8.13 系统密码重置设计

8.13.1 模块概述

为了提高系统的安全性，需要定期或不定期地修改系统密码。本模块实现对系统的密码进行重置，模块运行效果如图 8-34 所示。

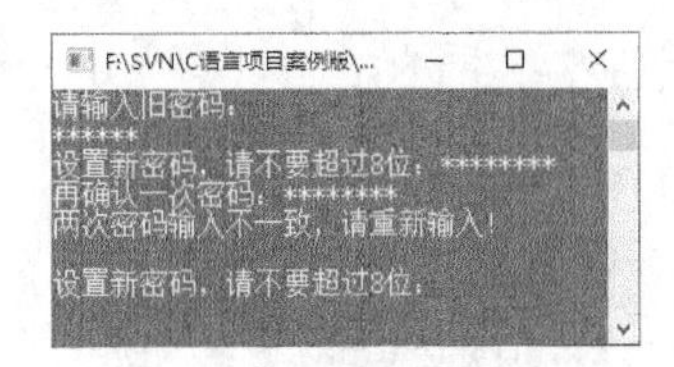

图 8-34　重置密码界面

8.13.2 代码实现

在系统的功能菜单中选择修改密码的操作选项后，系统会提示输入旧密码，用户在正确输入旧密码后，根据提示操作，即可实现密码的修改。具体实现代码如下：

```
/**
 * 重置系统
 */
void resetpwd()
{
    char pwd[9],pwd1[9],ch;
   int i;
   FILE *fp1;
   system("cls");
   printf("\n请输入旧密码: \n");
   for(i=0;i<8 && ((pwd[i]=getch())!=13);i++)
   {
      putch('*');
   }
   pwd[i]='\0';
   if(strcmp(password,pwd)!=0)
   {
      printf("\n密码错误，请按任意键退出! \n");        //验证旧密码，判断用户权限
      getch();
```

```
        return;
    }
    do{
        printf("\n设置新密码，请不要超过8位：");
        for(i=0;i<8&&((pwd[i]=getch())!=13);i++)
        {
            putch('*');
        }
        printf("\n再确认一次密码：");
        for(i=0;i<8&&((pwd1[i]=getch())!=13);i++)
        {
            putch('*');                                    //屏幕中输出提示字符
        }
        pwd[i]='\0';
        pwd1[i]='\0';

        if(strcmp(pwd,pwd1)!=0)
        {
            printf("\n两次密码输入不一致，请重新输入！\n\n");
        }
        else
        {
            break;
        }

    }while(1);

    if((fp1=fopen("config.bat","wb"))==NULL)          //打开密码文件
    {
        printf("\n系统创建失败，请按任意键退出！");
        getch();
        exit(1);
    }

    i=0;
    while(pwd[i])
    {
        putw(pwd[i],fp1);
        i++;
    }

    fclose(fp1);                                           //关闭文件流
    printf("\n密码修改成功，按任意键退出！\n");
    getch();
    return;
}
```

小 结

本系统只是实现了企业员工管理系统的一些基本功能，真正的员工信息管理系统功能比这个要复杂得多。本案例为读者提供一个开发的基本思路，以及基本的开发流程，希望读者在此基础上有更多自己的创新。

PART09

第9章

STC火车订票系统——C+结构体+指针实现

随着科技的飞速发展，信息化时代的特点逐渐显现，快节奏、高质量已成为人们生活的主题。为了让人们不必在窗口排长长的队伍等候买票，STC(System Train Cast，列车时刻表）火车订票系统应运而生。该系统实现了火车车次信息的查询、显示功能，可以帮助用户方便快捷地预订车票，还可以对用户订票信息进行保存。

本章知识要点

- 开发 STC 火车订票系统的设计思路
- 如何实现菜单的选择功能
- 如何将新输入的信息添加到存放火车票信息的链表中
- 如何输出满足条件的信息
- 如何进行火车票检索
- 如何将信息保存到指定的磁盘文件中

9.1 需求分析

STC 火车订票系统以用户预订火车票的流程为主线，对火车车次详细信息进行显示、保存，同时提供剩余票数，以供用户查询、决定是否预订，预订成功后保存用户的订票信息。该系统详细周到的操作流程可满足用户的需求，并提高铁路工作人员的工作效率。

9.2 系统设计

9.2.1 系统目标

根据需求分析，STC 火车订票系统应达到以下目标：

（1）显示火车车次信息及剩余票数；

（2）可根据车次或要到达的城市进行查询；

（3）输入要到达城市或车次信息，可订购车票；

（4）可对输入的火车信息进行修改；

（5）显示火车信息；

（6）对火车信息及订票人的信息进行保存。

9.2.2 构建开发环境

系统开发平台：Dev C++。

系统开发语言：C 语言。

运行平台：Windows 7（SP1）/ Windows 8/Windows 8.1/Windows 10。

9.2.3 系统功能结构

STC 火车订票系统主要由输入、查询、订票、修改、显示、保存 6 个模块组成，其功能结构如图 9-1 所示。

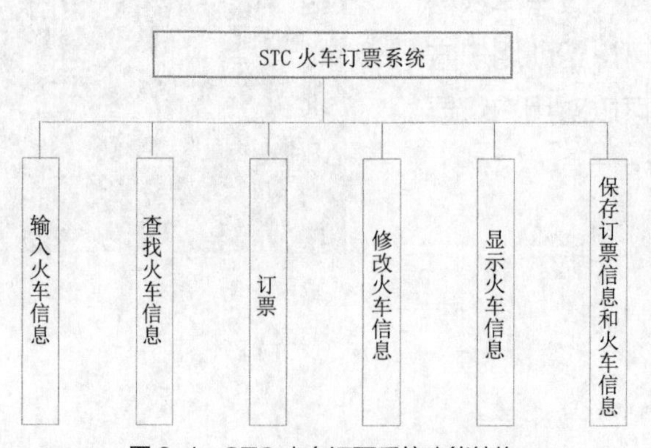

图 9-1　STC 火车订票系统功能结构

9.2.4 业务流程图

STC 火车订票系统业务流程图如图 9-2 所示。

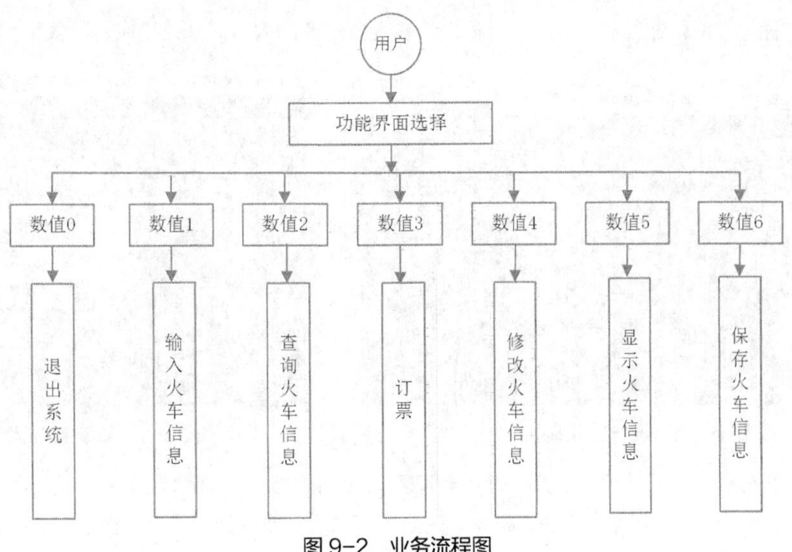

图 9-2　业务流程图

9.2.5　系统预览

STC 火车订票系统由多个模块组成，本书呈现源程序主要代码。

STC 火车订票系统主界面如图 9-3 所示。在主界面上输入数字 0～6 选择相应的功能。

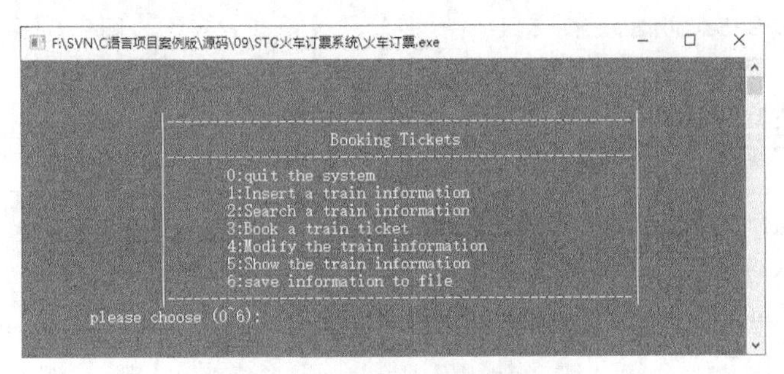

图 9-3　STC 火车订票系统主界面

在主界面中输入“1”，进入输入火车信息界面，根据屏幕上给出的提示输入火车的车次、起点、终点、出发时间、到达时间、票价和可以订购的票数。STC 火车订票系统的添加模块运行效果如图 9-4 所示。

在主界面中输入“2”，可以查询火车信息，查询的方法有两种，一种是按照车次查询，另一种是按照想要到达的地方查询。查询模块运行效果如图 9-5 所示。

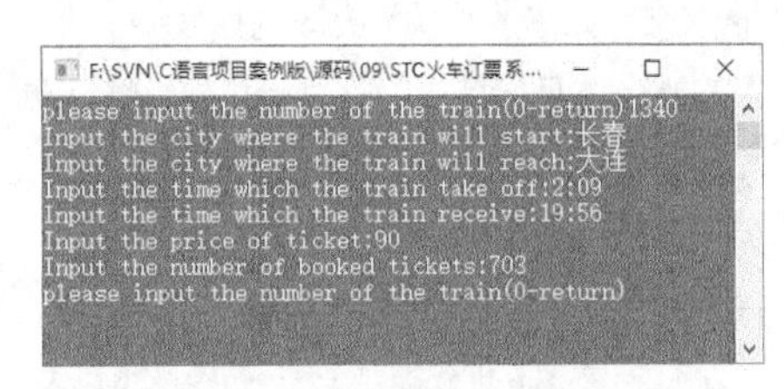

图 9-4　输入模块运行效果

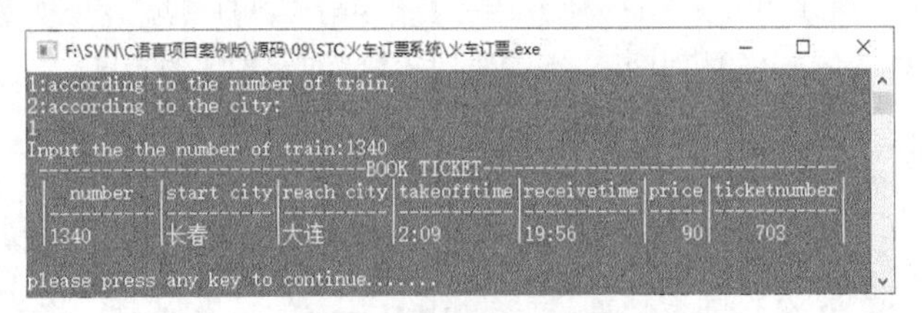

图 9-5　查询模块运行效果

在主界面中输入“3”，进入订票界面，按照提示输入想要到达的城市，会自动显示出终点站为输入城市的车次信息，用户可根据提示决定是否订票以及输入个人信息。订票模块运行效果如图 9-6 所示。

在主界面中输入“4”，进入修改界面，根据提示输入要修改的内容。修改模块运行效果如图 9-7 所示。

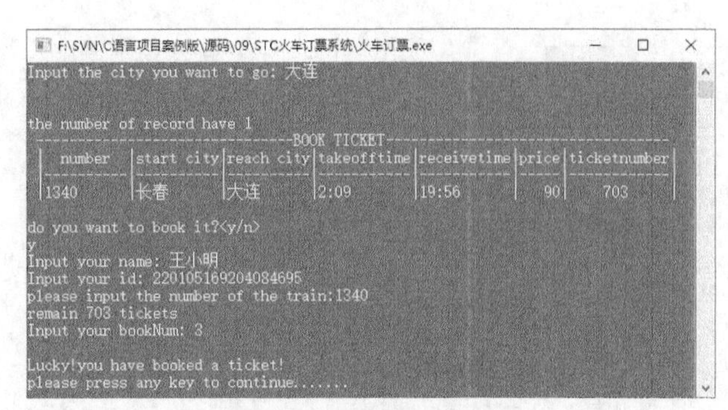

图 9-6 订票模块运行效果

```
F:\SVN\C语言项目案例版\源码\09\STC火车订票系统\...
Do you want to modify it?(y/n)
y

Input the number of the train:1340
Input new number of train:7388
Input new city the train will start:延吉
Input new city the train will reach:吉林
Input new time the train take off12:00
Input new time the train reach:20:09
Input new price of the ticket::98
Input new number of people who have booked ticket:450

modifying record is sucessful!

please press any key to continue.......
```

图 9-7 修改模块运行效果

在主界面中输入“5”，可以显示出所有的火车信息。显示模块运行效果如图 9-8 所示。

在主界面中输入“6”，进入保存模块，将输入的火车信息及订票人的信息存储在指定的磁盘文件中。保存模块运行效果如图 9-9 所示。

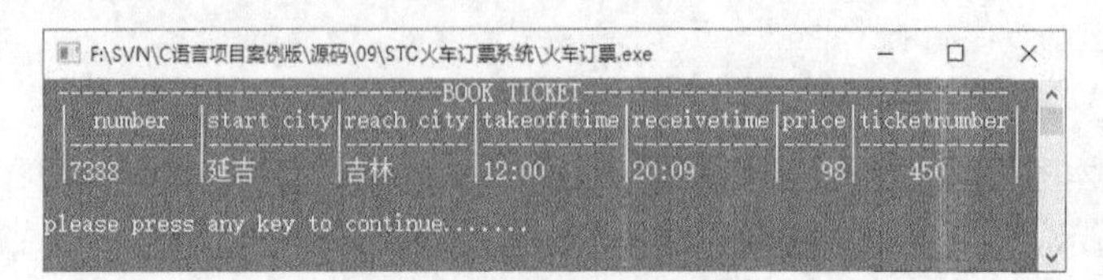

图 9-8 显示模块运行效果

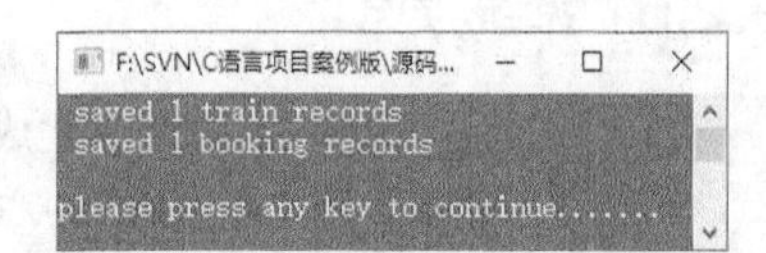

图 9-9 保存模块运行效果

9.3 公共类设计

公共类设计

公共类设计包含两个重要部分，实现过程分别如下。

（1）STC 火车订票系统在显示火车信息、查询火车信息和订票等模块中频繁用到输出表头和输出表中数据的语句，因此在预处理模块中对输出信息做了宏定义，方便开发人员编写程序，也减少了出错的概率。相关代码如下：

```
#define HEADER1 " -------------------------BOOK TICKET----------------------------\n"
#define HEADER2 " |  number  |start city|reach city|takeofftime|receivetime|price|ticketnumber|\n"
#define HEADER3 " |--------|--------|--------|---------|---------|----|----------|\n"
#define FORMAT  " |%-10s|%-10s|%-10s|%-10s |%-10s |%5d|  %5d     |\n"
#define DATA p->data.num,p->data.startcity,p->data.reachcity,p->data.takeofftime,
p->data.receivetime,p->data.price,p->data.ticketnum
```

（2）STC 火车订票系统中有很多不同类型的数据信息，如火车的信息有火车的车次、火车的始发站、火车的票价、火车的时间等，而订票时还要存储订票人的信息，如订票人的姓名、身份证号、性别等。这么多不同数据类型的信息如果在程序中逐个定义，会降低程序的可读性，扰乱开发人员的思维。C 语言提供了自定义结构体来解决这类问题。STC 火车订票系统中结构体类型的自定义相关代码如下：

```
/*定义存储火车信息的结构体*/
struct train
{
   char num[10];                 /*列车号*/
   char startcity[10];           /*出发城市*/
   char reachcity[10];           /*目的城市*/
   char takeofftime[10];         /*发车时间*/
```

```
    char receivetime[10];          /*到达时间*/
    int  price;                    /*票价*/
    int  ticketnum ;               /*票数*/
};
/*订票人的信息*/
struct man
{
    char num[10];                  /*ID*/
    char name[10];                 /*姓名*/
    int  bookNum ;                 /*订的票数*/
};
/*定义火车信息链表的节点结构*/
typedef struct node
{
    struct train data ;            /*声明train结构体类型的变量data*/
    struct node * next ;
}Node,*Link ;
/*定义订票人链表的节点结构*/
typedef struct Man
{
    struct man data ;
    struct Man *next ;
}book,*bookLink ;
```

以上代码定义了 4 个结构体类型，并且应用 typedef 声明了新的类型 Node 为 node 结构体类型、Link 为 node 指针类型，同样也声明了 book 为 Man 结构体类型、bookLink 为 Man 结构体的指针类型。

此外，在预处理模块中，文件包含的代码如下：

```
#include <conio.h>
#include <stdio.h>
#include <stdlib.h>
#include <string.h>
#include <dos.h>
```

9.4 主函数设计

主函数设计

9.4.1 主函数概述

在 C 程序中，执行从 main 函数开始，调用其他函数后，流程返回到 main 函数，程序员在 main 函数中结束整个程序的编写。main 函数是系统定义的，STC 火车订票系统在 main 函数中调用 menu 函数实现了功能选择菜单的显示，运行效果如图 9-10 所示。

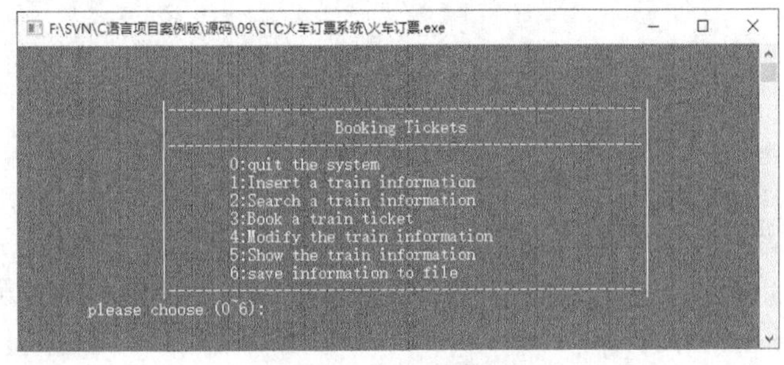

图 9-10　功能选择菜单

main 函数同时完成了菜单的选择功能，即输入菜单中的提示数字，选择相应的功能。

9.4.2 代码实现

STC 火车订票系统的 main 函数设计比较简单，没有应用复杂的技术。但是在 main 函数中打开文件是为了将火车信息和订票人信息保存到该文件中，因此需要首先判断文件中是否有内容，该系统应用了如下代码解决此问题：

```
fp1=fopen("f:\\train.txt","rb+");                /*打开存储车票信息的文件*/
   if((fp1==NULL))                               /*文件未成功打开*/
   {
      printf("can't open the file!");
      return 0 ;
   }
   while(!feof(fp1))                             /*测试文件流是否到结尾*/
   {
      p=(Node*)malloc(sizeof(Node));             /*为p动态开辟内存*/
      if(fread(p,sizeof(Node),1,fp1)==1)         /*从指定磁盘文件读取记录*/
      {
         p->next=NULL ;
         r->next=p ;                             /*构造链表*/
         r=p ;

      }
   }
   fclose(fp1);                                  /*关闭文件*/
   fp2=fopen("f:\\man.txt","rb+");
   if((fp2==NULL))
   {
      printf("can't open the file!");
      return 0 ;
   }

   while(!feof(fp2))
   {
      t=(book*)malloc(sizeof(book));
      if(fread(t,sizeof(book),1,fp2)==1)
      {
         t->next=NULL ;
         h->next=t ;
         h=t ;

      }
   }
   fclose(fp2);
```

这里应用 fopen 函数以读写的方式打开一个二进制文件，若能够成功打开文件，则测试文件流是否在结尾，即文件中是否有数据。若文件中没有任何数据，则关闭文件；若文件中有数据，执行循环体中的语句，构造链表，读取该磁盘文件中的数据。上述代码打开并测试了两个文件，一个是保存火车信息的 train.txt 文件，另一个是保存订票人信息的 man.txt 文件。

STC 火车订票系统在 main 函数中主要实现了显示菜单的功能和对选择菜单功能的调用，实现过程如下。

1. 显示菜单

STC 火车订票系统的程序运行后，首先进入菜单，在这里列出了程序中的所有功能，用户可以根据需要输入想要执行的功能编号，在提示下完成操作，实现订票。显示菜单的函数 menu 中主要使用了 puts 函数在控制台输出文字或特殊字符。输入编号后，程序会根据该编号调用相应的功能函数，菜单中的数字所表示的功能如表 9-1 所示。

表 9-1 菜单中的数字所表示的功能

编　号	功　能
0	退出系统
1	输入火车信息
2	查询火车信息
3	订票
4	修改火车信息
5	显示火车信息
6	保存火车信息和订票信息到磁盘文件

函数 menu 的实现代码如下所示：

```
void menu()
{
   puts("\n\n");
   puts("\t\t|------------------------------------------------------|");/*输出到终端*/
   puts("\t\t|                 Booking Tickets               |");
   puts("\t\t|------------------------------------------------------|");
   puts("\t\t|      0:quit the system                         |");
   puts("\t\t|      1:Insert a train information                  |");
   puts("\t\t|      2:Search a train information                 |");
   puts("\t\t|      3:Book a train ticket                       |");
   puts("\t\t|      4:Modify the train information                |");
   puts("\t\t|      5:Show the train information                 |");
   puts("\t\t|      6:save information to file                  |");
   puts("\t\t|------------------------------------------------------|");
}
```

2. 调用功能函数

STC 火车订票系统的 main 函数主要应用 switch 多分支选择结构来实现对菜单中的功能进行调用，根据输入 switch 括号内的 sel 值的不同，选择相应的 case 语句来执行，实现代码如下：

```
main()
{
   FILE*fp1,*fp2 ;
   Node *p,*r ;
   char ch1,ch2 ;
   Link l ;
   bookLink k ;
   book *t,*h ;
   int sel ;
   l=(Node*)malloc(sizeof(Node));
   l->next=NULL ;
   r=l ;
```

```
    k=(book*)malloc(sizeof(book));
    k->next=NULL ;
    h=k ;
    fp1=fopen("f:\\train.txt","ab+");/*打开存储车票信息的文件*/
    if((fp1==NULL))
    {
       printf("can't open the file!");
       return 0 ;
    }
    while(!feof(fp1))
    {
       p=(Node*)malloc(sizeof(Node));
       if(fread(p,sizeof(Node),1,fp1)==1)/*从指定磁盘文件读取记录*/
       {
          p->next=NULL ;
          r->next=p ;/*构造链表*/
          r=p ;
       }
    }
    fclose(fp1);
    fp2=fopen("f:\\man.txt","ab+");
    if((fp2==NULL))
    {
       printf("can't open the file!");
       return 0 ;
    }

    while(!feof(fp2))
    {
       t=(book*)malloc(sizeof(book));
       if(fread(t,sizeof(book),1,fp2)==1)
       {
          t->next=NULL ;
          h->next=t ;
          h=t ;
       }
    }
    fclose(fp2);
    while(1)
    {
       system("CLS");
       menu();
       printf("\tplease choose (0~6):  ");
       scanf("%d",&sel);
       system("CLS");
       if(sel==0)
       {
        if(saveflag==1)/*当退出时判断信息是否保存*/
          {
              getchar();
              printf("\nthe file have been changed!do you want to save it(y/n)?\n");
```

```
            scanf("%c",&ch1);
            if(ch1=='y'||ch1=='Y')
            {
          SaveBookInfo(k);
                SaveTrainInfo(l);
          }
        }
        printf("\nThank you!!You are welcome too\n");
        break ;

    }
    switch(sel)/*根据输入的sel值不同选择相应操作*/
    {
        case 1 :
          Traininfo(l);break ;
        case 2 :
          searchtrain(l);break ;
        case 3 :
          Bookticket(l,k);break ;
        case 4 :
          Modify(l);break ;
      case 5:
          showtrain(l);break;
        case 6 :
       SaveTrainInfo(l);SaveBookInfo(k);break ;
        case 0:
        return 0;
    }
    printf("\nplease press any key to continue.......");
    getch();
  }
}
```

9.5 输入模块设计

输入模块设计

9.5.1 模块概述

输入火车信息模块用于对火车车次、始发站、终点站、始发时间、到站时间、票价以及所剩票数等信息的输入及保存，运行效果如图 9-11 所示。

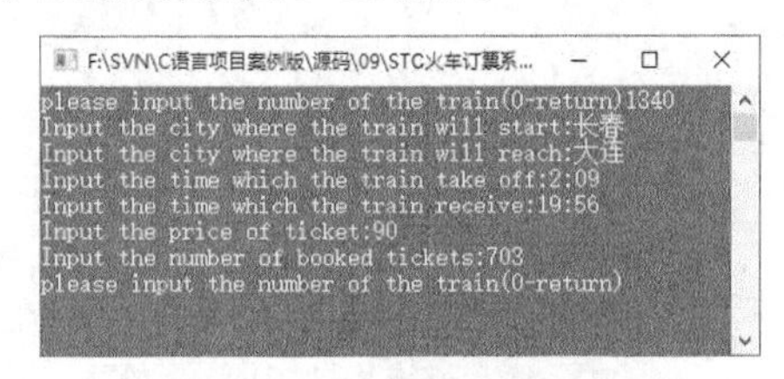

图 9-11　输入模块运行效果

9.5.2 代码实现

输入火车信息模块中为了避免添加的车次重复，采用比较函数判断车次是否已经存在，若不存在，则将输入的信息插入链表。由于火车的车次并不像学生的学号有先后顺序，故不需要顺序插入。

strcmp 比较函数的作用是比较字符串 1 和字符串 2，即对两个字符串自左至右逐个字符按照 ASCII 码值大小进行比较，直到出现相同的字符或遇到“\0”为止。

该系统中应用如下代码解决比较问题：

```
/*判断是否已经存在*/
while(s)
{
   if(strcmp(s->data.num,num)==0)                        /*比较字符串*/
   {
      printf("the train '%s'is existing!\n",num);
      return ;
   }
   s = s->next ;                                          /*指针后移*/
}
```

如果插入的 s 所指向的车次与已存在的车次 num 相同，则会弹出提示字符串，提示该车次已存在，否则 s 后移一位。

查询模块、订票模块和修改模块均使用了 strcmp 比较函数来对输入的信息进行检索匹配，在以下模块中不再做介绍。

在 STC 火车订票系统中添加火车信息时，首先根据提示输入车次，系统判断车次是否存在，若不存在则提示用户继续输入火车的其他信息，然后将信息插入链表节点，并给全局变量 saveflag 赋值为 1，在返回到 main 函数时判断全局变量并提示是否保存已改变的火车信息，实现代码如下：

```
void Traininfo(Link linkhead)
{
   struct node *p,*r,*s ;
   char num[10];
   r = linkhead ;
   s = linkhead->next ;
   while(r->next!=NULL)
   r=r->next ;
   while(1)                                                     /*进入死循环*/
   {
      printf("please input the number of the train(0-return)");
      scanf("%s",num);
      if(strcmp(num,"0")==0)                                    /*比较字符*/
       break ;
      /*判断是否已经存在*/
      while(s)
      {
         if(strcmp(s->data.num,num)==0)
         {
            printf("the train '%s'is existing!\n",num);
            return ;
         }
         s = s->next ;
      }
      p = (struct node*)malloc(sizeof(struct node));
```

```
      strcpy(p->data.num,num);                                   /*复制车号*/
    printf("Input the city where the train will start:");
      scanf("%s",p->data.startcity);                             /*输入出发城市*/
      printf("Input the city where the train will reach:");
      scanf("%s",p->data.reachcity);                             /*输入到站城市*/
      printf("Input the time which the train take off:");
    scanf("%s",p->data.takeofftime);                             /*输入出发时间*/
      printf("Input the time which the train receive:");
    scanf("%s",&p->data.receivetime);                            /*输入到站时间*/
      printf("Input the price of ticket:");
      scanf("%d",&p->data.price);                                /*输入火车票价*/
      printf("Input the number of booked tickets:");
    scanf("%d",&p->data.ticketnum);                              /*输入预订票数*/
      p->next=NULL ;
      r->next=p ;                                                /*插入链表*/
      r=p ;
     saveflag = 1 ;                                              /*保存标志*/
  }
}
```

9.6 查询模块设计

查询模块设计

9.6.1 模块概述

查询模块主要用于根据输入的火车车次或者城市来进行查询，了解火车的信息。该模块提供了两种查询方式，一是根据火车车次查询，二是根据城市查询。

根据车次查询的运行效果如图 9-12 所示。

图 9-12　根据车次查询

根据城市查询的运行效果如图 9-13 所示。

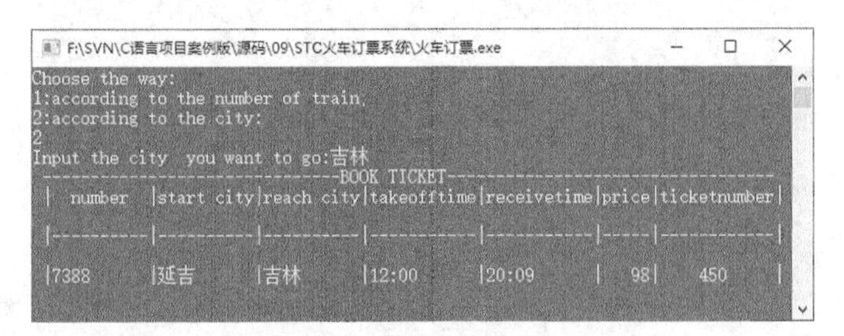

图 9-13　根据城市查询

9.6.2 代码实现

查询火车信息的模块主要根据输入的车次或者城市来进行检索，顺序查找是否存在所输入的信息，如果存在该信息，则以简洁的表格形式输出满足条件的火车信息，实现代码如下：

```
void searchtrain(Link l)

{
   Node *s[10],*r;
   int sel,k,i=0 ;
   char str1[5],str2[10];
   if(!l->next)
   {
      printf("There is not any record !");
      return ;
   }
   printf("Choose the way:\n1:according to the number of train;\n2:according to the city:\n");
   scanf("%d",&sel);                                    /*输入选择的序号*/
   if(sel==1)                                           /*若输入的序号等于1，则根据车次查询*/
   {
      printf("Input the the number of train:");
      scanf("%s",str1);                                 /*输入火车车次*/
      r=l->next;
   while(r!=NULL)                                       /*遍历指针r，若为空则跳出循环*/
      if(strcmp(r->data.num,str1)==0)                   /*检索是否有与输入的车次相匹配的火车*/
      {
         s[i]=r;
       i++;
       break;
      }
      else
         r=r->next;                                     /*没有查找到火车车次则指针r后移一位*/
   }
   else if(sel==2)                                      /*选择2则根据城市查询*/
   {
      printf("Input the city  you want to go:");
      scanf("%s",str2);                                 /*输入查询的城市*/
      r=l->next;
   while(r!=NULL)                                       /*遍历指针r*/
      if(strcmp(r->data.reachcity,str2)==0)             /*检索是否有与输入的城市相匹配的火车*/
      {
         s[i]=r;
       i++;                                             /*检索到有匹配的火车信息，执行i++*/
       r=r->next;
      }
      else
         r=r->next;
   }
        if(i==0)
        printf("can not find!");
     else
     {
        printheader();                                  /*输出表头*/
   for(k=0;k<i;k++)
printdata(s[k]);                                        /*输出火车信息*/
```

```
        }
    }
```

上面的代码调用了 printheader 函数和 printdata 函数，printheader 函数和 printdata 函数的实现代码如下：

```
/*打印火车票信息*/
void printheader() /*格式化输出表头*/
{
printf(HEADER1);
printf(HEADER2);
printf(HEADER3);
}
void printdata(Node *q) /*格式化输出表中数据*/
{
Node* p;
p=q;
printf(FORMAT,DATA);
}
```

9.7 订票模块设计

订票模块设计

9.7.1 模块概述

订票模块用于根据用户输入的城市进行查询，在屏幕上显示满足条件的火车信息，从中选择自己想要预订的车次，并根据提示输入个人信息。订票模块运行效果如图 9-14 所示。

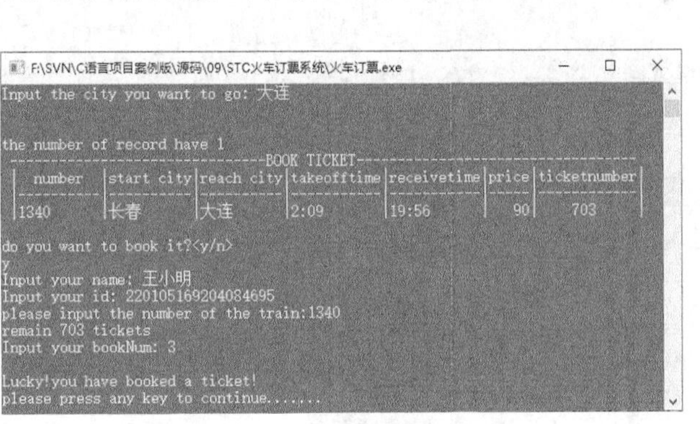

图 9-14 订票模块运行效果

9.7.2 代码实现

订票模块没有应用比较复杂的技术，但是订票成功后需要对票数进行计算，因此该模块需要对 train 结构体类型中的 ticketnum 成员进行引用，可以用如下代码实现：

```
r[t]->data.ticketnum=r[t]->data.ticketnum-dnum;
```

在模块中定义一个 Node 类型的数组指针*r[10]，指向其成员 data，而成员 data 为 train 结构体类型的变量，因此需要引用成员的成员。

在功能选择菜单中输入“3”，进入订票模块。在订票模块中输入要到达的城市，系统会从记录中查找到满足条件的火车信息输出到屏幕上，判断是否订票，若订票则会提示输入个人信息，并在订票成功后将可供预订的火车票数相应减少，实现代码如下：

```
void Bookticket(Link l,bookLink k)
{
   Node *r[10],*p ;
   char ch[2],tnum[10],str[10],str1[10],str2[10];
   book *q,*h ;
   int i=0,t=0,flag=0,dnum;
   q=k ;
   while(q->next!=NULL)
   q=q->next ;
   printf("Input the city you want to go: ");
   scanf("%s",&str);                            /*输入要到达的城市*/
   p=l->next ;                                  /*p指向传入的参数指针l的下一位*/
   while(p!=NULL)                               /*遍历指针p*/
   {
      if(strcmp(p->data.reachcity,str)==0)      /*检索输入的城市与输入的火车终点站*/
      {
         r[i]=p ;                               /*将满足条件的记录存到数组r中*/
         i++;
      }
      p=p->next ;
   }
   printf("\n\nthe number of record have %d\n",i);
     printheader();                             /*输出表头*/
   for(t=0;t<i;t++)
      printdata(r[t]);                          /*循环输出数组中的火车信息*/
   if(i==0)
   printf("\nSorry!Can't find the train for you!\n");
   else
   {
      printf("\ndo you want to book it?<y/n>\n");
      scanf("%s",ch);
    if(strcmp(ch,"Y")==0||strcmp(ch,"y")==0)    /*判断是否订票*/
      {
       h=(book*)malloc(sizeof(book));
         printf("Input your name: ");
         scanf("%s",&str1);                     /*输入订票人的姓名*/
         strcpy(h->data.name,str1);             /*与存储的信息进行比较，看是否有重复的*/
         printf("Input your id: ");
         scanf("%s",&str2);                     /*输入身份证号*/
         strcpy(h->data.num,str2);              /*与存储信息进行比较*/
       printf("please input the number of the train:");
       scanf("%s",tnum);                        /*输入要预订的车次*/
       for(t=0;t<i;t++)
       if(strcmp(r[t]->data.num,tnum)==0)       /*比较车次，看是否存在该车次*/
       {
         if(r[t]->data.ticketnum<1)             /*判断剩余的可供预订的票数是否为0*/
         {
             printf("sorry,no ticket!");
```

```
                sleep(2);
                return;
            }
          printf("remain %d tickets\n",r[t]->data.ticketnum);
              flag=1;
           break;
          }
          if(flag==0)
          {
              printf("input error");
              sleep(2);
                  return;
          }
          printf("Input your bookNum: ");
            scanf("%d",&dnum);                                /*输入要预订的票数*/
            r[t]->data.ticketnum=r[t]->data.ticketnum-dnum; /*订票成功则可供预订的票数相应减少*/
          h->data.bookNum=dnum ;                              /*将订票数赋给订票人信息*/
            h->next=NULL ;
          q->next=h ;
          q=h ;
            printf("\nLucky!you have booked a ticket!");
            getch();
            saveflag=1 ;
          }
      }
  }
```

9.8 修改模块设计

修改模块设计

9.8.1 模块概述

修改火车信息模块用于对已添加的火车车次、始发站、票价等信息进行修改。修改模块运行效果如图9-15所示。

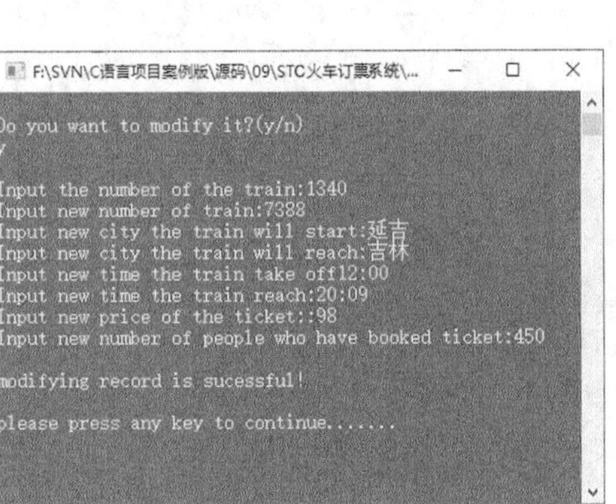

图9-15 修改模块运行效果

9.8.2 代码实现

修改火车信息模块应用了比较函数 strcmp 对输入的车次与存在的车次进行匹配，若查找到相同的车次，则根据提示依次对火车信息进行修改，并将全局变量 saveflag 赋值为 1，即在返回主函数时判断是否对修改的信息进行保存。修改模块的实现代码如下：

```
void Modify(Link l)
{
   Node *p ;
   char tnum[10],ch ;
   p=l->next;
   if(!p)
   {
      printf("\nthere isn't record for you to modify!\n");
      return ;
   }
   else
   {
       printf("\nDo you want to modify it?(y/n)\n");
         getchar();
         scanf("%c",&ch);                               /*输入字符确认是否想要修改*/
         if(ch=='y'||ch=='Y')                           /*判断字符*/
         {
            printf("\nInput the number of the train:");
        scanf("%s",tnum);                               /*输入需要修改的车次*/
    while(p!=NULL)
    if(strcmp(p->data.num,tnum)==0)                     /*查找与输入的车次相匹配的记录*/
       break;
      else
         p=p->next;
             if(p)                                      /*遍历p，如果p不指向空则执行if语句*/
             {
                printf("Input new number of train:");
                scanf("%s",&p->data.num);               /*输入新车次*/
          printf("Input new city the train will start:");
                scanf("%s",&p->data.startcity);         /*输入新始发站*/
                printf("Input new city the train will reach:");
                scanf("%s",&p->data.reachcity);         /*输入新终点站*/
                printf("Input new time the train take off");
          scanf("%s",&p->data.takeofftime);             /*输入新出发时间*/
                printf("Input new time the train reach:");
          scanf("%s",&p->data.receivetime);             /*输入新到站时间*/
                printf("Input new price of the ticket::");
                scanf("%d",&p->data.price);             /*输入新票价*/
                printf("Input new number of people who have booked ticket:");
                scanf("%d",&p->data.ticketnum);         /*输入新票数*/
                printf("\nmodifying record is sucessful!\n");
                saveflag=1 ;                            /*保存标志*/
          }
          else
          printf("\tcan't find the record!");
         }
   }
}
```

9.9 显示模块设计

9.9.1 模块概述

显示火车信息模块主要用于对输入的火车信息和经过修改的火车信息进行整理输出，方便用户查看。显示模块的运行效果如图 9-16 所示。

图 9-16 显示模块运行效果

9.9.2 功能实现

显示火车信息模块的实现过程如下。

（1）调用 printheader 函数实现在屏幕上输出表头格式。

（2）对链表节点进行判断，若链表节点指向空，则说明没有火车信息记录，否则遍历 p 指针，调用 printdata 函数输出数据，如火车车次、始发站、终点站等。

显示模块的实现代码如下：

```
void showtrain(Link l)              /*自定义函数显示列车信息*/
{
Node *p;
p=l->next;
printheader();                      /*输出列车表头*/
if(l->next==NULL)                   /*判断有无可显示的信息*/
printf("no records!");
else
 while(p!=NULL)                     /*遍历p*/
{
    printdata(p);                   /*输出所有火车数据*/
    p=p->next;                      /*p指针后移一位*/
}
}
```

9.10 保存模块设计

9.10.1 模块概述

STC 火车订票系统中需要保存的信息有两部分，一部分是输入的火车信息，另一部分是订票人的信息。保存模块主要用于将信息保存到指定的磁盘文件中。保存模块运行效果如图 9-17 所示。

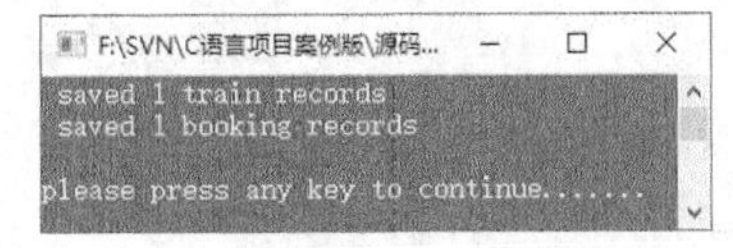

图 9-17 保存模块运行效果

9.10.2 代码实现

保存模块主要应用文件处理来将火车信息和订票人信息保存到指定的磁盘文件中，首先要将磁盘文件以二进制写方式打开，因为在输入数据块的操作中使用的是 fwrite 函数，如果文件以二进制形式打开，fwrite 函数就可以读写任何类型的信息。在判断文件是否正确写入后将指针后移。保存模块的实现代码如下：

```
/*保存火车信息*/
void SaveTrainInfo(Link l)
{
   FILE*fp ;
   Node*p ;
   int count=0,flag=1 ;
   fp=fopen("f:\\train.txt","wb");                    /*打开只写的二进制文件*/
   if(fp==NULL)
   {
      printf("the file can't be opened!");
      return ;
   }
   p=l->next ;
   while(p)                                           /*遍历p指针*/
   {
      if(fwrite(p,sizeof(Node),1,fp)==1)              /*向磁盘文件写入数据块*/
      {
         p=p->next ;                                  /*指针指向下一位*/
         count++;
      }
      else
      {
         flag=0 ;
         break ;
      }
   }
   if(flag)
   {
      printf(" saved %d train records\n",count);
      saveflag=0 ;                                    /*保存结束，保存标志清零*/
   }
   fclose(fp);                                        /*关闭文件*/
}
/*保存订票人的信息*/
void SaveBookInfo(bookLink k)
{
   FILE*fp ;
   book *p ;
   int count=0,flag=1 ;
   fp=fopen("f:\\man.txt","wb");
   if(fp==NULL)
   {
      printf("the file can't be opened!");
      return ;
   }
```

```
    p=k->next ;
    while(p)
    {
     if(fwrite(p,sizeof(book),1,fp)==1)
       {
          p=p->next ;
          count++;
       }
       else
       {
          flag=0 ;
          break ;
       }
    }
    if(flag)
    {
       printf(" saved %d booking records\n",count);
       saveflag=0 ;
    }
    fclose(fp);
}
```

小 结

在开发 STC 火车订票系统时，根据该系统的需求分析，开发人员对系统功能进行了分析，明确了在该系统中最为关键的是对指针链表的灵活应用。因此项目程序采用了对链表节点的插入、链表节点的删除和链表节点中信息的修改等难点技术，使程序更加容易理解。

PART10

第10章

手机通信云管家——C++链表实现

本章知识要点

- 开发手机通信云管家的设计思路
- 首页页面设计
- 如何读取文件中的信息
- 如何保存文件信息

手机通信云管家主要实现对联系人信息的增、删、查以及显示的基本操作。用户可以根据自己的需要在功能菜单中选择相应的功能，实现对联系人的快速管理。

10.1 需求分析

目前，各类存储和通信电子产品都带有通信录功能，使用户逐渐告别了用纸质小本记录朋友、客户的通信信息的时代。本系统就是使用C语言开发的手机通信云管家。

通过对使用人群的调查得知，一款合格的手机通信云管家必须具备以下特点：

（1）能够对通信录信息进行集中管理；

（2）能够大大提高用户的工作效率；

（3）能够对通信信息实现增、删、改功能。

10.2 系统设计

10.2.1 系统目标

手机通信云管家应达到以下目标：

（1）录入通信录信息；

（2）实现删除功能；

（3）实现显示功能；

（4）实现查找功能；

（5）实现保存功能；

（6）实现加载功能；

（7）退出系统。

10.2.2 构建开发环境

系统开发平台：Dev C++。

系统开发语言：C语言。

运行平台：Windows 7（SP1）/ Windows 8/Windows 8.1/Windows 10。

10.2.3 系统功能结构

手机通信云管家最重要的功能包括：录入（录入通信录信息）、删除（输入姓名删除对应的记录）、显示（显示通信录中所有的信息）、查找（输入姓名显示对应信息）、保存（将输入的通信录信息保存到指定的磁盘文件中）、加载（加载磁盘文件中保存的内容）、退出（退出手机通信云管家）。手机通信云管家系统功能结构如图10-1所示。

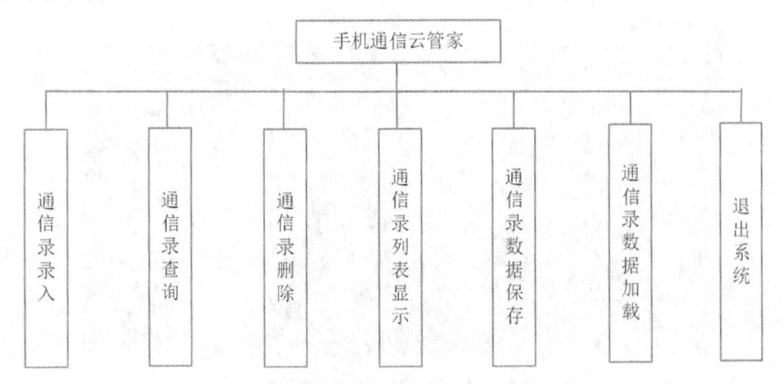

图10-1 手机通信云管家系统功能结构

10.2.4 业务流程图

手机通信云管家的业务流程图如图 10-2 所示。

用户
功能界面选择
数值1
数值2
数值3
数值4
数值5
数值6
数值7
通信录录入
通信录删除
通信录列表显示
通信录数据查询
通信录数据保存
通信录数据加载
退出系统

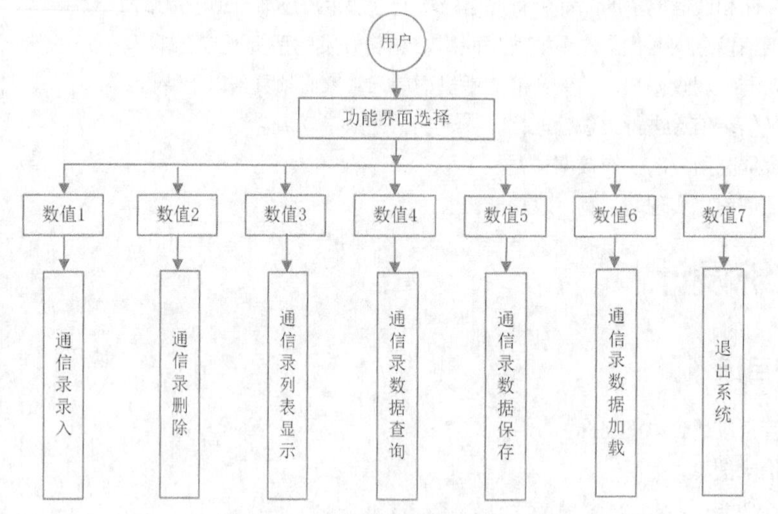

图 10-2 手机通信云管家业务流程图

10.2.5 系统预览

手机通信云管家由多个模块组成，本书呈现源程序主要代码。

手机通信云管家主界面如图 10-3 所示。

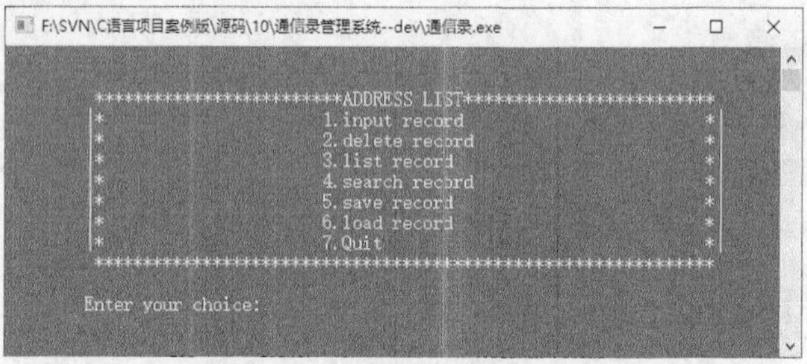

F:\SVN\C语言项目案例版\源码\10\通信录管理系统--dev\通信录.exe
*************************ADDRESS LIST*************************
1.input record
2.delete record
3.list record
4.search record
5.save record
6.load record
7.Quit
Enter your choice:

图 10-3 手机通信云管家主界面

通信录信息添加界面如图 10-4 所示。

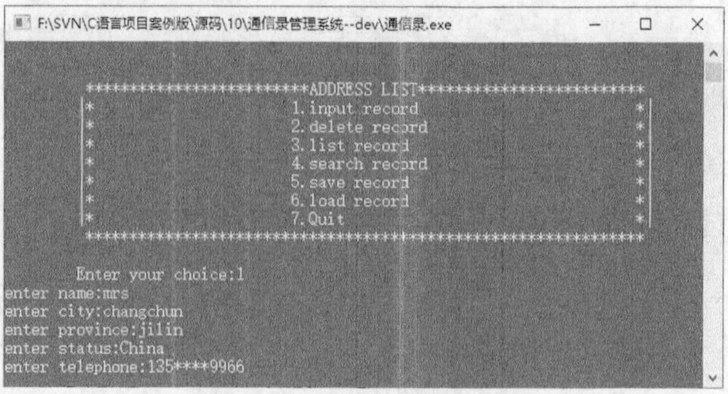

F:\SVN\C语言项目案例版\源码\10\通信录管理系统--dev\通信录.exe
*************************ADDRESS LIST*************************
1.input record
2.delete record
3.list record
4.search record
5.save record
6.load record
7.Quit
Enter your choice:1
enter name:mrs
enter city:changchun
enter province:jilin
enter status:China
enter telephone:135****9966

图 10-4 通信录信息添加界面

通信录信息查询界面如图 10-5 所示。

```
F:\SVN\C语言项目案例版\源码\10\通信录管理系统--dev\通信录.exe

   *************************ADDRESS LIST*************************
   |*                       1.input record                       *|
   |*                       2.delete record                      *|
   |*                       3.list record                        *|
   |*                       4.search record                      *|
   |*                       5.save record                        *|
   |*                       6.load record                        *|
   |*                       7.Quit                               *|
   **************************************************************

        Enter your choice:4
enter name to find:
MESSAGE
 name:        mrs
 city:      changchun
 province:     jilin
 status:       China
 telephone:  135****9966
```

图 10-5 通信录信息查询界面

通信录信息显示界面如图 10-6 所示。

```
F:\SVN\C语言项目案例版\源码\10\通信录管理系统--dev\通信录.exe

   *************************ADDRESS LIST*************************
   |*                       1.input record                       *|
   |*                       2.delete record                      *|
   |*                       3.list record                        *|
   |*                       4.search record                      *|
   |*                       5.save record                        *|
   |*                       6.load record                        *|
   |*                       7.Quit                               *|
   **************************************************************

        Enter your choice:3
MESSAGE
name:    mrs
city:    changchun
province:    jilin
state:   China
telephone:   135****9966
MESSAGE
name:    mre
city:    siping
province:    jilin
state:   China
telephone:   159****1199
```

图 10-6 通信录信息显示界面

10.3 公共类设计

1. 文件引用

手机通信云管家需要应用一些头文件，这些头文件可以帮助程序更好地运行。头文件的引用是通过#include 命令来实现的，代码如下：

```
#include<stdio.h>                     /*输入输出函数*/
#include<stdlib.h>                    /*常用子程序*/
#include<dos.h>                       /*MS-DOS和8086调用的一些常量和函数*/
#include <conio.h>                    /*定义通过控制台进行数据输入和数据输出的函数*/
#include<string.h>                    /*串操作和内存操作函数*/
```

2. 声明结构体

本系统中定义了一个结构体 Info，用来表示通信录信息，包括联系人姓名、联系人所在城市、联系人所属省份、联系人国籍以及联系人电话，并定义了名称为 Node 和 link 的结构体变量和指针变量，代码如下：

```
typedef struct Info
{
   char name[15];                          /*姓名*/
   char city[10];                          /*城市*/
   char province[10];                      /*省*/
   char state[10];                         /*国家*/
   char tel[15];                           /*电话*/
};
typedef struct node                        /*定义通信录链表的节点结构*/
{
   struct Info data;
   struct node *next;
} Node,  *link;
```

3. 函数声明

本程序使用了几个自定义的函数，这些函数的功能及声明形式如下：

```
void stringinput();                        /*自定义字符串检测函数*/
void enter();                              /*通信录录入函数*/
void del();                                /*通信录信息删除函数*/
void search();                             /*查询函数*/
void list();                               /*通信录列表函数*/
void save();                               /*数据保存函数*/
void local();                              /*数据读取函数*/
void menu_select();                        /*功能列表函数*/
```

10.4 功能菜单设计

功能菜单设计

10.4.1 模块概述

功能选择界面将本系统的所有功能显示出来，每个功能前有对应的数字，输入数字，选择相应的功能，如图 10-7 所示。

图 10-7　功能选择界面

10.4.2 代码实现

1. 功能菜单实现

主函数是所有程序的入口。本程序中主函数实现的功能是调用 menu_select 函数显示主菜单，然后等待用户输入所选功能的编号，继而调用相应的功能，最后再次调用 menu 函数，显示主菜单。

程序代码如下：

```
main()
{
    link l;
    l=(Node*)malloc(sizeof(Node));
    if(!l)
   {
        printf("\n allocate memory failure ");    /*如没有申请到，输出提示信息*/
        return ;                                  /*返回主界面*/
    }
    l->next=NULL;
    system("cls");
    while(1)
    {
        system("cls");
        switch(menu_select())
        {
            case 1:
                enter(l);                          /*数据录入函数*/
                break;
            case 2:
                del(l);                            /*删除函数*/
                break;
            case 3:
                list(l);                           /*通信录函数*/
                break;
            case 4:
                search(l);                         /*查询函数*/
                break;
            case 5:
                save(l);                           /*保存函数*/
                break;
            case 6:
                load(l);                           /*读取数据*/
                break;
            case 7:
                exit(0);
        }
        }
}
```

在 main 函数中分别调用了 enter、search、del、list、save、load、exit 等函数，这些函数实现的功能将在下面详细介绍。

2. 自定义菜单功能函数

函数 menu_select 将程序的基本功能列了出来。输入相应数字后，程序会根据该数字调用不同的函数，菜单中的数字所表示的功能如表 10-1 所示。

表 10-1 菜单中的数字所表示的功能

编 号	功 能	编 号	功 能
1	数据录入	5	保存数据
2	数据删除	6	读取文件数据
3	通信录列表	7	退出系统
4	通信录查询		

程序代码如下：

```
menu_select()
{
    int i;
    printf("\n\n\t *************************ADDRESS LIST*************************\n");
    printf("\t|*            1.input record                        *|\n");
    printf("\t|*            10.delete record                      *|\n");
    printf("\t|*            3.list record                     *|\n");
    printf("\t|*            4.search record                       *|\n");
    printf("\t|*            5.save record                     *|\n");
    printf("\t|*            6.load record                     *|\n");
    printf("\t|*            7.Quit                                  *|\n");
    printf("\t ***************************************************************\n");
    do
    {
        printf("\n\tEnter your choice:");
        scanf("%d",&i);
    }while(i<0||i>7);
    return i;
}
```

10.5 通信录录入设计

通信录录入设计

10.5.1 模块概述

在主功能菜单界面中输入“1”，即可进入录入状态，系统显示相应的信息，提示用户输入，如图 10-8 所示。

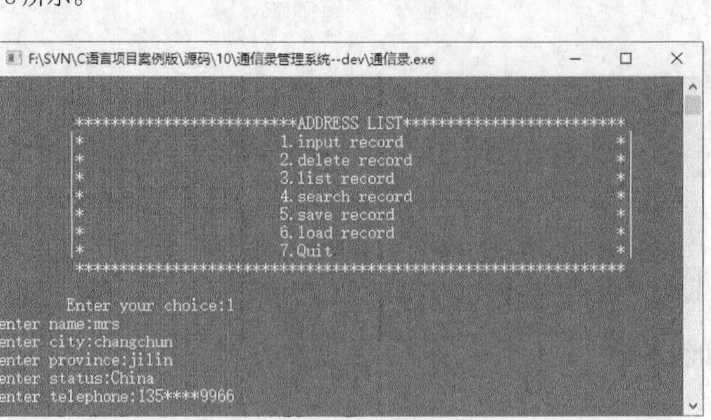

图 10-8 通信录录入界面

如果用户需要大量录入信息，可以多次按回车键进行录入，如图10-9所示。

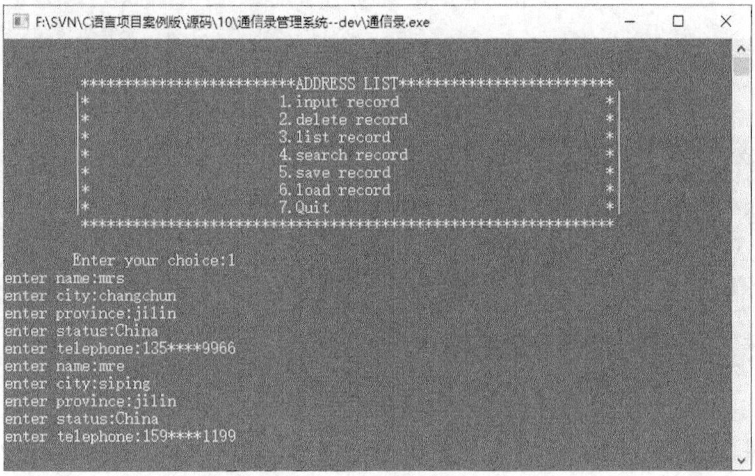

```
F:\SVN\C语言项目案例版\源码\10\通信录管理系统--dev\通信录.exe

  *************************ADDRESS LIST*************************
  *                        1.input record                       *
  *                        2.delete record                      *
  *                        3.list record                        *
  *                        4.search record                      *
  *                        5.save record                        *
  *                        6.load record                        *
  *                        7.Quit                               *
  ***************************************************************

        Enter your choice:1
enter name:mrs
enter city:changchun
enter province:jilin
enter status:China
enter telephone:135****9966
enter name:mre
enter city:siping
enter province:jilin
enter status:China
enter telephone:159****1199
```

图10-9　批量数据录入

10.5.2　代码实现

在菜单中选择录入功能后，系统进入通信录录入界面，具体实现代码如下：

```
void enter(link l)/*输入记录*/
{
    Node *p,*q;
    q=l;
    while(1)
    {
        p=(Node*)malloc(sizeof(Node));                      /*申请节点空间*/
        if(!p)                                              /*未申请成功输出提示信息*/
        {
            printf("memory malloc fail\n");
            return;
        }
        stringinput(p->data.name,15,"enter name:");         /*输入姓名*/
        if(strcmp(p->data.name,"0")==0)                     /*检测输入的姓名是否为0*/
            break;
        stringinput(p->data.city,10,"enter city:");             /*输入城市*/
        stringinput(p->data.province,10,"enter province:");     /*输入省*/
        stringinput(p->data.state,10,"enter status:");          /*输入国家*/
        stringinput(p->data.tel,15,"enter telephone:");         /*输入电话号码*/
            p->next=NULL;
            q->next=p;
            q=p;
    }
}
```

上面代码中使用了一个自定义的函数stringinput，作用是检测输入的字符串是否符合要求，将符合要求的字符串复制到指定位置，具体实现代码如下：

```
void stringinput(char *t, int lens, char *notice)
{
```

```
    char n[50];
    do
    {
       printf(notice);                                         /*显示提示信息*/
       scanf("%s", n);                                         /*输入字符串*/
       if (strlen(n) > lens)
          printf("\n exceed the required length! \n"); /*超过lens值重新输入*/
    }
    while (strlen(n) > lens);
    strcpy(t, n);                                              /*将输入的字符串复制到字符串t中*/
}
```

10.6 通信录查询设计

通信录查询设计

10.6.1 模块概述

在主功能菜单中输入“4”，即可通过输入联系人的姓名查询联系人信息，程序会提示用户输入要查询的联系人姓名，如图 10-10 所示。

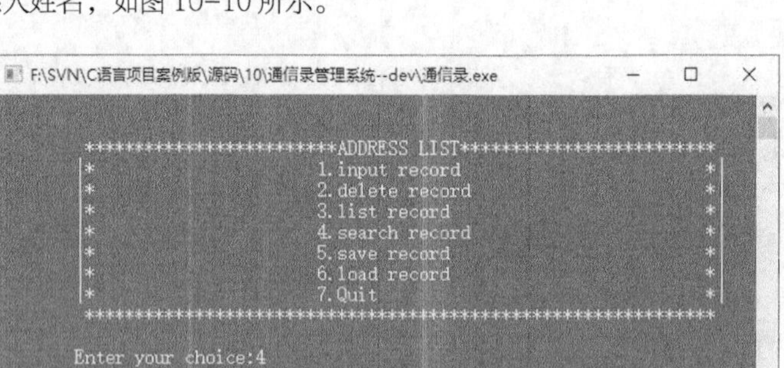

图 10-10　提示用户输入要查询的联系人姓名

如果存在该联系人，即显示记录信息，如图 10-11 所示。

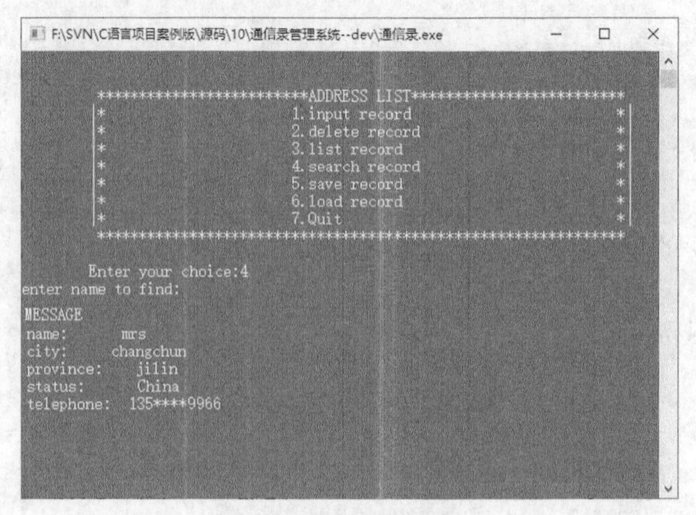

图 10-11　显示查询结果

10.6.2 代码实现

对于信息管理类的系统，查询模块是必不可少的，而且本系统是一个通信录，那么查询更是最常用的功能，具体实现代码如下：

```
void search(link l)
{
    char name[20];
    Node *p;
    p=l->next;
    printf("enter name to find:");
    scanf("%s",name);                          /*输入要查找的名字*/
    while(p)
        {if(strcmp(p->data.name,name)==0)      /*查找与输入的名字相匹配的记录*/
                {
                    display(p);                /*调用函数显示信息*/
                    getch();
                    break;
                }
            else
                    p=p->next;
        }
}
```

10.7 通信录删除设计

通信录删除设计

10.7.1 模块概述

在主功能菜单中选择编号“2”，选择删除记录功能，程序提示用户输入要删除的联系人的姓名，如图 10-12 所示。

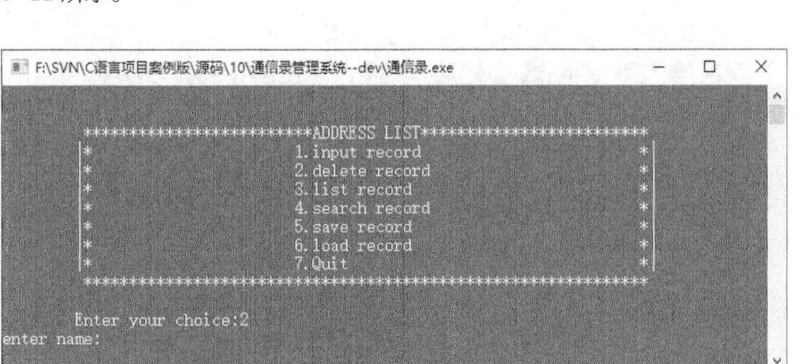

图 10-12　提示用户输入要删除的联系人姓名

输入要删除的联系人的姓名后按回车键，如果查询到该联系人信息，则再按回车键删除。

10.7.2 代码实现

在菜单中选择删除功能后，系统会提示用户输入需要删除的联系人的姓名，如果系统在数据文件中发现联系人信息，按回车键即可删除，具体实现代码如下：

```
void del(link l)
{
    Node *p,*q;
    char s[20];
    q=l;
    p=q->next;
    printf("enter name:");
    scanf("%s",s);                        /*输入要删除的姓名*/
    while(p)
    {
        if(strcmp(s,p->data.name)==0)     /*查找记录中与输入名字匹配的记录*/
        {
            q->next=p->next;              /*删除p节点*/
            free(p);                      /*将p节点空间释放*/
            printf("delete successfully!");
            break;
        }
        else
        {
            q=p;
            p=q->next;
        }
    }
    getch();
}
```

10.8 通信录显示设计

10.8.1 模块概述

在主功能菜单界面选择编号“3”，进入通信录信息显示界面，如图 10-13 所示。

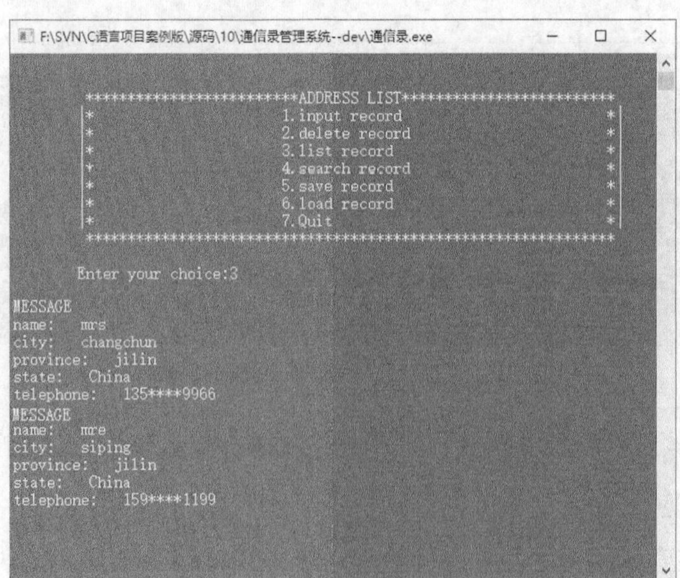

图 10-13 通信录信息显示界面

10.8.2 代码实现

在菜单中选择显示功能后，系统会调用 list 函数，具体实现代码如下：

```
void list(link l)
{
    Node *p;
    p=l->next;
    while(p!=NULL)          /*从首节点一直遍历到链表最后*/
    {
        display(p);         /*单条信息显示*/
        p=p->next;
    }
    getch();
}
```

在函数 list 中还调用了 display 单条信息显示函数，该函数代码如下：

```
void display(Node *p)
{
    printf("MESSAGE \n");
    printf("name:%15s\n",p->data.name);
    printf("city:    %10s\n",p->data.city);
    printf("province:%10s\n",p->data.province);
    printf("state:   %10s\n",p->data.state);
    printf("telphone:%15s\n",p->data.tel);
}
```

10.9 通信录数据保存设计

通信录数据保存设计

10.9.1 模块概述

在主功能菜单中选择编号“5”，即可进入数据保存界面，按回车键，系统会将数据写入数据存储文件，程序提示“Saving file”，如图 10-14 所示。

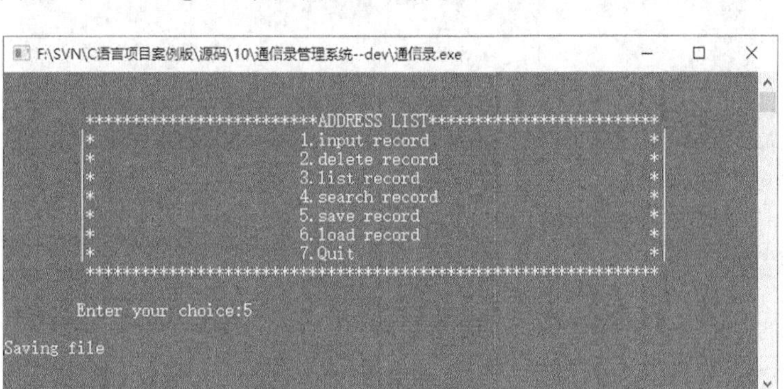

图 10-14 数据保存到文件

10.9.2 代码实现

将数据写入数据文件，具体实现代码如下：

```
void save(link l)
{
    Node *p;
    FILE *fp;
    p=l->next;
    if((fp=fopen("f:\\adresslist","wb"))==NULL)
    {
        printf("can not open file\n");
        exit(1);
    }
    printf("\nSaving file\n");
    while(p)                                /*将节点内容逐个写入磁盘文件*/
    {
        fwrite(p,sizeof(Node),1,fp);
        p=p->next;
    }
    fclose(fp);
    getch();
}
```

10.10 数据加载设计

数据加载设计

10.10.1 模块概述

在主功能菜单中选择编号“6”，即可进行数据加载，如图 10-15 所示。

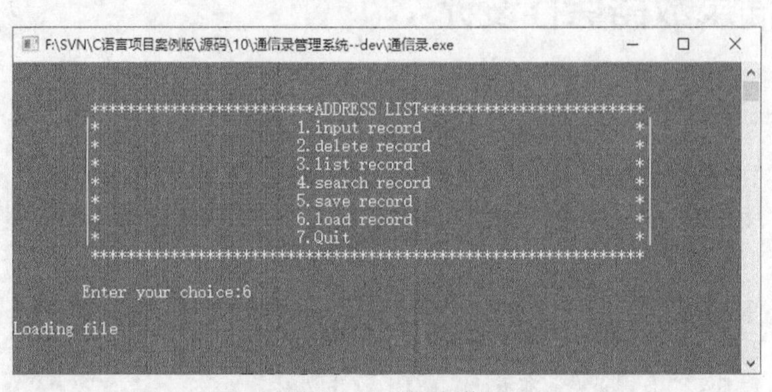

图 10-15 数据加载

10.10.2 代码实现

将磁盘文件中的内容读入通信录链表，具体实现代码如下：

```
void load(link l)
{
    Node *p,*r;
    FILE *fp;
    l->next=NULL;
    r=l;
    if((fp=fopen("f:\\adresslist","rb"))==NULL)
```

```
    {
        printf("can not open file\n");               /*文件打开失败*/
        exit(1);
    };
    printf("\nLoading file\n");
    while(!feof(fp))
    {
        p=(Node*)malloc(sizeof(Node));               /*申请节点空间*/
        if(!p)
        {
            printf("memory malloc fail!");
            return;
        }
        if(fread(p,sizeof(Node),1,fp)!=1)            /*读记录到节点p中*/
            break;
        else
        {
            p->next=NULL;
            r->next=p;                               /*插入链表*/
            r=p;
            }
    }
    fclose(fp);
    getch();
}
```

小 结

本章通过对通信录系统的开发，介绍了开发一个 C 语言系统的流程和一些技巧。本系统并没有太多难点，几个功能通过对文件进行基本的操作就可以实现。对本案例的学习能够让读者明白通信录的基本开发过程，为今后开发其他程序奠定基础。读者可以在本系统的基础上实现更多自己喜欢和需要的功能，以提高自己的编程能力。

PART11

第11章

趣味俄罗斯方块游戏——C+控制台API+获取键盘按键实现

本章知识要点

- 开发俄罗斯方块游戏的设计思路
- 基本的控制台输入、输出
- 函数的声明、定义和调用
- switch 选择结构
- goto 无条件跳转语句
- 控制台字体颜色
- 设置控制台上文字显示位置
- 使用随机数 rand 函数
- 获取键盘按键并进行相应操作

俄罗斯方块是一款风靡全球的掌上游戏机和 PC 游戏，它造成的轰动与创造的经济价值足以载入游戏史册。它由俄罗斯人发明，故此得名。俄罗斯方块的基本规则是移动、旋转和摆放游戏自动输出的各种方块，使之排列成完整的一行或多行并消除得分。它看似简单却变化无穷。

11.1 需求分析

本游戏需支持键盘操作和若干种不同类型方块的旋转变换，并在界面上显示下一个方块的提示以及当前的玩家得分。随着游戏的进行，等级越高，游戏的难度越大，即方块的下落速度越快。本章将使用 Dev C++开发一个趣味俄罗斯方块游戏，并详细介绍开发游戏时需要了解和掌握的细节。

11.2 系统设计

11.2.1 系统目标

趣味俄罗斯方块游戏主要有以下几个界面：

（1）游戏欢迎界面；

（2）游戏主窗体；

（3）游戏规则界面；

（4）按键说明界面；

（5）游戏结束界面。

11.2.2 构建开发环境

系统开发平台：Dev C++。

系统开发语言：C 语言。

运行平台：Windows 7（SP1）/ Windows 8/Windows 8.1/Windows 10。

11.2.3 系统功能结构

趣味俄罗斯方块游戏共分为 5 个界面，系统功能结构如图 11-1 所示。

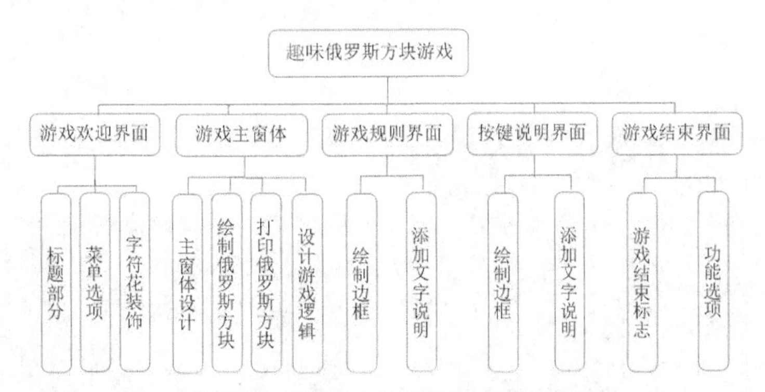

图 11-1 趣味俄罗斯方块游戏系统功能结构

11.2.4 业务流程图

趣味俄罗斯方块游戏的业务流程图如图 11-2 所示。

按键说明界面
按键说明
用户
游戏欢迎界面
开始游戏
游戏规则
退出
游戏规则界面
退出系统
暂停游戏
空格键
空格键
开始游戏界面
显示积分、等级和速度
游戏失败
按Esc键
重新开始游戏

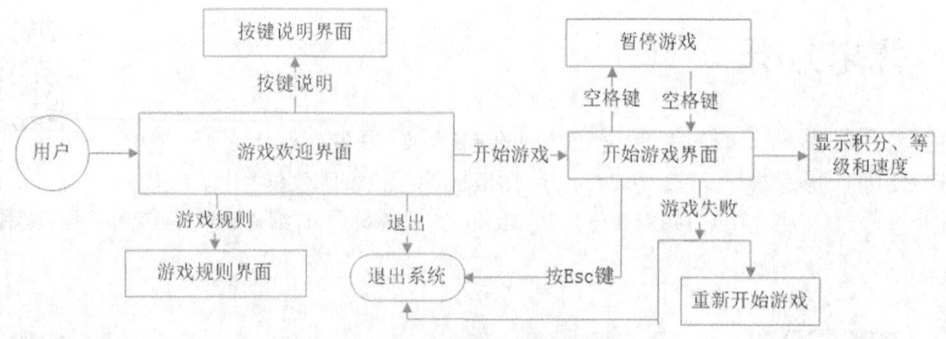

图 11-2 趣味俄罗斯方块游戏业务流程图

11.2.5 系统预览

趣味俄罗斯方块游戏由多个模块组成，本书呈现源程序主要代码。

趣味俄罗斯方块游戏欢迎界面如图 11-3 所示。

F:\SVN\C语言项目案例版\源码\11\趣味俄罗斯方块.exe
趣 味 俄 罗 斯 方 块
1.开始游戏
2.按键说明
3.游戏规则
4.退出
明 日 科 技
请选择[1 2 3 4]:[ ]

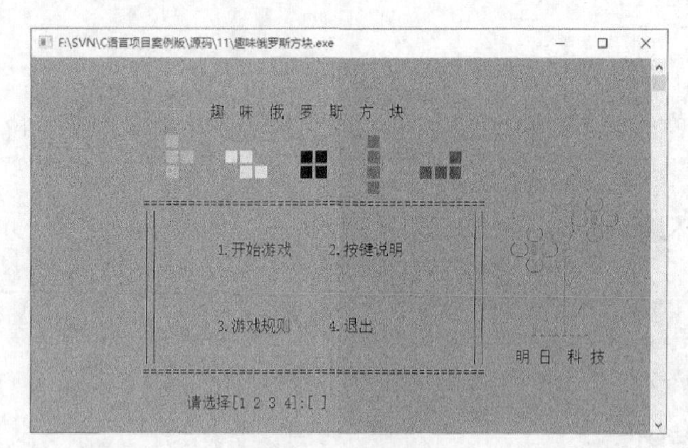

图 11-3 欢迎界面

游戏主窗体如图 11-4 所示。

游戏按键说明界面如图 11-5 所示。

F:\SVN\C语言项目案例版\源码\11\趣味俄罗斯方块.exe
趣味俄罗斯方块
level : 1
score : 0
speed : 300ms
**********下一出现方块：
****
Esc ：退出游戏
↑键：旋转
空格：暂停游戏

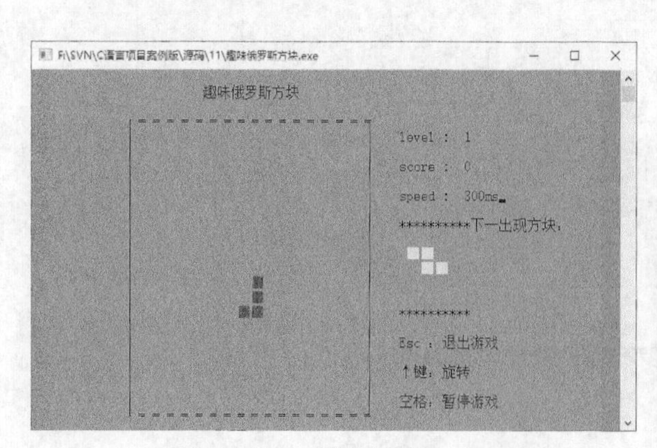

图 11-4 游戏主窗体

F:\SVN\C语言项目案例版\源码\11\趣味俄罗斯方块.exe
按键说明
tip1: 玩家可以通过 ← →方向键来移动方块
tip2: 通过 ↑使方块旋转
tip3: 通过 ↓加速方块下落
tip4: 按空格键暂停游戏，再按空格键继续
tip5: 按ESC退出游戏

图 11-5 按键说明界面

游戏规则界面如图 11-6 所示。

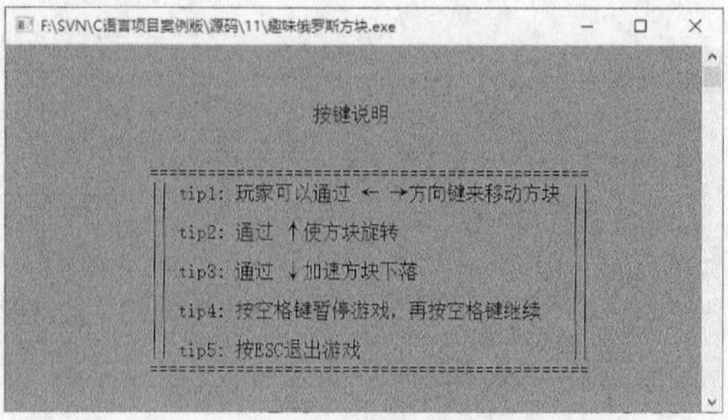

游戏结束界面如图 11-7 所示。

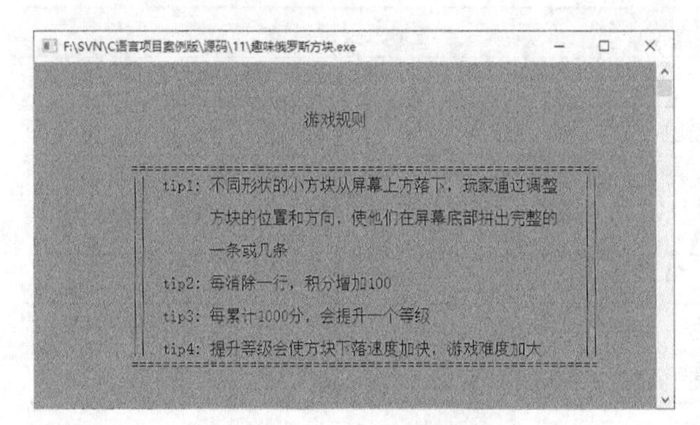

图 11-6　游戏规则界面

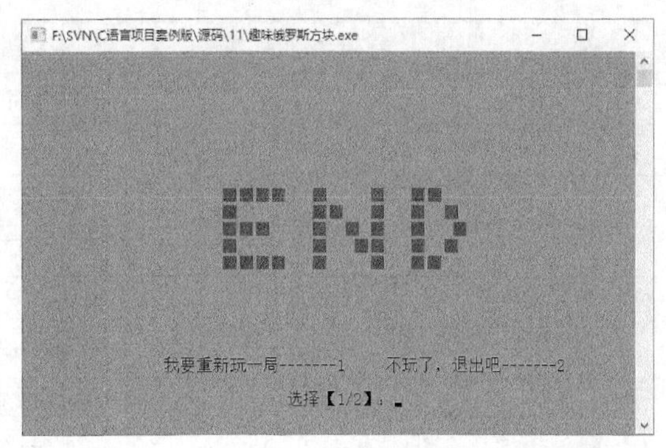

图 11-7　游戏结束界面

11.3　技术准备

11.3.1　控制颜色函数

系统默认的文字颜色是白色，要使界面文字和图案是彩色的，首先要设置文字颜色，下面编写函数。

```
/**
 * 文字颜色函数      此函数的局限性：1. 只能在Windows系统下使用    2. 不能改变背景颜色
 */
int color(int c)
{
    SetConsoleTextAttribute(GetStdHandle(STD_OUTPUT_HANDLE), c);        //更改文字颜色
    return 0;
}
```

定义这个函数，需要引入 windows.h 函数库。

C 语言中，SetConsoleTextAttribute 是设置控制台窗口字体颜色和背景色的函数。它的函数原型为：

```
BOOL SetConsoleTextAttribute(HANDLE consolehwnd, WORD wAttributes);
consolehwnd = GetStdHandle(STD_OUTPUT_HANDLE);
```

GetStdHandle 是获得输入、输出或错误的屏幕缓冲区的句柄，它的参数值如表 11-1 所示。

表 11-1　GetStdHandle 的参数列表

参数值	含义
STD_INPUT_HANDLE	标准输入
STD_OUTPUT_HANDLE	标准输出
STD_ERROR_HANDLE	标准错误

wAttributes 是设置颜色的参数，对应颜色值如表 11-2 所示。

表 11-2　wAttributes 的颜色值列表

数值	颜色
0	黑色
1	深蓝色
2	深绿色
3	深蓝绿色
4	深红色
5	紫色
6	暗黄色
7	白色
8	灰色
9	亮蓝色
10	亮绿色
11	亮蓝绿色
12	红色
13	粉色
14	黄色
15	亮白色

可以把 0～15 这些值当作常量，如果想要输出粉色的文字，只要在输出语句前面写上 color(13)就可以了。需要注意的是，设置了颜色代码，改变的是下面所有的输出文字，如果想要把文字设置成不同的颜色，那么只需要在要改变颜色的输出语句前面，加上要改的颜色代码。

使用这种方式设置控制台的文字颜色有两点局限性：

（1）仅限 Windows 系统使用；

（2）不能改变控制台的背景色，控制台的背景色只能是黑色。

11.3.2　设置文字显示位置

我们可以通过设置坐标来控制文字的显示位置。定义 gotoxy 函数的详细代码如下：

```
/**
 * 获取屏幕光标位置
 */
void gotoxy(int x, int y)
{
    COORD pos;
    pos.X = x;     //横坐标
    pos.Y = y;     //纵坐标
    SetConsoleCursorPosition(GetStdHandle(STD_OUTPUT_HANDLE), pos);
}
```

C 语言中，使用 SetConsoleCursorPosition 来定位光标位置。COORD pos 是一个结构体变量， x、y 是它的成员，可以通过修改 pos.X 和 pos.Y 的值，来达到控制光标位置的目的。

定义这个函数，需要引入 windows.h 函数库。

11.4 公共类设计

C 语言中规定程序源代码的编译分为若干有序的阶段，通常前几个阶段由预处理器实现。预处理中会展开以#起始的行，被称为预处理指定，包括#if /#ifdef /#ifndef /#else /#endif（条件编译）、#define（宏定义）、#include（文件引用）、#line（行控制）、#error（错误指定）、#pragma（和实现相关的杂注）以及单独的#（空指令）。预处理指定一般被用来使源代码在不同的执行环境中被方便地修改或者编译。

1. 文件引用

为了使程序更好地运行，程序中需要引入一些库文件，以支持程序的一些基本函数，在引用文件时需要使用#include 命令。

初学编程的读者，需要知道下面几个关于头文件的知识。

（1）一个#include 命令只能指定一个被包含文件，如果要包含 *n* 个文件，要用 *n* 个#include 命令。

（2）在#include 命令后面，文件名可以用双引号或尖括号括起来，下面两种写法都是正确的：

```
#include <stdio.h>
#include "stdio.h"
```

本程序引用外部文件具体代码如下：

```
/*******头  文  件*******/
#include <stdio.h>          //标准输入输出函数库（printf、scanf）
#include <windows.h>        //控制DOS界面（获取控制台上坐标位置、设置字体颜色）
#include <conio.h>          //接收键盘输入输出（kbhit()、getch()）
#include <time.h>           //用于获得随机数
```

2. 宏定义

宏定义也是预处理命令的一种，以#define 开头，提供了一种替换源代码中字符串的机制。

宏定义不是 C 语句，不必在行末加分号。如果加了分号则会连分号一起置换，导致语法错误。另外在代码中出现的标点符号都应该是英文标点。

在本程序中，宏定义的具体代码如下：

```
/*******宏  定  义*******/
#define FrameX 13           //游戏窗口左上角的x轴坐标
#define FrameY 3            //游戏窗口左上角的y轴坐标
#define Frame_height  20    //游戏窗口的高度
#define Frame_width  18     //游戏窗口的宽度
```

3. 定义全局变量

变量可以分为局部变量和全局变量。在一个函数内部定义的变量是局部变量，也叫内部变量。它只在本函数范围内有效，也就是在本函数内才能使用它们，在此函数以外是不能使用这些变量的。

在函数之外定义的变量称为全局变量，也叫外部变量。全局变量可以为此文件中其他函数所共用。它的有效范围从定义变量的位置开始，到本源文件结束。

下面定义的是本程序中使用到的全局变量，具体代码如下：

```
/*******定 义 全 局 变 量 *******/
int i,j,Temp,Temp1,Temp2;  //temp,temp1,temp2用于记住和转换方块变量的值
//标记游戏屏幕的图案：2,1,0分别表示该位置为游戏边框、方块、无图案；初始化为无图案
int a[80][80]={0};
int b[4];                          //标记4个"口"方块：1表示有方块，0表示无方块
struct Tetris                      //声明俄罗斯方块的结构体
{
    int x;                         //中心方块的x轴坐标
    int y;                         //中心方块的y轴坐标
    int flag;                      //标记方块类型的序号
    int next;                      //下一个俄罗斯方块类型的序号
    int speed;                     //俄罗斯方块移动的速度
    int number;                    //产生俄罗斯方块的个数
    int score;                     //游戏的分数
    int level;                     //游戏的等级
};
HANDLE hOut;                       //控制台句柄
```

4．函数声明

一个较大的程序一般应分为若干个程序模块，每一个模块用来实现一个特定的功能。在 C 语言中，子程序的作用是由函数来完成的。一个 C 程序可由一个主函数和若干个其他函数构成。同一个函数可以被一个或多个函数调用任意多次。

在程序开发中，常将一些常用的功能模块编写成函数，放在公共函数库中供大家选用。程序设计人员要善于利用函数，以减少重复编写程序段的工作量。

在本程序中，函数声明的具体代码如下：

```
/*******函 数 声 明 *******/
void gotoxy(int x, int y);              //光标移到指定位置
void DrwaGameframe();                   //绘制游戏边框
void Flag(struct Tetris *);             //随机产生方块类型的序号
void MakeTetris(struct Tetris *);       //制作俄罗斯方块
void PrintTetris(struct Tetris *);      //打印俄罗斯方块
void CleanTetris(struct Tetris *);      //清除俄罗斯方块的痕迹
int  ifMove(struct Tetris *);           //判断是否能移动，返回值为1，能移动，否则，不能移动
void Del_Fullline(struct Tetris *); //判断是否满行，并删除满行的俄罗斯方块
void Gameplay();                        //开始游戏
void regulation();                      //游戏规则
void explation();                       //按键说明
void welcom();                          //欢迎界面
void Replay(struct Tetris * tetris); //重新开始游戏
void title();                           //欢迎界面上方的标题
void flower();                          //欢迎界面上的字符装饰花
void close();                           //关闭游戏
```

11.5 功能菜单设计

11.5.1 欢迎界面概述

游戏欢迎界面为用户提供了一个了解和运行游戏的平台。在这里可以选择开始游戏、按键说明、游戏规则或退出，界面也进行了适当的美化。单击键盘数字键“1”，即可开始游戏；单击键盘数字键“2”，即可查看游戏过程中的各种功能按键；单击键盘数字键“3”，即可查看本游戏的规则；单击键盘数字键“4”，退出游戏。主程序运行效果如图 11-8 所示。

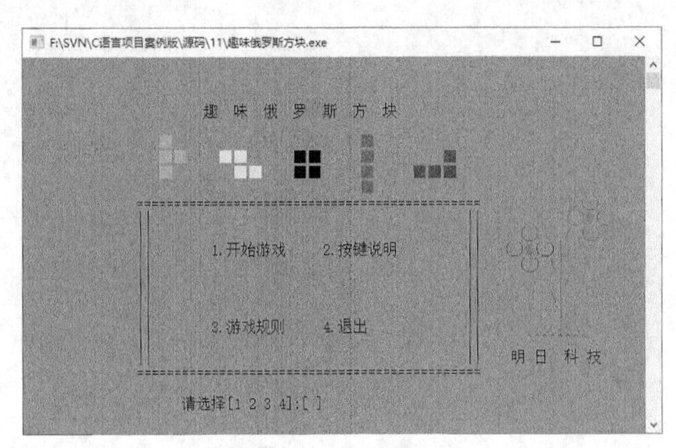

图 11-8　游戏欢迎界面

11.5.2 标题部分设计

欢迎界面主要由三部分组成：第一部分是标题，包括游戏的名称和五种方块的图形；第二部分是右侧的字符花装饰；第三部分是菜单选项。下面首先介绍标题部分的制作如图 11-9 所示。

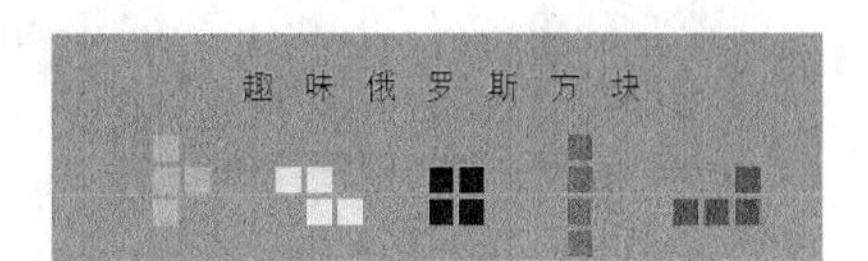

图 11-9　标题部分

想要实现标题的绘制，就要用到设置文字颜色的 color 函数和获得屏幕位置的 gotoxy 函数。绘制标题的详细代码如下：

```
/**
 * 主界面上方的标题
 */
void title()
{
    color(15);                              //亮白色
    gotoxy(28,3);
   printf("趣  味  俄  罗  斯  方  块\n");    //输出标题
    color(11);                              //亮蓝色
    gotoxy(18,5);
   printf("■");                            //■
   gotoxy(18,6);                            //■■
   printf("■■");                           //■
   gotoxy(18,7);
   printf("■");
```

```
    color(14);                                      //黄色
     gotoxy(26,6);
    printf("■■");                                   //■■
    gotoxy(28,7);                                   //  ■■
    printf("■■");

    color(10);                                      //绿色
     gotoxy(36,6);                                  //■■
    printf("■■");                                   //■■
    gotoxy(36,7);
    printf("■■");

    color(13);                                      //粉色
     gotoxy(45,5);
    printf("■");                                    //■
    gotoxy(45,6);                                   //■
     printf("■");                                   //■
     gotoxy(45,7);                                  //■
     printf("■");
     gotoxy(45,8);
     printf("■");

     color(12);                                     //亮红色
     gotoxy(56,6);
    printf("■");                                    //   ■
    gotoxy(52,7);                                   //■■■
     printf("■■■");
}
```

绘制标题的这段代码引用了 color 和 gotoxy 这两个函数，分别用来设置输出的文字颜色和位置。

11.5.3 设计字符花装饰界面

为了避免主界面过于死板，可以适当加入一些小的装饰，使界面更加生动。本程序中绘制了一个字符构成的花朵图案，如图 11-10 所示。

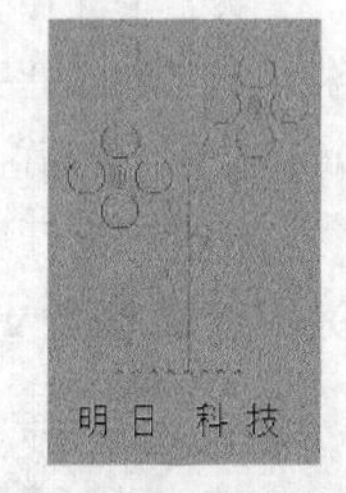

图 11-10 字符花

打印输出一个字符花图案，是有技巧的，打印时从上至下，从左至右，要算好空行和空格的数量。读者可根据喜好，自行搭配颜色，也可将其换成其他自己感兴趣的图案。字符花的下方是开发者的名字，读者练习时，可以换成自己的名字。详细代码如下：

```
/**
 * 绘制字符花
 */
void flower()
{
    gotoxy(66,11);              //确定屏幕上要输出的位置
    color(12);                  //设置颜色
    printf("(_)");              //红花上边花瓣

    gotoxy(64,12);
    printf("(_)");              //红花左边花瓣

    gotoxy(68,12);
```

```
printf("(_)");              //红花右边花瓣

gotoxy(66,13);
printf("(_)");              //红花下边花瓣

gotoxy(67,12);              //红花花蕊
color(6);
printf("@");

gotoxy(72,10);
color(13);
printf("(_)");              //粉花左边花瓣

gotoxy(76,10);
printf("(_)");              //粉花右边花瓣

gotoxy(74,9);
printf("(_)");              //粉花上边花瓣

gotoxy(74,11);
printf("(_)");              //粉花下边花瓣

gotoxy(75,10);
color(6);
printf("@");                //粉花花蕊

gotoxy(71,12);
printf("|");                //两朵花之间的连接

gotoxy(72,11);
printf("/");                //两朵花之间的连接

gotoxy(70,13);
printf("\\|");              //注意，\为转义字符。想要输入\，必须在前面转义

gotoxy(70,14);
printf("`|/");

gotoxy(70,15);
printf("\\|");

gotoxy(71,16);
printf("| /");

gotoxy(71,17);
printf("|");

gotoxy(67,17);
color(10);
printf("\\\\\\\\");         //草地
```

```
    gotoxy(73,17);
    printf("//");

    gotoxy(67,18);
    color(2);
    printf("^^^^^^^^");

    gotoxy(65,19);
    color(5);
    printf("明 日  科 技");   //公司名称

}
```

介绍一下什么是转义字符。\n、\t 在编程过程中是比较常见的，其中“\”被称为转义字符，它之后的字母，都不再是它本来的 ASCII 码的意思了。如要输出“\”本身，需要在“\”前面再加上一个“\”，因为“\”本身代表转义，前面再加一个则是转义的转义，就是“\”本身了。

11.5.4 设计菜单选项的边框

欢迎界面中的菜单选项在屏幕的下方，如图 11-11 所示。

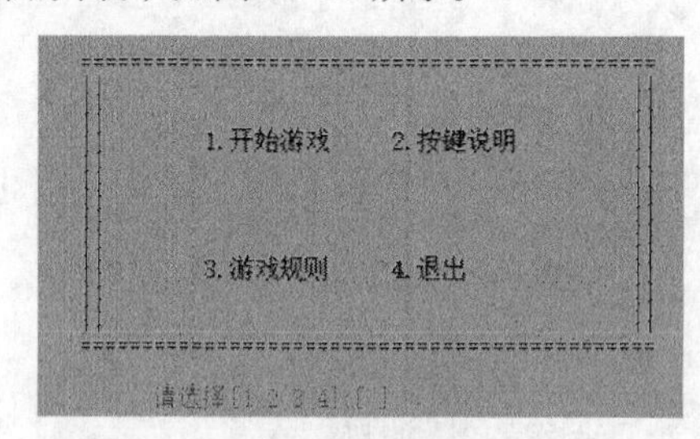

图 11-11 菜单选项

菜单选项这部分，如果再分得细致一些，可以分为边框和里面的文字两部分。这节主要介绍如何绘制边框。通过两个循环嵌套即可实现边框的打印，详细代码如下：

```
/**
 * 菜单选项边框
 */
void welcom()
{
    int n;
    int i,j = 1;
    color(14);                                          //黄色边框
    for (i = 9; i <= 20; i++)                           //循环y纵坐标，打印输出上下边框===
    {
        for (j = 15; j <= 60; j++)                      //循环x横坐标，打印输出左右边框||
        {
            gotoxy(j, i);
            if (i == 9 || i == 20) printf("=");         //输出上下边框===
            else if (j == 15 || j == 59) printf("||");  //输出左右边框||
        }
    }
```

11.5.5 设计菜单选项的文字

边框里面就是菜单选项了，只要找准坐标位置，打印输出即可，详细代码如下：

```
/**
 * 菜单选项的文字
 */
    color(12);
    gotoxy(25, 12);
    printf("1.开始游戏");
    gotoxy(40, 12);
    printf("2.按键说明");
    gotoxy(25, 17);
    printf("3.游戏规则");
    gotoxy(40, 17);
    printf("4.退出");
    gotoxy(21,22);
    color(3);
    printf("请选择[1 2 3 4]:[ ]\b\b");
    color(14);
   scanf("%d", &n);              //输入选项
   switch (n)
   {
    case 1:                      //选择“1”
        system("cls");           //清屏
          break;
    case 2:                      //选择“2”
        break;
    case 3:                      //选择“3”
        break;
    case 4:                      //选择“4”
        break;
   }
}
```

Dev C++中常用的组合键如下。

给代码行加注释：如果要给多行代码加注释，只要选中该多行代码按组合键 Ctrl+/，这些代码行都会被加上注释。

删除代码行：组合键 Ctrl+D 只删除光标所在的代码行。

11.6 游戏主窗体设计

游戏主窗体设计

11.6.1 游戏主窗体设计概述

在欢迎界面选择数字“1”之后，就会进入游戏主窗体，在此窗体中可以玩趣味俄罗斯方块游戏。从界面绘制的角度，此界面大致可以分为两部分，一部分是左边的方块下落界面，另一部分是右

边的得分统计、下一出现方块展示和主要按键说明。那么要制作这样的一个窗体，设计思路是：首先把这个界面画出来；然后绘制俄罗斯方块；最后添加逻辑，使界面动起来。游戏主窗体如图 11-12 所示。

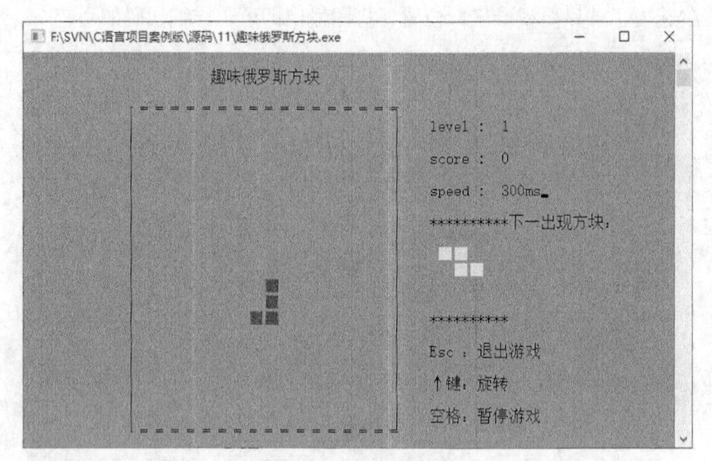

图 11-12　游戏主窗体

制作游戏的主窗体，可以通过下面几个步骤来实现：

（1）打印输出游戏界面；

（2）绘制俄罗斯方块；

（3）打印俄罗斯方块。

下面分别进行详细介绍。

11.6.2　打印输出游戏界面

想要打印输出游戏界面，首先要确定需要输出哪些内容，如图 11-13 所示。

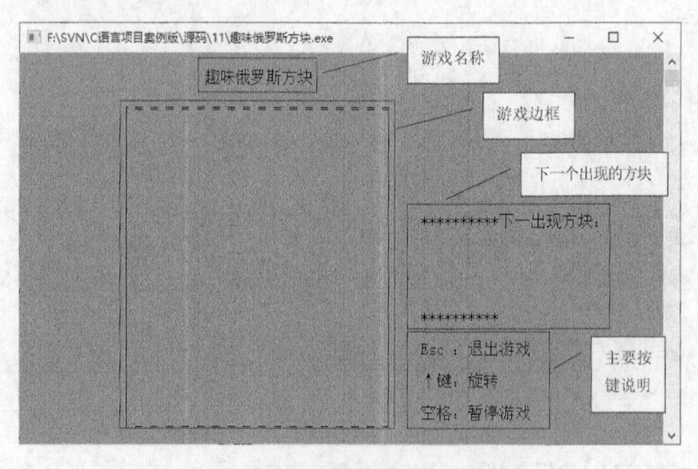

图 11-13　游戏界面需要输出的内容

从图 11-13 中，可以看出需要输出的内容有：游戏名称、游戏边框、下一个出现的方块和主要按键说明。这时你会有一个疑问：为什么没有输出右上角的得分记录呢？因为得分 score 是变量，需要用到结构体 Tetris，在打印输出游戏界面的函数中，并没有设置参数，所以把打印得分记录放到后面的方法中。详细代码如下：

```
/**
 * 制作游戏窗口
```

```
 */
void DrwaGameframe()
{
    gotoxy(FrameX+Frame_width-5,FrameY-2);          //打印游戏名称
    color(11);
    printf("俄罗斯方块");
    gotoxy(FrameX+2*Frame_width+3,FrameY+7);
    color(2);
    printf("**********");                             //打印下一个出现的方块的上边框
    gotoxy(FrameX+2*Frame_width+13,FrameY+7);
    color(3);
    printf("下一出现方块：");
    gotoxy(FrameX+2*Frame_width+3,FrameY+13);
    color(2);
    printf("**********");                             //打印下一个出现的方块的下边框
    gotoxy(FrameX+2*Frame_width+3,FrameY+17);
    color(14);
    printf("↑键：旋转");
    gotoxy(FrameX+2*Frame_width+3,FrameY+19);
    printf("空格：暂停游戏");
    gotoxy(FrameX+2*Frame_width+3,FrameY+15);
    printf("Esc ：退出游戏");
    gotoxy(FrameX,FrameY);
    color(12);
    printf("╔");                                      //打印框角
    gotoxy(FrameX+2*Frame_width-2,FrameY);
    printf("╗");
    gotoxy(FrameX,FrameY+Frame_height);
    printf("╚");
    gotoxy(FrameX+2*Frame_width-2,FrameY+Frame_height);
    printf("╝");
    for(i=2;i<2*Frame_width-2;i+=2)
    {
        gotoxy(FrameX+i,FrameY);
        printf("=");                                  //打印上横框
    }
    for(i=2;i<2*Frame_width-2;i+=2)
    {
        gotoxy(FrameX+i,FrameY+Frame_height);
        printf("=");                                  //打印下横框
        a[FrameX+i][FrameY+Frame_height]=2;           //标记下横框为游戏边框，防止方块出界
    }
    for(i=1;i<Frame_height;i++)
    {
        gotoxy(FrameX,FrameY+i);
        printf("‖");                                  //打印左竖框
        a[FrameX][FrameY+i]=2;                        //标记左竖框为游戏边框，防止方块出界
    }
    for(i=1;i<Frame_height;i++)
    {
        gotoxy(FrameX+2*Frame_width-2,FrameY+i);
        printf("‖");                                  //打印右竖框
        a[FrameX+2*Frame_width-2][FrameY+i]=2;        //标记右竖框为游戏边框，防止方块出界
    }
}
```

同时修改 **welcom** 方法中的代码，在 switch 语句中加入 **DrwaGameframe** 方法的调用，修改的语句如下：

```
//加入调用DrwaGameframe方法的语句
    switch (n)
    {
     case 1:
         system("cls");
         DrwaGameframe();          //需要新添加的语句
         break;
     case 2:
         break;
     case 3:
         break;
     case 4:
         break;
    }
```

大家都知道，俄罗斯方块是要落到下面累计消除才会得分的，那么最下面就应该有一个边界，防止方块落到边界之外，这个边界就是下横框。同样的道理，方块左右移动的时候，不能移动到左右竖框的外面。如果没有设置边界，就会出现图 11-14 所示的情况。

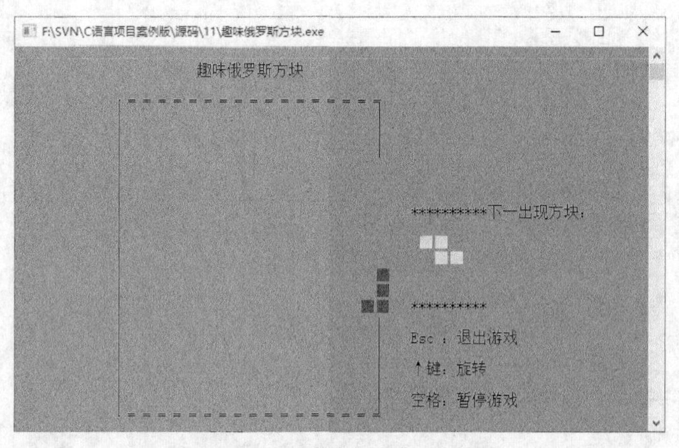

图 11-14　没有设置右边界的后果

为了防止这样的现象发生，必须设置边界。全局变量中已经定义了一个数组 a[80][80]，它用来标记游戏屏幕的图案，只有 3 个值，分别是 2、1、0。其中 2 表示数组 a 所示的位置为游戏边框；1 表示数组 a 所示的位置有方块；0 则表示无图案。只要分别找到游戏的左、右、下边框的数组表示，让其数组值为 2，就可以成功地设置边界，移动方块也不会越界了。

设置左、右、下边框为游戏边界的代码为：

```
a[FrameX+i][FrameY+Frame_height]=2;          //标记下横框为游戏边框，防止方块出界
a[FrameX][FrameY+i]=2;                       //标记左竖框为游戏边框，防止方块出界
a[FrameX+2*Frame_width-2][FrameY+i]=2;       //标记右竖框为游戏边框，防止方块出界
```

11.6.3　绘制俄罗斯方块

想要绘制俄罗斯方块，首先要知道俄罗斯方块是什么样子的。俄罗斯方块有 5 种基本形状，如图 11-15 所示。

除了这 5 种基本形状之外，还有两种是由“Z 字方块”和“7 字方块”反转得来的，如图 11-16 所示。

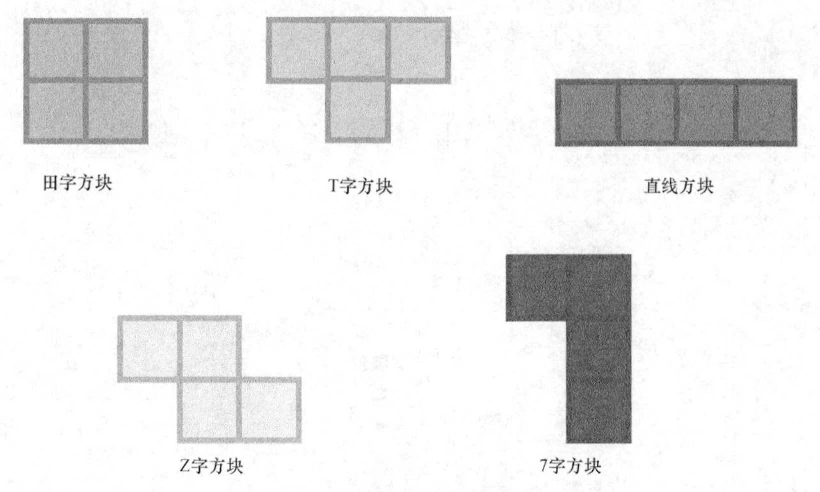

图 11-15　俄罗斯方块的 5 种基本形状

加上两种反转图形，俄罗斯方块一共有 7 种基本形状。其中“田字方块”没有旋转变化；“T 字方块”算上本体，一共有 4 种旋转变化，分别为本体“T 字”、顺时针旋转 90° 的“T 字”、顺时针旋转 180° 的“T 字”和顺时针旋转 270° 的“T 字”；“直线方块”有两种旋转变化；“Z 字方块”和“反转 Z 字方块”各自有两种旋转变化；“7 字方块”和“反转 7 字方块”各自有 4 种旋转变化。

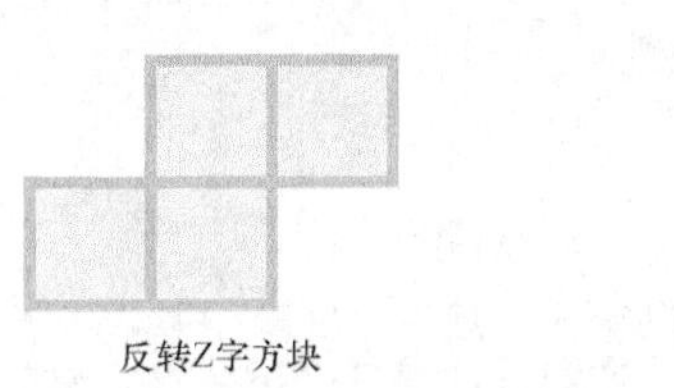

图 11-16　俄罗斯方块的另外两种反转图形

总结一下，俄罗斯方块共有 7 种形状，19 种旋转图形。编写代码的时候，要把这 19 种旋转图形考虑全，详细代码如下：

```
/**
 * 制作俄罗斯方块
 */
void MakeTetris(struct Tetris *tetris)
{
    a[tetris->x][tetris->y]=b[0];        //中心方块位置的图形状态
    switch(tetris->flag)                 //共7大类，19种图形
    {
        case 1:                          /*田字方块 ■■
                                                    ■■  */
        {
            color(10);
        a[tetris->x][tetris->y-1]=b[1];
        a[tetris->x+2][tetris->y-1]=b[2];
        a[tetris->x+2][tetris->y]=b[3];
            break;
        }
        case 2:                          /*直线方块 ■■■■*/
        {
            color(13);
        a[tetris->x-2][tetris->y]=b[1];
        a[tetris->x+2][tetris->y]=b[2];
        a[tetris->x+4][tetris->y]=b[3];
        break;
        }
```

```
case 3:          /*顺时针90°直线方块 ■
                                     ■
                                     ■
                                     ■  */
{
    color(13);
a[tetris->x][tetris->y-1]=b[1];
a[tetris->x][tetris->y-2]=b[2];
a[tetris->x][tetris->y+1]=b[3];
break;
}
case 4:                    /*T字方块 ■■■
                                     ■  */
{
    color(11);
a[tetris->x-2][tetris->y]=b[1];
a[tetris->x+2][tetris->y]=b[2];
a[tetris->x][tetris->y+1]=b[3];
break;
}
case 5:          /* 顺时针90°T字方块  ■
                                   ■■
                                     ■*/
{
    color(11);
a[tetris->x][tetris->y-1]=b[1];
a[tetris->x][tetris->y+1]=b[2];
a[tetris->x-2][tetris->y]=b[3];
break;
}
case 6:          /* 顺时针180°T字方块  ■
                                   ■■■*/
{
    color(11);
a[tetris->x][tetris->y-1]=b[1];
a[tetris->x-2][tetris->y]=b[2];
a[tetris->x+2][tetris->y]=b[3];
break;
}
case 7:          /* 顺时针270°T字方块  ■
                                     ■■
                                     ■  */
{
    color(11);
a[tetris->x][tetris->y-1]=b[1];
a[tetris->x][tetris->y+1]=b[2];
a[tetris->x+2][tetris->y]=b[3];
break;
}
case 8:                    /* Z字方块  ■■
                                       ■■*/
{
    color(14);
a[tetris->x][tetris->y+1]=b[1];
a[tetris->x-2][tetris->y]=b[2];
```

```
a[tetris->x+2][tetris->y+1]=b[3];
break;
}
case 9:        /* 顺时针90°Z字方块       ■
                                        ■■
                                        ■   */
{
    color(14);
a[tetris->x][tetris->y-1]=b[1];
a[tetris->x-2][tetris->y]=b[2];
a[tetris->x-2][tetris->y+1]=b[3];
break;
}
case 10:             /* 反转Z字方块     ■■
                                      ■■  */
{
    color(14);
a[tetris->x][tetris->y-1]=b[1];
a[tetris->x-2][tetris->y-1]=b[2];
a[tetris->x+2][tetris->y]=b[3];
break;
}
case 11:     /* 顺时针90°反转Z字方块 ■
                                      ■■
                                        ■  */
{
    color(14);
a[tetris->x][tetris->y+1]=b[1];
a[tetris->x-2][tetris->y-1]=b[2];
a[tetris->x-2][tetris->y]=b[3];
break;
}
case 12:                /* 7字方块    ■■
                                        ■
                                        ■ */
{
    color(12);
a[tetris->x][tetris->y-1]=b[1];
a[tetris->x][tetris->y+1]=b[2];
a[tetris->x-2][tetris->y-1]=b[3];
break;
}
case 13:      /* 顺时针90°7字方块        ■
                                      ■■■  */
{
    color(12);
a[tetris->x-2][tetris->y]=b[1];
a[tetris->x+2][tetris->y-1]=b[2];
a[tetris->x+2][tetris->y]=b[3];
break;
}
case 14:       /* 顺时针180°7字方块    ■
                                       ■
                                       ■■  */
{
```

```
        color(12);
    a[tetris->x][tetris->y-1]=b[1];
        a[tetris->x][tetris->y+1]=b[2];
    a[tetris->x+2][tetris->y+1]=b[3];
    break;
    }
    case 15:        /* 顺时针270°7字方块    ■■■
                                            ■     */
    {
        color(12);
    a[tetris->x-2][tetris->y]=b[1];
    a[tetris->x-2][tetris->y+1]=b[2];
    a[tetris->x+2][tetris->y]=b[3];
    break;
    }
    case 16:              /* 反转7字方块    ■■
                                            ■
                                            ■    */
    {
        color(9);
    a[tetris->x][tetris->y+1]=b[1];
    a[tetris->x][tetris->y-1]=b[2];
    a[tetris->x+2][tetris->y-1]=b[3];
    break;
    }
    case 17:    /* 顺时针90°反转7字方块    ■■■
                                              ■*/
    {
        color(9);
    a[tetris->x-2][tetris->y]=b[1];
    a[tetris->x+2][tetris->y+1]=b[2];
    a[tetris->x+2][tetris->y]=b[3];
    break;
    }
    case 18:        /* 顺时针180°反转7字方块  ■
                                              ■
                                            ■■    */
    {
        color(9);
    a[tetris->x][tetris->y-1]=b[1];
    a[tetris->x][tetris->y+1]=b[2];
    a[tetris->x-2][tetris->y+1]=b[3];
    break;
    }
    case 19:      /* 顺时针270°反转7字方块  ■
                                            ■■■*/
    {
        color(9);
    a[tetris->x-2][tetris->y]=b[1];
    a[tetris->x-2][tetris->y-1]=b[2];
    a[tetris->x+2][tetris->y]=b[3];
    break;
    }
  }
}
```

这段代码还有几点需要介绍。

（1）方块是如何画出来的?

在本游戏中，使用“■”来填充各种方块，它在横向上占两个字符，在纵向上占一个字符。这是一个小小的背景知识，知道了这个再来看代码。这些方块有个共同点，就是都是由 4 个“■”组成的，所以在全局变量中定义了数组 b[4]，保存的就是这四个“■”的位置。首先定义数组 b 的第一位来保存中心“■”：a[tetris->x][tetris->y]=b[0];，然后根据位置依次画出其他 3 个“■”。

以顺时针旋转 270° 的 7 字方块为例，讲解其他三个“■”是如何画出来的。制作顺时针旋转 270° 的 7 字方块的代码如下：

```
a[tetris->x-2][tetris->y]=b[1];
a[tetris->x-2][tetris->y-1]=b[2];
a[tetris->x+2][tetris->y]=b[3];
```

图 11-17 所示为本游戏中用到的 x、y 坐标轴，在 x 轴上，数值从左到右依次渐大，在 y 轴上，数值从上到下依次渐大。

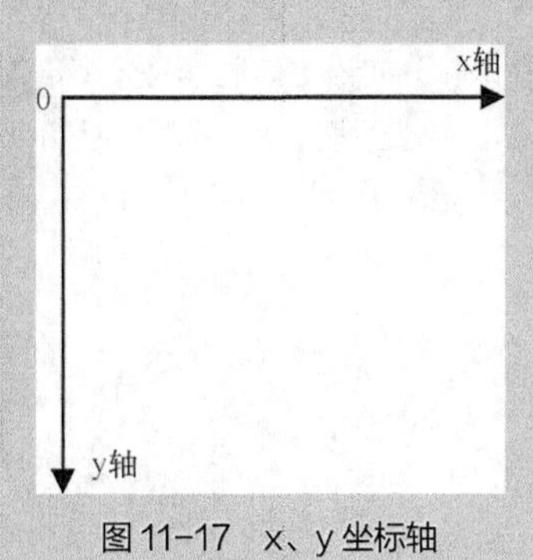

图 11-17　x、y 坐标轴

首先来看第一行代码，a[tetris->x-2][tetris->y]=b[1];。b[1]的 x 轴坐标[tetris->x-2]比中心方块 b[0]的 x 轴坐标[tetris->x]小了一位，应该放在[tetris->x]的左面；b[1]的 y 轴坐标[tetris->y]和 b[0]的 y 轴坐标[tetris->y]是一样的。用 X 表示中心方块 b[0]，用●表示 b[1]，它们的位置关系如图 11-18 所示。

再来看第二行代码，a[tetris->x-2][tetris->y-1]=b[2];。b[2]的 x 轴坐标[tetris->x-2]还是在中心方块 b[0]的左一位；b[2]的 y 轴坐标[tetris->y-1]比 b[0]的 y 轴坐标值小，说明 b[2]应该在 b[0]上方。在图 11-18 中加上 b[2]后，b[0]、b[1]和 b[2]的位置关系如图 11-19 所示。

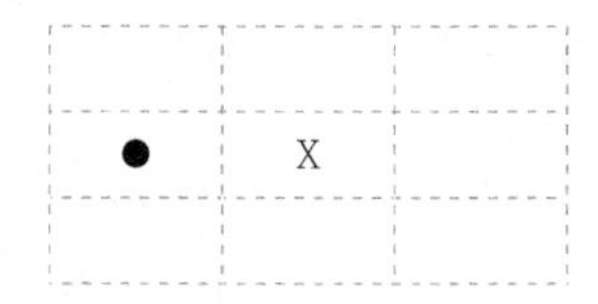

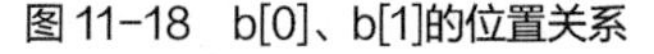

图 11-18　b[0]、b[1]的位置关系

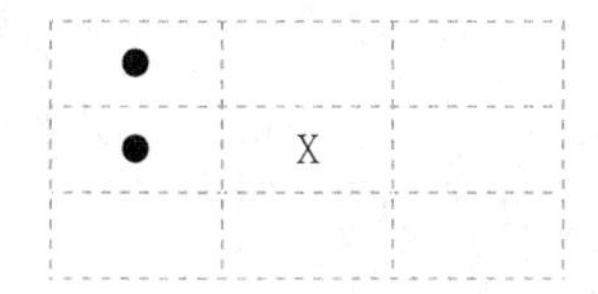

图 11-19　b[0]、b[1]和 b[2]的位置关系

最后看第三行代码，a[tetris->x+2][tetris->y]=b[3];。b[3]的 x 轴坐标[tetris->x+2]比中心方块 b[0]的 x 轴坐标[tetris->x]大，说明 b[3]位于 b[0]的右面；b[3]的 y 轴坐标[tetris->y]和 b[0]的 y 轴坐标[tetris->y]一样。在图 11-19 中加上 b[3]后，b[0]、b[1]、b[2]和 b[3]的位置关系如图 11-20 所示。

从图 11-20 能够看出，定义的是顺时针转 270° 的 7 字方块▪▪▪。按照同样的方式，可以依次定义出其他 18 种方块形状。

（2）设置不同类型的方块为不同的颜色。

游戏中，不同类型方块的颜色也是不一样的，如图 11-21 所示。这样可以增加界面的生动性和游戏的趣味性。

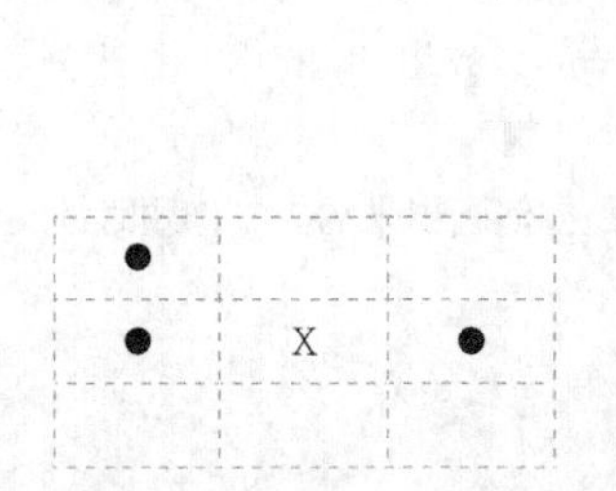

图 11-20　b[0]、b[1]、b[2]和 b[3]的位置关系

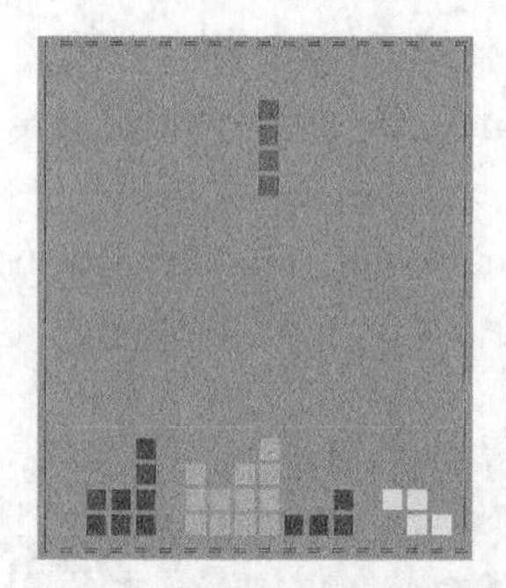

图 11-21　不同类型的方块为不同的颜色

color 函数是用来设置颜色的，把 color 函数放在方块定义的前面，打印这个方块的时候，打印出来的就是已经设置好颜色的方块。方块共有 7 大类，只要设置 7 种不同的颜色就可以了。

（3）使用 switch 分支语句。

制作俄罗斯方块的代码中使用了 switch 分支语句。同样是分支语句，switch 语句不同于 if 语句，if 只有两个分支可供选择，而 switch 语句通常用于处理多分支的选择。switch 语句的语法格式如下：

```
switch(表达式)
{
        case 常量表达式1:
            语句1;
        case 常量表达式2:
            语句2;
        …
        case 常量表达式n:
            语句n;
        default:
            默认情况语句块;
}
```

switch 语句的流程图如图 11-22 所示。

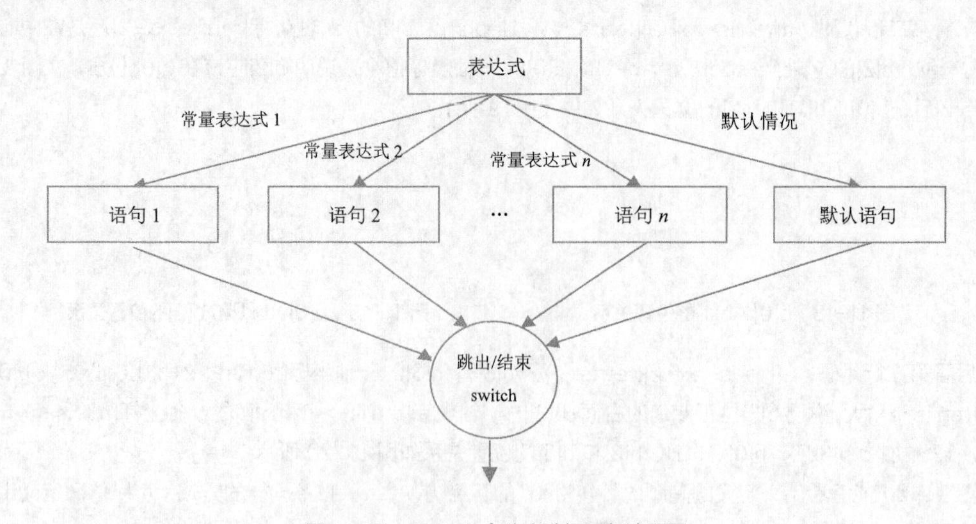

图 11-22　switch 多分支选择语句流程图

switch 后面括号中的表达式就是待判断的条件。当表达式的值和某一个 case 后面的常量表达式的值相等时，就执行此 case 后面的语句，若所有 case 后的常量表达式的值都与该表达式的值不匹配，就执行 default 后面的语句。

11.6.4 打印俄罗斯方块

在上面的步骤中，我们已经绘制好了俄罗斯方块，那么它们可以直接显示到界面上了吗？当然不可以。到现在为止，我们只是定义好了方块的形状，但是方块本身用什么符号来打印是没有定义的，也就是说，组成方块的是“■”、“※”还是“□”，还没有定义，所以这个时候是显示不出方块的。

下一步要做的就是使用“■”组成俄罗斯方块，并打印出来，详细代码如下：

```
/**
 * 打印俄罗斯方块
 */
void PrintTetris(struct Tetris *tetris)
{
    for(i=0;i<4;i++)                    //数组b[4]中有4个元素，循环这4个元素，让每个元素的值都为1
    {
        b[i]=1;                         //数组b[4]的每个元素的值都为1
    }
    MakeTetris(tetris);                 //制作游戏窗口
    for( i=tetris->x-2; i<=tetris->x+4; i+=2 )
    {
        for(j=tetris->y-2;j<=tetris->y+1;j++)      //检查方块所有可能出现的位置
        {
            if( a[i][j]==1 && j>FrameY )           //如果这个位置上有方块
            {
            gotoxy(i,j);
                printf("■");                       //打印边框内的方块
            }
        }
    }
    //打印菜单信息
    gotoxy(FrameX+2*Frame_width+3,FrameY+1);       //设置打印位置
    color(4);
    printf("level : ");
    color(12);
    printf(" %d",tetris->level);                   //输出等级
    gotoxy(FrameX+2*Frame_width+3,FrameY+3);
    color(4);
    printf("score : ");
    color(12);
    printf(" %d",tetris->score);                   //输出分数
    gotoxy(FrameX+2*Frame_width+3,FrameY+5);
    color(4);
    printf("speed : ");
    color(12);
    printf(" %dms",tetris->speed);                 //输出速度
}
```

上面的代码不仅打印了方块，还打印了得分信息，如图 11-23 所示。

```
level :  1

score :  0

speed :  300ms
```

图 11-23　打印得分信息

游戏逻辑设计

11.7　游戏逻辑设计

11.7.1　游戏逻辑概述

在设计游戏逻辑的时候，应该考虑到下面四个方面的问题。

（1）方块下落的时候，判断下面的位置能不能放下它；方块左右移动时，判断方块能否移动。

（2）制造出方块不断下落的现象，也就是擦除上一秒方块所在位置的痕迹。

（3）判断满行，并且删除满行的方块。

（4）俄罗斯方块是随机落下的，需要随机产生不同的方块类型。

解决好以上四个问题，就能实现俄罗斯方块的游戏逻辑了。

11.7.2　判断俄罗斯方块是否可移动

这节主要介绍如何判断俄罗斯方块是否可以移动。要判断方块是否可移动，就要首先知道要移动到的位置是不是空位置，如果空位置能放下此形状的俄罗斯方块，就说明此方块可移动，如图 11-24 所示。

要判断移动到的位置是不是空位置，只要知道中心方块 a[tetris->x][tetris->y]的位置是否有图案。如果有图案，则不可移动；如果无图案，则继续进行判断。因为如果连中心方块的位置都不能放“■”的话，那么其他位置就不用判断了。

在中心方块的位置是空，也就是无图案的情况下，如果该俄罗斯方块的其他“■”位置上也无图案，那么表示可以移动。因为只有这些位置上都无图案，要移动到这个位置的俄罗斯方块才能够放下。

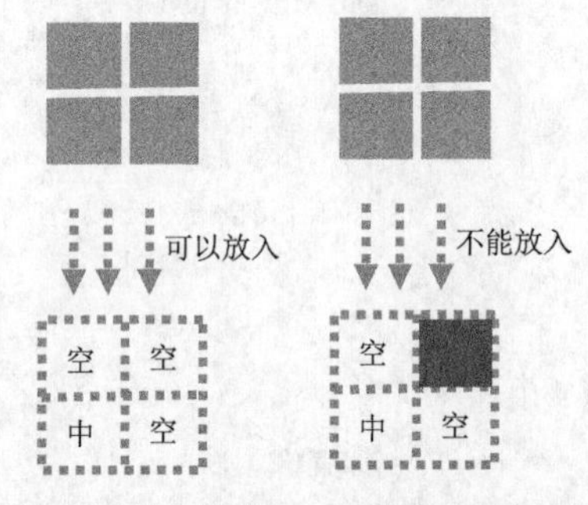

图 11-24　判断俄罗斯方块是否可以放入

比如田字方块，它的中心方块是左下角的“■”，如果它的上、右、右上的位置为空，无图案，那么这里就可以放一个田字方块；只要有一个位置上不为空，都放不下一个田字方块，如图 11-24 所示。

判断俄罗斯方块是否可移动的详细代码如下：

```
/**
 * 判断是否可移动
 */
int ifMove(struct Tetris *tetris)
{
    if(a[tetris->x][tetris->y]!=0)//当中心方块位置上有图案时，返回值为0，即不可移动
    {
        return 0;
    }
    else
    {
        if(
        ( tetris->flag==1  && ( a[tetris->x][tetris->y-1]==0   &&//当为田字方块且除中心方块
```

```
位置外，其他"■"位置上无图案时，返回值为1，即可移动
        a[tetris->x+2][tetris->y-1]==0 && a[tetris->x+2][tetris->y]==0 ) ) ||
            //当为直线方块且除中心方块位置外，其他"■"位置上无图案时，返回值为1，即可移动
            ( tetris->flag==2  && ( a[tetris->x-2][tetris->y]==0   &&
        a[tetris->x+2][tetris->y]==0 && a[tetris->x+4][tetris->y]==0 ) )   ||
            ( tetris->flag==3  && ( a[tetris->x][tetris->y-1]==0   &&   //直线方块（竖）
        a[tetris->x][tetris->y-2]==0 && a[tetris->x][tetris->y+1]==0 ) )   ||
            ( tetris->flag==4  && ( a[tetris->x-2][tetris->y]==0   &&   //T字方块
        a[tetris->x+2][tetris->y]==0 && a[tetris->x][tetris->y+1]==0 ) )   ||
            ( tetris->flag==5  && ( a[tetris->x][tetris->y-1]==0   &&   //T字方块（顺时针90°）
            a[tetris->x][tetris->y+1]==0 && a[tetris->x-2][tetris->y]==0 ) )   ||
            ( tetris->flag==6  && ( a[tetris->x][tetris->y-1]==0   && //T字方块（顺时针180°）
        a[tetris->x-2][tetris->y]==0 && a[tetris->x+2][tetris->y]==0 ) )   ||
            ( tetris->flag==7  && ( a[tetris->x][tetris->y-1]==0   && //T字方块（顺时针270°）
        a[tetris->x][tetris->y+1]==0 && a[tetris->x+2][tetris->y]==0 ) )   ||
            ( tetris->flag==8  && ( a[tetris->x][tetris->y+1]==0   &&   //Z字方块
        a[tetris->x-2][tetris->y]==0 && a[tetris->x+2][tetris->y+1]==0 ) ) ||
            ( tetris->flag==9  && ( a[tetris->x][tetris->y-1]==0   && //Z字方块（顺时针180°）
        a[tetris->x-2][tetris->y]==0 && a[tetris->x-2][tetris->y+1]==0 ) ) ||
            ( tetris->flag==10 && ( a[tetris->x][tetris->y-1]==0   &&   //Z字方块（反转）
        a[tetris->x-2][tetris->y-1]==0 && a[tetris->x+2][tetris->y]==0 ) ) ||
            ( tetris->flag==11 && ( a[tetris->x][tetris->y+1]==0   &&//Z字方块（反转+顺时针180°）
        a[tetris->x-2][tetris->y-1]==0 && a[tetris->x-2][tetris->y]==0 ) ) ||
            ( tetris->flag==12 && ( a[tetris->x][tetris->y-1]==0   &&   //7字方块
        a[tetris->x][tetris->y+1]==0 && a[tetris->x-2][tetris->y-1]==0 ) ) ||
            ( tetris->flag==15 && ( a[tetris->x-2][tetris->y]==0   &&   //7字方块（顺时针90°）
        a[tetris->x-2][tetris->y+1]==0 && a[tetris->x+2][tetris->y]==0 ) ) ||
            ( tetris->flag==14 && ( a[tetris->x][tetris->y-1]==0   && //7字方块（顺时针180°）
        a[tetris->x][tetris->y+1]==0 && a[tetris->x+2][tetris->y+1]==0 ) ) ||
            ( tetris->flag==13 && ( a[tetris->x-2][tetris->y]==0   && //7字方块（顺时针270°）
        a[tetris->x+2][tetris->y-1]==0 && a[tetris->x+2][tetris->y]==0 ) ) ||
            ( tetris->flag==16 && ( a[tetris->x][tetris->y+1]==0   &&   //7字方块（反转）
        a[tetris->x][tetris->y-1]==0 && a[tetris->x+2][tetris->y-1]==0 ) ) ||
            ( tetris->flag==19 && ( a[tetris->x-2][tetris->y]==0   &&//7字方块（反转+顺时针90°）
        a[tetris->x-2][tetris->y-1]==0 && a[tetris->x+2][tetris->y]==0 ) ) ||
            ( tetris->flag==18 && ( a[tetris->x][tetris->y-1]==0   &&//7字方块（反转+顺时针180°）
        a[tetris->x][tetris->y+1]==0 && a[tetris->x-2][tetris->y+1]==0 ) ) ||
            ( tetris->flag==17 && ( a[tetris->x-2][tetris->y]==0   &&//7字方块（反转+顺时针270°）
        a[tetris->x+2][tetris->y+1]==0 && a[tetris->x+2][tetris->y]==0 ) ) )
            {
            return 1;
            }
        }
        return 0;
    }
```

11.7.3 清除俄罗斯方块下落的痕迹

在玩游戏的时候，这些俄罗斯方块给我们的感觉是会移动的。刚刚还在这个位置的方块，显示之后就消失了，随即出现在下一个位置，不断循环，营造出了方块在移动的效果，那么要如何擦除方块前一位置上的痕迹呢？只要在先前的位置上输出" "就可以了，详细代码如下：

```
    /**
     * 清除俄罗斯方块的痕迹
     */
```

```
void CleanTetris(struct Tetris *tetris)
{
    for(i=0;i<4;i++)         //数组b[4]中有4个元素，循环赋值，让每个元素的值都为0
    {
        b[i]=0;              //数组b[4]的每个元素的值都为0
    }
    MakeTetris(tetris);          //制作俄罗斯方块
    for( i = tetris->x - 2;i <= tetris->x + 4; i+=2 )     //■X■■  X为中心方块
    {
        for(j = tetris->y-2;j <= tetris->y + 1;j++)       /* ■
                                                             ■
                                                             X
                                                             ■*/
        {
            if( a[i][j] == 0 && j > FrameY ) //如果这个位置上没有图案，并且处于游戏界面当中
            {
            gotoxy(i,j);
            printf("  ");                       //清除方块
            }
        }
    }
}
```

11.7.4 判断方块是否满行

游戏的规则是当俄罗斯方块满行时，自动消除，并且累计分数。要如何判断是否满行，并且进行整行消除呢?

因为游戏界面的宽度是 Frame_width，所以除去两个竖边框，满行时方块所占的宽度就为 Frame_width-2。详细代码如下：

```
/**
 * 判断是否满行并删除满行的俄罗斯方块
 */
void Del_Fullline(struct Tetris *tetris) //当某行有Frame_width-2个方块时，则满行消除
{
    int k,del_rows=0;                 //分别用于记录某行方块的个数和删除方块的行数的变量
    for(j=FrameY+Frame_height-1;j>=FrameY+1;j--)
    {
        k=0;
        for(i=FrameX+2;i<FrameX+2*Frame_width-2;i+=2)
        {
            if(a[i][j]==1)            //纵坐标依次从下往上，横坐标依次由左至右判断是否满行
            {
            k++;                      //记录此行方块的个数
            if(k==Frame_width-2)          //如果满行
            {
                for(k=FrameX+2;k<FrameX+2*Frame_width-2;k+=2)  //删除满行的方块
                {
                        a[k][j]=0;
                        gotoxy(k,j);
                        printf("  ");
                }
               //如果删除行以上的位置有方块，则先清除，再将方块下移一个位置
                for(k=j-1;k>FrameY;k--)
```

```
                {
                    for(i=FrameX+2;i<FrameX+2*Frame_width-2;i+=2)
                    {
                        if(a[i][k]==1)
                        {
                        a[i][k]=0;
                        gotoxy(i,k);
                        printf("  ");
                        a[i][k+1]=1;
                        gotoxy(i,k+1);
                        printf("■");
                        }
                    }
                }
                j++;                    //方块下移后，重新判断
                del_rows++;             //记录删除方块的行数
            }
            }
        }
    }
    tetris->score+=100*del_rows;     //每删除一行，得100分
    if( del_rows>0 && ( tetris->score%1000==0 || tetris->score/1000>tetris->level-1 ) )
    {                               //如果得1000分即累计删除10行，速度加快20ms并升一级
        tetris->speed-=20;
        tetris->level++;
    }
}
```

11.7.5 随机产生俄罗斯方块类型的序号

在进行游戏的时候，可以发现基本上每次下落的方块都是不同的，如图 11-25 和图 11-26 所示。

图 11-25 下落 T 字方块

图 11-26 下落 Z 字方块

这是因为下落的俄罗斯方块都是随机产生的。程序需要使用随机数函数 rand 来获得随机的方块类型序号。

在前面的代码中，已经定义好每种类型的方块都有各自的 flag，也就是序号，从 1 到 19。现在需要做的，就是获得 1 到 19 之间的一个随机数，详细代码如下：

```
/**
 * 随机产生俄罗斯方块类型的序号
 */
void Flag(struct Tetris *tetris)
{
    tetris->number++;                       //记住产生方块的个数
    srand(time(NULL));                      //初始化随机数
```

```
        if(tetris->number==1)
        {
            tetris->flag = rand()%19+1;         //记住第一个方块的序号
        }
        tetris->next = rand()%19+1;             //记住下一个方块的序号
}
```

在上面的代码中，获得随机数使用的是 rand 函数，下面详细介绍一下 rand 函数。

rand 函数没有输入参数，直接通过表达式 rand()来引用，生成 0～RAND_MAX 的一个随机数，其中 RAND_MAX 的值一般为 32767，但与编译系统有关。

虽然说它是一个随机数函数，但是严格来说，它返回的是一个伪随机数。之所以说是伪随机数，是因为如果没有其他操作，每次执行同一个程序时，调用 rand 函数所得的随机数序列是固定的。第一次运行程序，就决定了此后每次运行程序时，方块出现的顺序，比如 T 字方块→顺时针旋转 270° 的 7 字方块→Z 字方块……每次运行方块都是以这个顺序下落。

为了真正地达到随机的效果，令 rand 的返回值更具有随机性，通常需要为随机数生成器提供新的随机种子。C 语言提供了 srand 函数，srand 函数可以为随机数生成器播撒种子，只要种子不同，rand 函数就会产生不同的随机数序列。srand 函数被称为随机数生成器的初始化器。

srand 函数位于 time.h 头文件当中，所以要使用 srand 函数，必须引用 time.h。

使用 rand 函数获得随机数的步骤可以总结为：

（1）调用 srand(time(NULL))设置随机数种子，初始化随机数；

（2）调用 rand 函数获得一个或一系列随机数。

开始游戏

11.8 开始游戏

11.8.1 开始游戏模块概述

此模块实现了游戏的各种键盘操作和俄罗斯方块的显示。开始游戏后的游戏主窗体界面如图 11-27 所示。

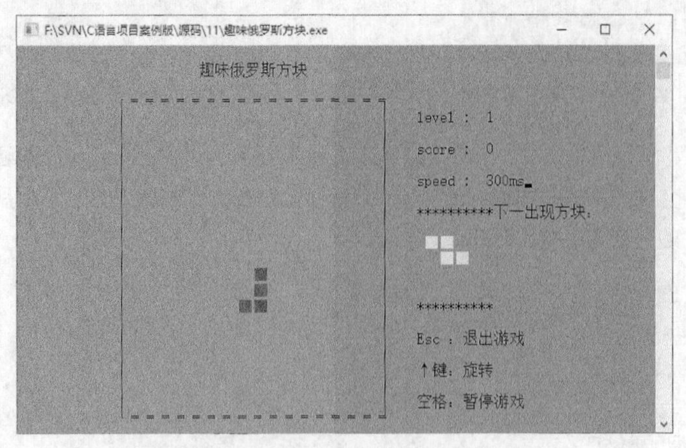

图 11-27　开始游戏后的游戏主窗体界面

本模块主要实现以下四个功能。

（1）显示俄罗斯方块。开始游戏之后，游戏窗口中会从上至下落下俄罗斯方块，而且在右边的“下一出现方块”的预览区，也会显示俄罗斯方块。

（2）各种按键操作。包括方向键、空格键和回车键。

（3）游戏结束界面。一旦方块达到屏幕顶端，即游戏失败，进入游戏结束界面，在此界面中可以选择是重新开始游戏，还是直接退出游戏。

（4）重新开始游戏。游戏失败后，可以选择重新开始游戏。

11.8.2 显示俄罗斯方块

开始游戏之后，俄罗斯方块会显示在游戏窗口和右边的预览区中，如图11-28所示。这两个位置上的方块是有联系的，在预览区中显示的方块类型，就是在游戏窗口中下一个会出现的方块类型。

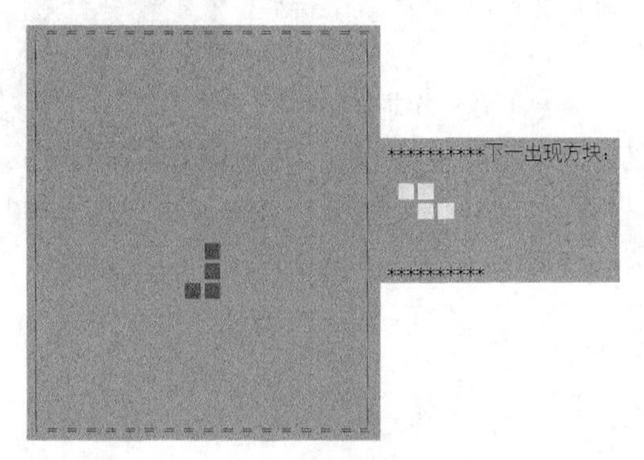

图11-28 显示俄罗斯方块

显示俄罗斯方块的代码如下：

```
/**
 * 开始游戏
 */
void Gameplay()
{
    int n;
    struct Tetris t,*tetris=&t;                     //定义结构体的指针并指向结构体变量
    char ch;                                        //定义接收键盘输入的变量
    tetris->number=0;                               //初始化俄罗斯方块数为0个
    tetris->speed=300;                              //初始移动速度为300ms
    tetris->score=0;                                //初始游戏分数为0分
    tetris->level=1;                                //初始游戏为第1关
    while(1)                                        //循环产生方块，直至游戏结束
    {
        Flag(tetris);                               //得到产生俄罗斯方块类型的序号
        Temp=tetris->flag;                          //记住当前俄罗斯方块序号
        tetris->x=FrameX+2*Frame_width+6;           //获得预览区方块的x坐标
        tetris->y=FrameY+10;                        //获得预览区方块的y坐标
        tetris->flag = tetris->next;                //获得下一个俄罗斯方块的序号
        PrintTetris(tetris);                        //调用打印俄罗斯方块方法
        tetris->x=FrameX+Frame_width;               //获得游戏窗口中心方块x坐标
```

```
        tetris->y=FrameY-1;                        //获得游戏窗口中心方块y坐标
        tetris->flag=Temp;
```

其中预览区中显示的方块类型，就是在游戏窗口中下一个会出现的方块类型，代码为：

```
Temp=tetris->flag;                        //记住当前俄罗斯方块序号
tetris->flag = tetris->next;              //获得下一个俄罗斯方块的序号
tetris->flag=Temp;                        //取出当前的俄罗斯方块序号
```

Temp 为中间变量，借助 Temp 实现交换 tetris->flag（当前方块的序号）和 tetris->next（下一个方块的序号）。这里不能直接 tetris->flag = tetris->next，必须要借助中间变量。

11.8.3 各种按键操作

键盘上有很多按键，如图 11-29 所示。那么在编写程序时，要如何根据键盘按键来控制操作呢？

图 11-29 键盘按键

游戏中俄罗斯方块的左右移动、旋转等都需要通过敲击键盘按键来实现。本程序中，使用 kbhit 函数和 getch 函数来接收键盘按键。

（1）C 语言中可以通过 kbhit 函数来检测当前是否有键盘输入，如果有，返回对应键值，否则返回 0。

函数名：kbhit()

函数原型：int kbhit(void)

返回值：键值或 0

所在头文件： conio.h

（2）getch 函数用来从控制台读取一个字符。

函数名：getch()

函数原型：int getch(void)

返回值：读取的字符

所在头文件：conio.h

先判断是否有键盘输入，有则用 getch 接收。代码如下：

```
if(kbhit())                  //判断是否有键盘输入
{
   ch=getch();               //ch接收键盘的按键
   …
}
```

按下键盘之后，ch=getch()会把该键字符所对应的 ASCII 码赋给 ch。然后程序将 ch 的值和键盘字符的 ASCII 码值进行匹配，比如按下键盘的“↑”键时，方块会发生旋转；按下键盘的空格键时，游戏会暂停。下面介绍一下什么是 ASCII 码。

ASCII 码是基于拉丁字母的一套计算机编码，可以用来表示所有的大写和小写字母、数字 0 到 9、标点符号，以及在美式英语中使用的特殊控制字符。

0~31 及 127（共 33 个）是控制符或通信专用字符（其余为可显示字符）：控制符有 LF（换行）、CR（回车）、FF（换页）、DEL（删除）、BS（退格）、BEL（响铃）等；通信专用字符有 SOH（文头）、EOT（文尾）、ACK（确认）等。ASCII 码值 8、9、10 和 13 分别对应退格、制表、换行和回车字符。它们并没有固定的显示图形，但会依不同的应用程序，而对文本显示有不同的影响。

32~126（共 95 个）是字符（32 是空格），其中 48~57 为 0 到 9 十个阿拉伯数字，65 ~ 90 为 26 个大写英文字母，97~122 为小写英文字母，其余为标点符号、运算符号等。

表 11-3 为 ASCII 码十进制对应表。

表11-3　ASCII码十进制对应表

十进制	字符	十进制	字符	十进制	字符
0	NUL 空字符	44	，逗号	88	大写字母X
1	SOH 标题开始	45	减号/破折号	89	大写字母Y
2	STX 正文开始	46	. 句号	90	大写字母Z
3	ETX 正文介绍	47	/ 斜杠	91	[开方括号
4	EOT 传输结束	48	数字0	92	\ 反斜杠
5	ENQ 请求	49	数字1	93	] 闭方括号
6	ACK 收到通知	50	数字2	94	^ 脱字符
7	BEL 响铃	51	数字3	95	_ 下画线
8	BS 退格	52	数字4	96	` 开单引号
9	HT 水平制表符	53	数字5	97	小写字母a
10	LF 换行	54	数字6	98	小写字母b
11	VT 垂直制表符	55	数字7	99	小写字母c
12	FF 换页	56	数字8	100	小写字母d
13	CR 回车	57	数字9	101	小写字母e
14	SO 不用切换	58	: 冒号	102	小写字母f
15	SI 启用切换	59	; 分号	103	小写字母g
16	DLE 数据链路转义	60	< 小于	104	小写字母h
17	DC1 设备控制1	61	= 等号	105	小写字母i
18	DC2 设备控制2	62	> 大于	106	小写字母j
19	DC3 设备控制3	63	? 问号	107	小写字母k
20	DC4 设备控制4	64	@ 电子邮件符号	108	小写字母l
21	NAK 拒绝接收	65	大写字母A	109	小写字母m
22	SYN 同步空闲	66	大写字母B	110	小写字母n
23	ETB 结束传输块	67	大写字母C	111	小写字母o
24	CAN 取消	68	大写字母D	112	小写字母p
25	EM 媒介结束	69	大写字母E	113	小写字母q
26	SUB 代替	70	大写字母F	114	小写字母r
27	ESC 换码（溢出）	71	大写字母G	115	小写字母s
28	FS 文件分隔符	72	大写字母H	116	小写字母t
29	GS 分组符	73	大写字母I	117	小写字母u
30	RS 记录分隔符	74	大写字母J	118	小写字母v
31	US 单元分隔符	75	大写字母K	119	小写字母w
32	空格	76	大写字母L	120	小写字母x
33	! 叹号	77	大写字母M	121	小写字母y
34	" 双引号	78	大写字母N	122	小写字母z
35	# 井号	79	大写字母O	123	{ 开花括号
36	$ 美元符	80	大写字母P	124	| 垂线
37	% 百分号	81	大写字母Q	125	} 闭花括号
38	& 和号	82	大写字母R	126	~ 波浪号
39	' 闭单引号	83	大写字母S	127	DEL 删除
40	(开括号	84	大写字母T		
41	) 闭括号	85	大写字母U		
42	* 星号	86	大写字母V		
43	+ 加号	87	大写字母W		

通过表 11-3 可以看到，本游戏要用到的按键对应的十进制数如下。

空格键：32。

退出键：27。

方向键：在 ASCII 码表中没有定义，可以通过代码来获得它们的 ASCII 码。

设计按键操作的详细代码如下：

```
//按键操作
  while(1)                                    //控制方块方向，直至方块不再下移
  {
      label:PrintTetris(tetris);              //打印俄罗斯方块
      Sleep(tetris->speed);                   //延缓时间
      CleanTetris(tetris);                    //清除痕迹
      Temp1=tetris->x;                        //记住中心方块横坐标的值
      Temp2=tetris->flag;                     //记住当前俄罗斯方块序号
      if(kbhit())                             //判断是否有键盘输入，有则用ch接收
      {
      ch=getch();
      if(ch==75)                              //按←键则向左动，中心横坐标减2
      {
          tetris->x-=2;
      }
      if(ch==77)                              //按→键则向右动，中心横坐标加2
      {
          tetris->x+=2;
      }
      if(ch==80)                              //按↓键则加速下落
      {
              if(ifMove(tetris)!=0)
              {
                  tetris->y+=2;
              }
              if(ifMove(tetris)==0)
                  {
                      tetris->y=FrameY+Frame_height-2;
              }
      }
      if(ch==72)                              //按↑键则旋转,即当前方块顺时针转90°
      {
          if( tetris->flag>=2 && tetris->flag<=3 )
          {
                  tetris->flag++;
                  tetris->flag%=2;
                  tetris->flag+=2;
          }
          if( tetris->flag>=4 && tetris->flag<=7 )
          {
                  tetris->flag++;
                  tetris->flag%=4;
                  tetris->flag+=4;
          }
          if( tetris->flag>=8 && tetris->flag<=11 )
```

```
    {
            tetris->flag++;
            tetris->flag%=4;
            tetris->flag+=8;
    }
    if( tetris->flag>=12 && tetris->flag<=15 )
    {
            tetris->flag++;
            tetris->flag%=4;
            tetris->flag+=12;
    }
    if( tetris->flag>=16 && tetris->flag<=19 )
    {
            tetris->flag++;
            tetris->flag%=4;
            tetris->flag+=16;
    }
}
if(ch == 32)                                  //按空格键，暂停
{
    PrintTetris(tetris);
    while(1)
    {
            if(kbhit())                       //再按空格键，继续游戏
            {
                ch=getch();
                if(ch == 32)
                {
                goto label;
                }
            }
    }
}
    if(ch == 27)
    {
        system("cls");
        memset(a,0,6400*sizeof(int));  //初始化BOX数组
        welcom();
    }
if(ifMove(tetris)==0)                         //如果不可动，上面操作无效
{
    tetris->x=Temp1;
    tetris->flag=Temp2;
}
else                                          //如果可动，执行操作
{
    goto label;
}
}
tetris->y++;                                  //如果没有操作指令，方块向下移动
if(ifMove(tetris)==0)                         //如果向下移动且不可动，方块放在此处
```

```
        {
        tetris->y--;
        PrintTetris(tetris);
        Del_Fullline(tetris);
        break;
        }
    }
```

上面代码还用到了无条件跳转语句，其格式为：goto 语句标号;。其中语句标号放在某一行语句的前面，标号后面加分号“;”。语句标号起标识语句的作用，与 goto 配合使用，goto 语句可以改变程序流向，转去执行语句标号所标识的语句。

goto 语句通常与条件语句配合使用，可用来实现条件转移、构成循环、跳出循环体等功能。在本程序中，使用到的 goto 语句如下所示：

```
label:PrintTetris(tetris);          //设置goto语句标号label
...
goto label;                         //跳转到label所在代码行
```

只要方块可动，就可一直进行按键操作，goto 语句构成循环。

11.8.4 游戏结束界面

当方块达到屏幕顶端的时候，游戏结束，弹出游戏结束界面。在此界面中，可以选择重新进行游戏，或者直接退出，图 11-30 为游戏结束界面。

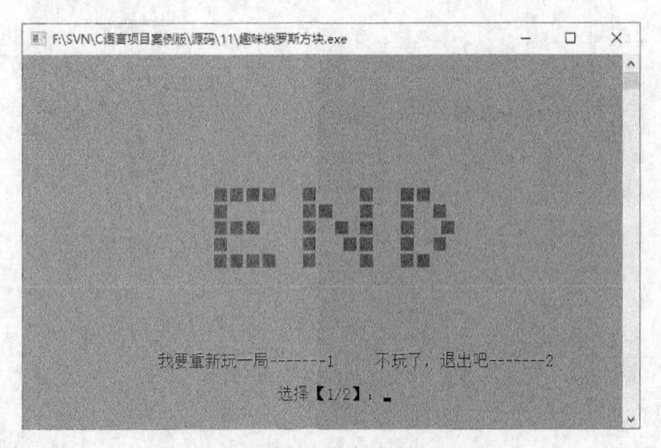

图 11-30 游戏结束界面

设置游戏结束界面的详细代码如下：

```
//游戏结束条件：方块触到框顶位置
for(i=tetris->y-2;i<tetris->y+2;i++)
        {
            if(i==FrameY)
            {
                system("cls");
            gotoxy(29,7);
            printf("  \n");
                color(12);
                printf("\t\t\t■■■■  ■    ■  ■■    \n");
            printf("\t\t\t■        ■■  ■  ■  ■  \n");
            printf("\t\t\t■■■    ■  ■  ■  ■  ■ \n");
                printf("\t\t\t■          ■  ■■  ■  ■  \n");
```

```
                printf("\t\t\t■■■■   ■     ■    ■■     \n");
                gotoxy(17,18);
                color(14);
                printf("我要重新玩一局-------1");
                gotoxy(44,18);
                printf("不玩了，退出吧-------2\n");
                int n;
                gotoxy(32,20);
                printf("选择【1/2】: ");
                color(11);
                scanf("%d", &n);
            switch (n)
            {
                case 1:
                    system("cls");
                    Replay(tetris);         //重新开始游戏
                    break;
                case 2:
                    exit(0);
                    break;
            }
            }
        }
        tetris->flag = tetris->next;        //清除下一个俄罗斯方块的图形(右边窗口)
        tetris->x=FrameX+2*Frame_width+6;
        tetris->y=FrameY+10;
        CleanTetris(tetris);
    }
}
```

11.8.5 重新开始游戏

在游戏结束界面中，如果选择第一个选项“我要重新玩一局”，就会重新开始游戏。重新开始游戏的代码如下：

```
/**
 * 重新开始游戏
 */
void Replay(struct Tetris *tetris)
{
    system("cls");                      //清屏
    memset(a,0,6400*sizeof(int));       //初始化BOX数组，否则不会正常显示方块，导致游戏直接结束
    DrwaGameframe();                    //制作游戏窗口
    Gameplay();                         //开始游戏
}
```

同时修改 **welcom** 方法中的代码，在 switch 语句中加入 **Gameplay** 方法的调用，修改的语句如下：

```
//加入调用Gameplay方法的语句
switch (n)
    {
    case 1:
        system("cls");
        DrwaGameframe();         //制作游戏窗口
```

```
            Gameplay();                         //需要新添加的语句
            break;
        case 2:
            break;
        case 3:
            break;
        case 4:
            break;
    }
```

11.9 游戏按键说明模块

游戏按键说明模块

11.9.1 模块概述

在游戏欢迎界面中选择数字“2”，即可进入游戏按键说明界面，此界面显示了游戏中都有何按键，功能是什么。游戏按键说明界面如图 11-31 所示。

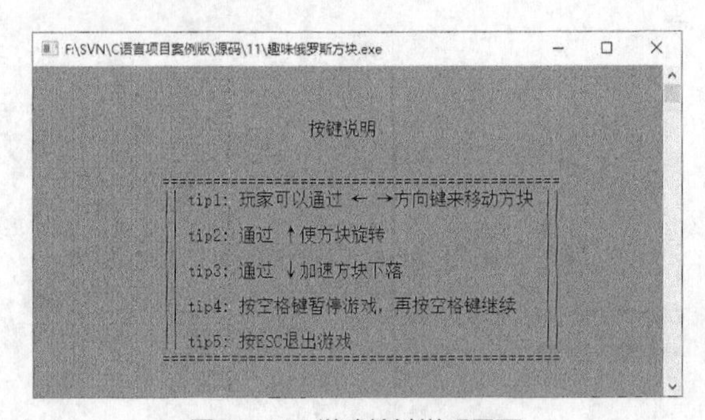

图 11-31 游戏按键说明界面

11.9.2 代码实现

本模块的代码由两部分组成，一部分为绘制边框，另一部分为显示中间的文字说明。代码中首先使用 for 循环嵌套来绘制边框，然后通过 gotoxy 函数和 color 函数来设置其中的文字。程序代码如下：

```
/**
 * 按键说明
 */
void explation()
{
    int i,j = 1;
    system("cls");
    color(13);
    gotoxy(32,3);
    printf("按键说明");
    color(2);
    for (i = 6; i <= 16; i++)           //输出上下边框===
    {
        for (j = 15; j <= 60; j++)   //输出左右边框||
        {
            gotoxy(j, i);
```

```
            if (i == 6 || i == 16) printf("=");
            else if (j == 15 || j == 59) printf("||");
        }
     }
    color(3);
    gotoxy(18,7);
    printf("tip1: 玩家可以通过← →方向键来移动方块");
    color(10);
    gotoxy(18,9);
    printf("tip2: 通过↑使方块旋转");
    color(14);
    gotoxy(18,11);
    printf("tip3: 通过↓加速方块下落");
    color(11);
    gotoxy(18,13);
    printf("tip4: 按空格键暂停游戏，再按空格键继续");
    color(4);
    gotoxy(18,15);
    printf("tip5: 按ESC退出游戏");
    getch();                        //按任意键返回主界面
    system("cls");
    main();
}
```

同时修改 **welcom** 方法中的代码，在 switch 语句中加入 **explation** 方法的调用，修改的语句如下：

```
//加入调用explation方法的语句
    switch (n)
    {
     case 1:
         system("cls");
         DrwaGameframe();          //制作游戏窗口
             Gameplay();           //开始游戏
         break;
     case 2:
         explation();              //需要新添加的语句
         break;
     case 3:
         break;
     case 4:
         break;
    }
```

11.10 游戏规则介绍模块

游戏规则介绍模块

11.10.1 模块概述

在游戏欢迎界面中选择数字“3”，即可进入游戏规则介绍界面，此界面显示了游戏规则。游戏规则介绍界面如图 11-32 所示。

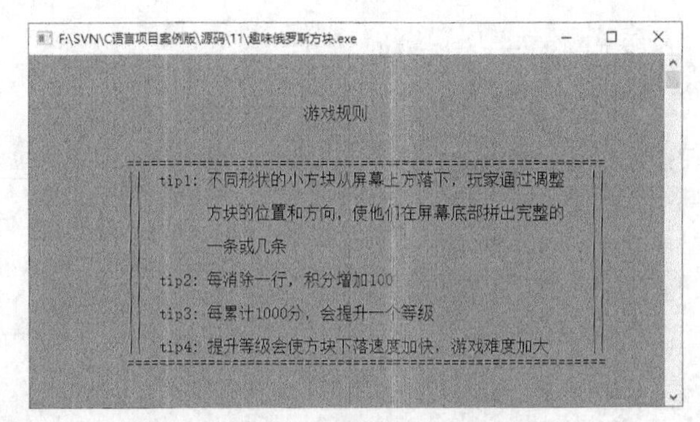

图 11-32　游戏规则介绍界面

11.10.2　代码实现

本模块和按键说明界面的代码一样，由两部分组成，一部分为绘制边框，另一部分为显示中间的文字说明。程序代码如下：

```
/**
 * 游戏规则
 */
void regulation()
{
     int i,j = 1;
    system("cls");
    color(13);
    gotoxy(34,3);
    printf("游戏规则");
    color(2);
    for (i = 6; i <= 18; i++)          //输出上下边框===
     {
         for (j = 12; j <= 70; j++)  //输出左右边框||
         {
             gotoxy(j, i);
             if (i == 6 || i == 18) printf("=");
             else if (j == 12 || j == 69) printf("||");
         }
     }
    color(12);
    gotoxy(16,7);
    printf("tip1: 不同形状的小方块从屏幕上方落下，玩家通过调整");
    gotoxy(22,9);
    printf("方块的位置和方向，使他们在屏幕底部拼出完整的");
    gotoxy(22,11);
    printf("一条或几条");
    color(14);
    gotoxy(16,13);
    printf("tip2: 每消除一行，积分涨100");
    color(11);
    gotoxy(16,15);
    printf("tip3: 每累计1000分，会提升一个等级");
```

```
    color(10);
    gotoxy(16,17);
    printf("tip4: 提升等级会使方块下落速度加快，游戏难度加大");
     getch();                  //按任意键返回主界面
     system("cls");
     welcom();
}
```

同时修改 **welcom** 方法中的代码，在 switch 语句中加入 **regulation** 方法的调用，修改的语句如下：

```
    //加入调用regulation方法的语句
    switch (n)
    {
     case 1:
         system("cls");
         DrwaGameframe();                  //制作游戏窗口
             Gameplay();                   //开始游戏
         break;
     case 2:
         explation();                      //按键说明函数
         break;
     case 3:
         regulation();                     //需要新添加的语句
         break;
     case 4:
         break;
    }
```

11.11 退出游戏

在游戏欢迎界面中选择数字“4”，即可退出游戏。

程序代码如下：

```
/**
*  退出
*/
void close()
{
  exit(0);
}
```

同时修改 **welcom** 方法中的代码，在 switch 语句中加入 **close** 方法的调用，修改的语句如下：

```
//加入调用close方法的语句
    switch (n)
    {
     case 1:
         system("cls");
         DrwaGameframe();                  //制作游戏窗口
             Gameplay();                   //开始游戏
         break;
     case 2:
         explation();                      //按键说明函数
         break;
```

```
    case 3:
        regulation();                    //游戏规则函数
        break;
    case 4:
         close();                        //需要新添加的语句
        break;
  }
```

至此，趣味俄罗斯方块游戏的全部代码已经编写完毕。

小 结

本章通过开发一个完整的游戏程序，帮助读者逐步了解了程序的输入输出、循环控制，熟悉了函数的声明、定义和调用，掌握了开发应用程序的基本思路和技巧。对读者来说，这是一次全方位的学习体验。通过本章的学习，读者能在以下四个方面获得巨大提升：

- ❑ 掌握严谨的工程命名规范和代码书写规范；
- ❑ 学会使用开发项目必须掌握的选择结构和循环控制；
- ❑ 掌握常用方法的定义和所在文件包，以及灵活运用的技巧；
- ❑ 获得解决编程中出现的常见错误的能力。

PART12

第12章

防空大战游戏——C+容器+获取键盘按键实现

防空大战游戏是使用 Visual Studio 2017 开发环境配合 EasyX 图形库插件开发完成的。本游戏为操控一台防空车射击飞过的 3 种飞机，防空车每击中 1 架飞机，就会得 1 分，相反飞机每击中防空车 1 次，防空车的生命值就会减 1，当防空车的生命值为 0 时，游戏终止，自动弹出对话框显示得分情况。为了增加趣味性，游戏还添加了背景音乐和防空车击中飞机的音效。

本章知识要点

- EasyX 图形库的使用
- 如何用程序加载图片
- 随机函数的使用
- 定义结构体
- 如何定义全局变量
- 容器和迭代器

12.1 需求分析

现如今，手机游戏是比较受欢迎的，射击类游戏更是深受男生喜爱。本章利用 C 语言来实现一个射击类游戏——防空大战游戏。本游戏要求支持用键盘向左、向右键来控制防空车的位置，用空格键来控制防空导弹的发射，而飞机的速度和炸弹的速度可以使用程序控制，出现的飞机类型用随机函数控制。

12.2 系统设计

12.2.1 系统目标

防空大战游戏应达到以下目标：

（1）控制防空车位置；

（2）发射防空导弹；

（3）显示生命值和得分情况；

（4）播放背景音乐；

（5）播放击中音效。

12.2.2 构建开发环境

系统开发平台：Visual Studio 2017。

图形库插件：EasyX。

系统开发语言：C 语言。

运行平台：Windows 7（SP1）/ Windows 8/Windows 8.1/Windows 10。

12.2.3 系统功能结构

防空大战游戏的系统功能结构如图 12-1 所示。

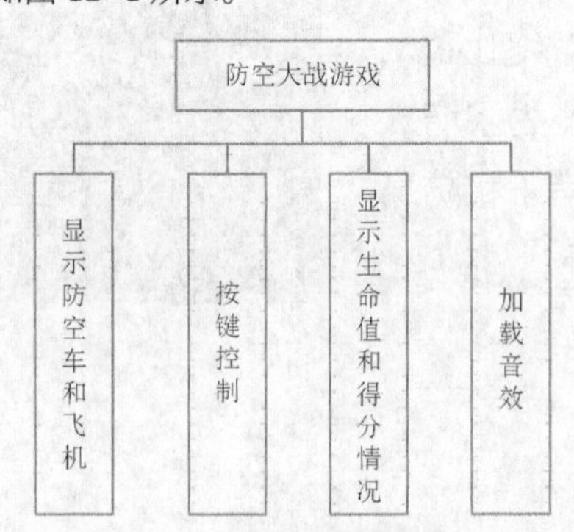

图 12-1 防空大战游戏系统功能结构

12.2.4 业务流程图

防空大战游戏的业务流程图如图 12-2 所示。

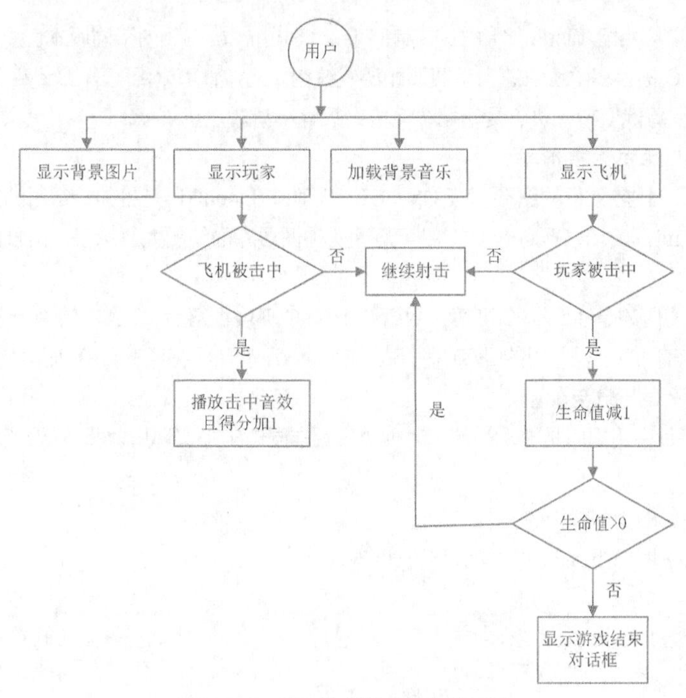

图 12-2　防空大战游戏业务流程图

12.2.5　系统预览

防空大战游戏的游戏主界面如图 12-3 所示。

防空大战游戏结束就会弹出对话框，如图 12-4 所示。

图 12-3　游戏主界面

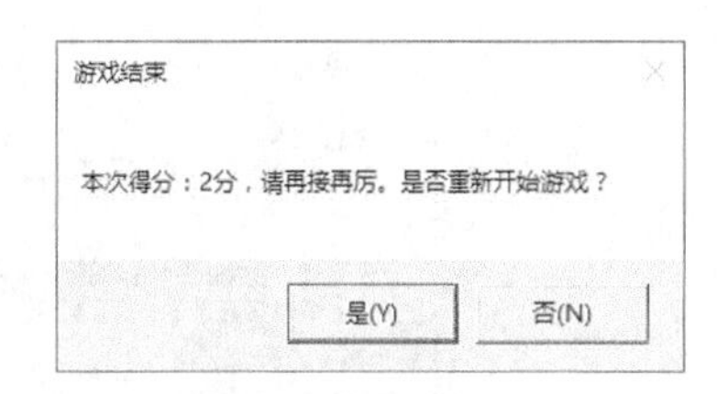

图 12-4　游戏结束对话框

12.3　技术准备

12.3.1　EasyX 图形库

1. EasyX 图形库简介

EasyX 是一款简单、易用的图形库，以教育为目的时可以免费试用，最新版本可以从 EasyX 官方网站下载。EasyX 图形库可以应用于 Visual C++ 6.0 或者 Visual Studio（VS）的不同版本。

EasyX 可以帮助 C 语言初学者快速上手图形和游戏编程。例如，可以用 VS+ EasyX 画一架飞机，或者一个跑步的人，也可以编写俄罗斯方块、贪吃蛇、飞机大战等小游戏。

2. 为什么要使用 EasyX 图形库

除了 EasyX 以外，比较常用的图形库有 OpenGL 和 QT。OpenGL 是目前最常用的图形库，主流语言是 C++、Java、JavaScript、C#和 Objective-C。可是这两种图形库的绘图太复杂了，而且图形编程对数学水平要求很高。

早期 C 语言编程使用的是 Turbo C 环境，尽管 Turbo C 环境很落后，但是它的图形库是十分优秀的。

现在，编译 C 语言程序主要使用的是 VC++ 6.0 或者 VS，于是就有了 EasyX 库。

3. EasyX 图形库的下载与配置

要想在 VS（本项目中用到的是 VS 2017，其他 VS 版本同理）上实现用 EasyX 绘图，首先需要下载并且配置好这个图形库。

下载 EasyX 安装包的步骤如下。

（1）在 EasyX 官方网站下载图形库安装包，如图 12-5 所示。

图 12-5 下载 EasyX 安装包

（2）双击下载好的安装包，单击“下一步”按钮，安装向导如图 12-6 所示。

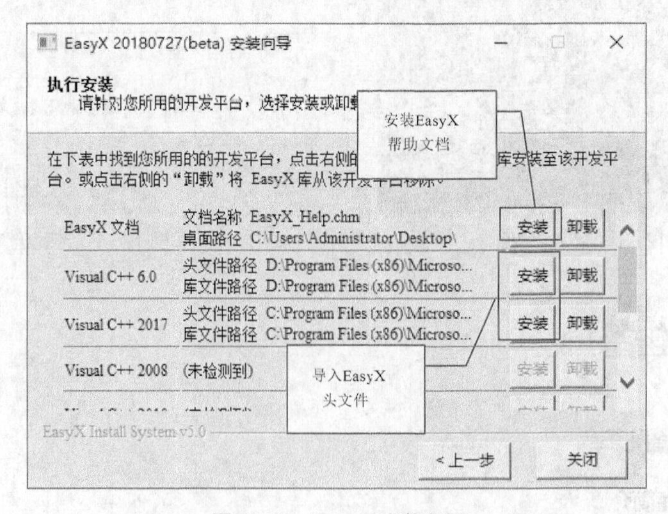

图 12-6 EasyX 安装向导

安装向导会自动搜索本地安装的 VC/VS 版本，直接单击“安装”按钮，相关头文件会自动导入到相关头文件目录中，然后单击“关闭”按钮，即可完成 EasyX 的安装。

说明

EasyX 的帮助文档对 EasyX 图形库的学习很有帮助，可以通过帮助文档查询一些常用的绘图函数，如图 12-7 所示。

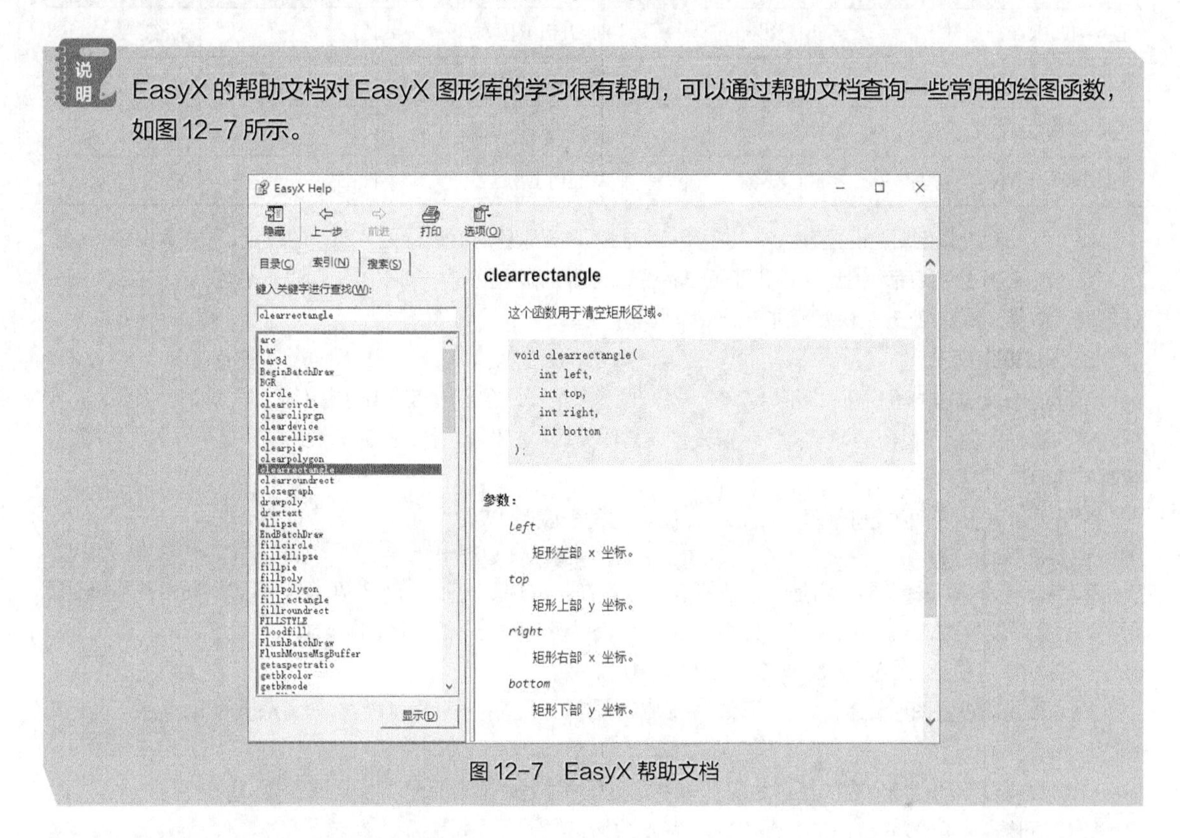

图 12-7　EasyX 帮助文档

12.3.2　使用 EasyX 库中主要函数

EasyX 图形库简单来说也是一个函数库，本项目用到了很多 EasyX 的绘图函数，这些函数都定义在 easyx.h 头文件中。下面介绍本项目用到的函数。

1. 设置颜色

EasyX 可以设置颜色，设置颜色的函数如下。

setlinecolor(c);：设置线条颜色。

setfillcolor(c);：设置填充颜色。

setbkcolor(c);：设置背景颜色。

setcolor(c);，设置前景颜色。

颜色的设置可以使用常量，颜色的常量值如表 12-1 所示。

表 12-1　颜色的常量值

颜 色 常 量	数　值	含　义	颜 色 常 量	数　值	含　义
BLACK	0	黑色	RED	4	红色
BLUE	1	蓝色	MAGENTA	5	洋红
GREEN	2	绿色	BROWN	6	棕色
CYAN	3	青色	LIGHTGRAY	7	淡灰

续表

颜色常量	数　值	含　义	颜色常量	数　值	含　义
DARKGRAY	8	深灰	LIGHTRED	12	淡红
LIGHTBLUE	9	深蓝	LIGHTMAGENTA	13	淡洋红
LIGHTGREEN	10	淡绿	YELLOW	14	黄色
LIGHTCYAN	11	淡青	WHITE	15	白色

除了可以使用颜色常量设置颜色外，也可以通过 RGB 三原色的值进行更多颜色的设定，形式为 RGB(r, g, b)。其中 r、g、b 分别表示红色、绿色和蓝色，范围都是 0～255，例如，RGB(0,0,0)表示黑色，RGB(255,255,255)表示白色，RGB(255,0,0)表示红色。

2．模式的初始化

不同的显示适配器有不同的图形分辨率。同一显示适配器，在不同模式下也有不同的分辨率。因此，在作图之前，必须根据显示适配器种类将显示器设置成某种模式，在设置之前，计算机系统默认显示器为文本模式，此时所有图形函数均不能工作。

设置显示器为图形模式可使用函数 initgraph，它的一般形式为：

```
initgraph(int *gdriver, int *gmode, char *path);
```

gdriver 表示图形驱动器，它是一个整型值，常用的是 EGA、VGA、PC3270 等。有时编程者并不知道所用的显示适配器种类，这时也不用急，因为 Turbo C 提供了一种简单的方法，即 gdriver= DETECT 语句后跟 initgraph 函数自动检测显示器硬件并初始化图形界面。

gmode 用来设置图形显示模式，不同的图形驱动程序有不同的图形显示模式，一个图形驱动程序下也有几种图形显示模式。

path 是图形驱动程序所在的目录路径。如果驱动程序在用户当前目录下，则该参数可以为空。

退出图形模式函数为 closegraph，它的一般形式为：

```
closegraph(void);
```

使用该函数可退出图形模式而进入文本模式，并释放用于保存图形驱动程序和字体的系统内存。

3．JPG 格式图片加载

加载 JPG 格式图片使用 loadimage 函数。loadimage 函数有两种方式加载图片，一种是从文件中读取图像，一般格式如下：

```
Loadimage(IMAGE* pDstImg, LPCTSTR pImgFile);
```

IMAGE* pDstImg：保存图像的 IMAGE 对象指针。如果为 NULL，表示图片将读取至绘图窗口。

LPCTSTR pImgFile：图片文件名。

例如，要加载图片在 C 盘，读取图片的主要代码如下：

```
initgraph(640, 480);

IMAGE img;                          // 定义 IMAGE 对象
loadimage(&img, "C:\\test.jpg");    // 读取图片到对象img中
```

loadimage 函数的另一种加载图片方式是从资源文件中获取图像，一般格式如下：

```
Loadimage(IMAGE* pDstImg, LPCTSTR pResType, LPCTSTR pResName );
```

IMAGE* pDstImg：保存图像的 IMAGE 对象指针。如果为 NULL，表示图片将读取至绘图窗口。

LPCTSTR pResType：资源类型。

LPCTSTR pResName：资源名称。

例如，加载资源图片主要代码如下：

```
initgraph(640, 480);
IMAGE img;
loadimage(&img, _T("IMAGE"), _T("Player"));
```

12.3.3 Visual Studio 2017 的使用

本项目所使用的开发环境与前几章不同，是 Visual Studio 2017。本节就来介绍怎样使用 Visual Studio 2017 创建项目，主要步骤如下。

（1）下载、安装好 Visual Studio 2017 开发环境后，在计算机的“开始”菜单中找到 Visual Studio 2017 的图标，单击打开 Visual Studio 2017。

（2）在 Visual Studio 2017 欢迎界面的左上角依次单击“文件”→“新建”→“项目”选项，如图 12-8 所示，或者按组合键 Ctrl+Shift+N，进入新建项目对话框。

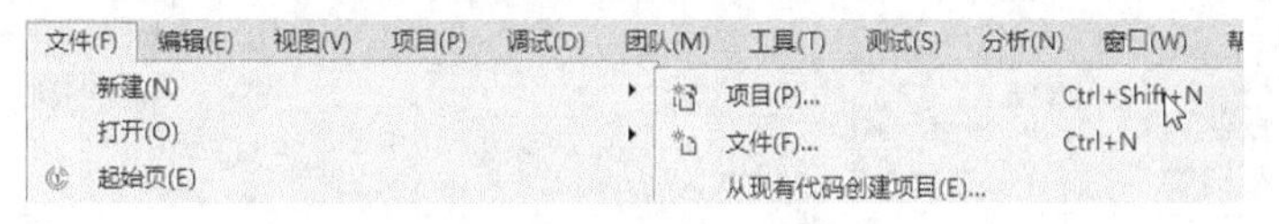

图 12-8　新建一个项目

（3）在新建项目对话框中创建文件夹，操作过程如图 12-9 所示。

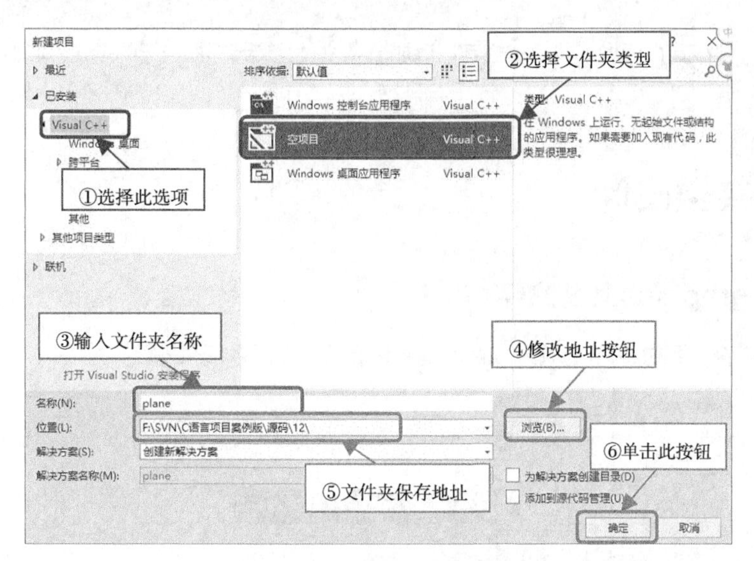

图 12-9　创建文件夹的操作过程

（4）选择“解决方案资源管理器”中的源文件，右键单击“源文件”，选择“添加”中的“新建项”，如图 12-10 所示，或者使用组合键 Ctrl+Shift+A，进入添加新项对话框。

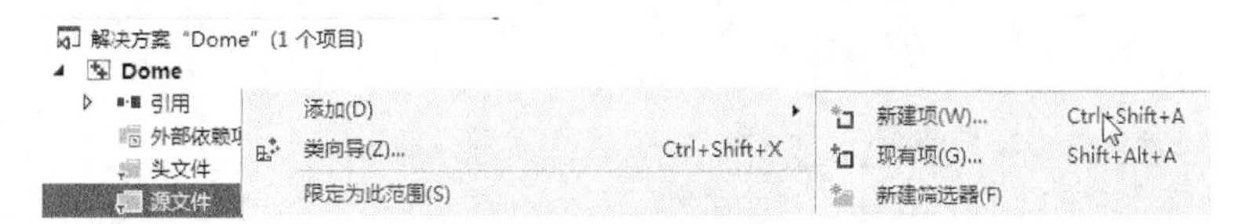

图 12-10　添加新项

（5）添加新项的操作过程如图 12-11 所示。

“位置”文本框中是文件的保存地址，这里默认使用步骤（3）创建的文件夹的位置，不做更改。

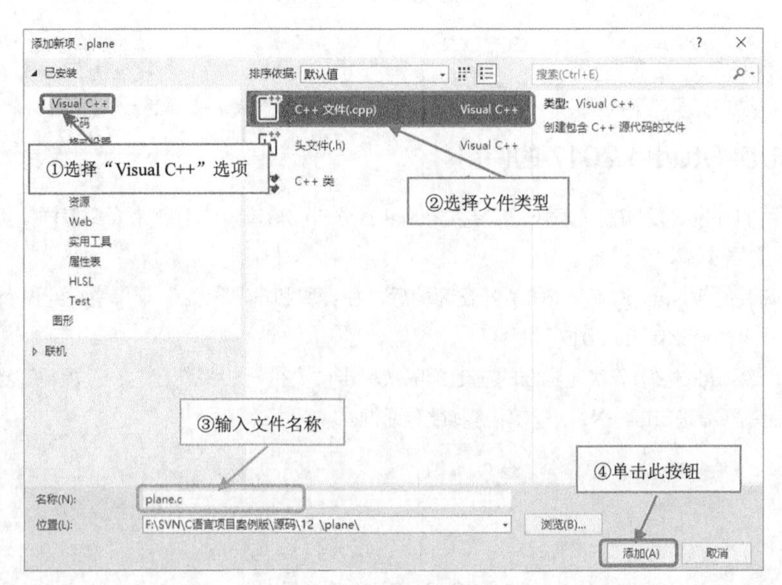

图 12-11　添加新项的操作过程

步骤（5）不仅可以添加.c 文件，还可以添加.h 头文件，读者根据自己的需要添加文件即可。

12.4　公共类设计

12.4.1　创建 graphics.h 头文件

本项目自定义了一个头文件，头文件的名字是 graphics.h，如图 12-12 所示。

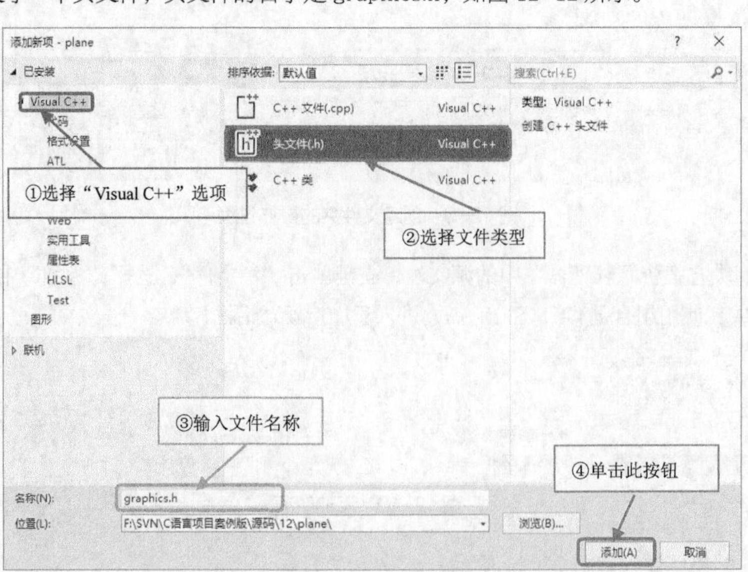

图 12-12　添加头文件 graphics.h 的操作过程

创建完成之后，在头文件 graphics.h 中添加如下代码。

（1）初始化图像窗口代码如下：

```
#include <easyx.h>
// BGI 格式的初始化图形设备，默认 640 x 480
HWND initgraph(int* gdriver, int* gmode, char* path);

void bar(int left, int top, int right, int bottom);   // 画无边框填充矩形
void bar3d(int left, int top, int right, int bottom, int depth, bool topflag); // 画有边框三维填充矩形

void drawpoly(int numpoints, const int *polypoints);  // 画多边形
void fillpoly(int numpoints, const int *polypoints);  // 画填充的多边形

int getmaxx();                                        // 获取最大的宽度值
int getmaxy();                                        // 获取最大的高度值

COLORREF getcolor();                                  // 获取当前绘图前景色
void setcolor(COLORREF color);                        // 设置当前绘图前景色

void setwritemode(int mode);                          // 设置前景的二元光栅操作模式
```

（2）使用接口函数代码如下：

```
#if _MSC_VER > 1200
#define _EASYX_DEPRECATE(_NewFunc) __declspec(deprecated("This function is deprecated. Instead, use this new function: " #_NewFunc ". See https://docs.easyx.cn/#" #_NewFunc " for details."))
#define _EASYX_DEPRECATE_OVERLOAD(_Func) __declspec(deprecated("This overload is deprecated. See https://docs.easyx.cn/#" #_Func " for details."))
#else
#define _EASYX_DEPRECATE(_NewFunc)
#define _EASYX_DEPRECATE_OVERLOAD(_Func)
#endif
```

（3）设置字体样式代码如下：

```
_EASYX_DEPRECATE(settextstyle) void setfont(int nHeight, int nWidth, LPCTSTR lpszFace);
_EASYX_DEPRECATE(settextstyle) void setfont(int nHeight, int nWidth, LPCTSTR lpszFace, int nEscapement, int nOrientation, int nWeight, bool bItalic, bool bUnderline, bool bStrikeOut);
_EASYX_DEPRECATE(settextstyle) void setfont(int nHeight, int nWidth, LPCTSTR lpszFace, int nEscapement, int nOrientation, int nWeight, bool bItalic, bool bUnderline, bool bStrikeOut, BYTE fbCharSet, BYTE fbOutPrecision, BYTE fbClipPrecision, BYTE fbQuality, BYTE fbPitchAndFamily);
_EASYX_DEPRECATE(settextstyle) void setfont(const LOGFONT *font);  // 设置当前字体样式
_EASYX_DEPRECATE(gettextstyle) void getfont(LOGFONT *font);        // 获取当前字体样式

// 以下填充样式不再使用，新的填充样式参见帮助文件
#define  NULL_FILL      BS_NULL
#define  EMPTY_FILL     BS_NULL
#define  SOLID_FILL     BS_SOLID
// 普通一组
#define  BDIAGONAL_FILL BS_HATCHED, HS_BDIAGONAL  // /// 填充 (对应 BGI 的 LTSLASH_FILL)
#define CROSS_FILL      BS_HATCHED, HS_CROSS      // +++ 填充
#define DIAGCROSS_FILL  BS_HATCHED, HS_DIAGCROSS  // xxx 填充 (heavy cross hatch fill) (对应 BGI 的 XHTACH_FILL)
```

```
    #define DOT_FILL        (BYTE*)"\x80\x00\x08\x00\x80\x00\x08\x00" // xxx 填充 (对应 BGI 的WIDE_DOT_FILL)
    #define FDIAGONAL_FILL  BS_HATCHED, HS_FDIAGONAL  // \\\ 填充
    #define HORIZONTAL_FILL BS_HATCHED, HS_HORIZONTAL // === 填充
    #define VERTICAL_FILL   BS_HATCHED, HS_VERTICAL   // ||| 填充
    // 密集一组
    #define BDIAGONAL2_FILL  (BYTE*)"\x44\x88\x11\x22\x44\x88\x11\x22"
    #define CROSS2_FILL      (BYTE*)"\xff\x11\x11\x11\xff\x11\x11\x11" // (对应 BGI 的 fill HATCH_FILL)
    #define DIAGCROSS2_FILL  (BYTE*)"\x55\x88\x55\x22\x55\x88\x55\x22"
    #define DOT2_FILL        (BYTE*)"\x88\x00\x22\x00\x88\x00\x22\x00" // (对应 BGI 的 CLOSE_DOT_FILL)
    #define FDIAGONAL2_FILL  (BYTE*)"\x22\x11\x88\x44\x22\x11\x88\x44"
    #define HORIZONTAL2_FILL (BYTE*)"\x00\x00\xff\x00\x00\x00\xff\x00"
    #define VERTICAL2_FILL   (BYTE*)"\x11\x11\x11\x11\x11\x11\x11\x11"
    // 粗线一组
    #define BDIAGONAL3_FILL  (BYTE*)"\xe0\xc1\x83\x07\x0e\x1c\x38\x70" // (对应 BGI 的 SLASH_FILL)
    #define CROSS3_FILL      (BYTE*)"\x30\x30\x30\x30\x30\x30\xff\xff"
    #define DIAGCROSS3_FILL  (BYTE*)"\xc7\x83\xc7\xee\x7c\x38\x7c\xee"
    #define DOT3_FILL        (BYTE*)"\xc0\xc0\x0c\x0c\xc0\xc0\x0c\x0c"
    #define FDIAGONAL3_FILL  (BYTE*)"\x07\x83\xc1\xe0\x70\x38\x1c\x0e"
    #define HORIZONTAL3_FILL (BYTE*)"\xff\xff\x00\x00\xff\xff\x00\x00" // (对应 BGI 的 LINE_FILL)
    #define VERTICAL3_FILL   (BYTE*)"\x33\x33\x33\x33\x33\x33\x33\x33"
    // 其他
    #define INTERLEAVE_FILL  (BYTE*)"\xcc\x33\xcc\x33\xcc\x33\xcc\x33" // (对应 BGI 的 INTERLEAVE_FILL)
```

12.4.2 源文件公共类设计

1. 添加函数库

在完整的源文件中不仅需要引入 12.4.1 节自定义的函数库，也要引入其他的函数库，防空大战游戏所引用的函数库具体代码如下：

```
    #include <graphics.h>                          //引入函数库
    #include <vector>
    #include <time.h>
    #include <math.h>
    #include <mmsystem.h>
    #pragma comment(lib,"winmm.lib")
    #pragma comment (lib,"MSIMG32.lib")
    using namespace std;
    using std::vector;                             //引用容器
```

2. 函数声明

防空大战游戏所使用的函数需要事先声明，具体的函数声明代码如下：

```
    void setpicture(int x, int y, IMAGE img);      // 设计透明贴图
    void sleep(int ms);                            // 精确延时
    bool collision(int x1, int y1, int w1, int h1, int x2, int y2, int w2, int h2);// 矩形碰撞检测
    void createmissibles();                        //创建防空导弹
    void createplane();                            //创建飞机
    void loadpicture();                            // 加载图片资源
    void drawing();                                //每帧绘图
    int startGame();                               //开始游戏
```

3. 全局变量定义

下面定义的是本程序中使用到的全局变量，具体代码如下：

```
int playerx = 0;                                    //玩家的x坐标
int playery = 333;                                  //玩家的y坐标
int firereload = 5;                                 //装弹剩余时间
int strength = 50;                                  //玩家生命值
int score = 0;                                      //玩家得分
```

4. 图片对象声明以及宏定义

想要加载图片，需要定义图像对象，本程序需要定义的图像对象具体代码如下：

```
IMAGE buffer(500, 400);                             //IMAGE图片尺寸
IMAGE background;                                   //背景图片
IMAGE player;                                       //玩家图片
IMAGE missible;                                     //防空导弹图片
IMAGE planes[3];                                    //3种飞机图片
IMAGE planebomb;                                    //炸弹图片
```

本游戏要使用键盘上的按键来控制玩家的位置以及防空导弹的发射，需要以下的宏定义：

```
#define KEY_DOWN(vk_c) (GetAsyncKeyState(vk_c)&0x8000?1:0)    //设置按键
```

12.5 游戏主窗体设计

游戏主窗体设计

12.5.1 模块概述

游戏的主窗体包含背景图片、防空车图片、3 种飞机图片、炸弹图片以及防空导弹图片，如图 12-13 所示。

图 12-13 游戏主窗体

12.5.2 创建防空导弹

准备防空导弹图片资源，然后在 Visual Studio 2017 创建的文件中导入资源文件，步骤如下。

（1）在菜单中依次单击“项目”→“添加资源”选项，如图 12-14 所示。

（2）单击“添加资源”后，自动跳到图 12-15 所示的对话框。

（3）在添加资源对话框中单击“导入”，然后在本地文件夹中找到要导入的防空导弹图片，如图 12-16 所示。

（4）双击图片之后，就会出现图 12-17 所示的对话框，在“资源类型”文本框中写上“IMAGE”，单击“确

定”按钮，就会在项目中看到增加了一个资源，然后在资源上单击右键选择属性，修改 ID 为“MISS”。

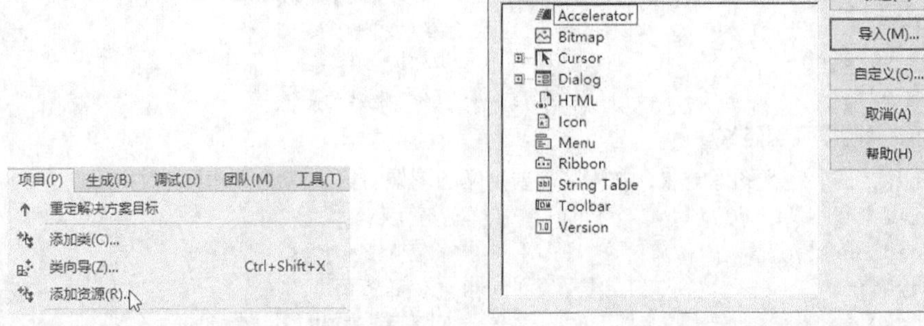

图 12-14　添加资源　　　　图 12-15　添加资源对话框

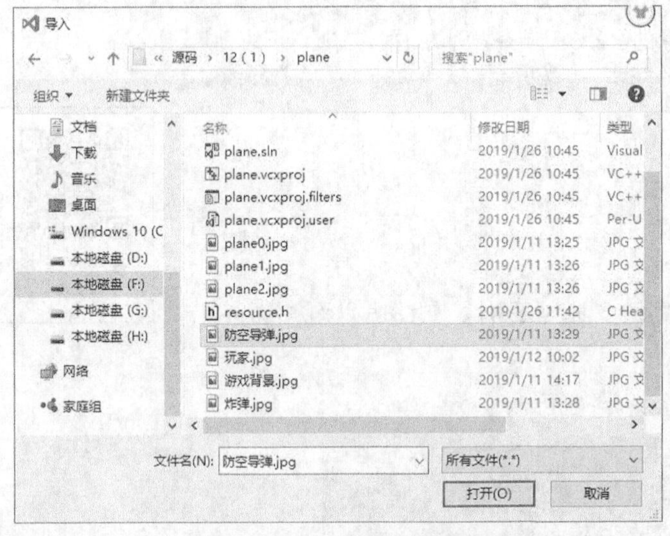

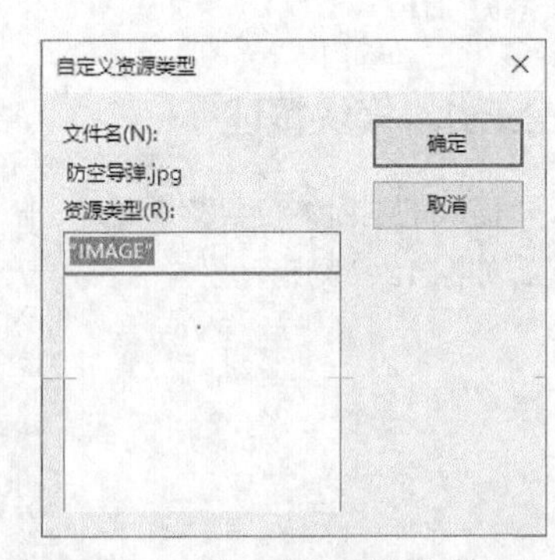

图 12-16　导入防空导弹图片　　　　图 12-17　自定义资源类型对话框

（5）添加完资源之后，接下来在源文件中编写创建防空导弹的代码，具体代码如下：

```
// 玩家防空导弹坐标
struct PLAYERMISSIBLE
{
    int x;
    int y;
};

//声明防空导弹容器
vect or<PLAYERMISSIBLE> miss;

// 创建一颗防空导弹
void createmissibles()
{
    PLAYERMISSIBLE playermiss;
    playermiss.x = playerx + 12;
    playermiss.y = playery - 4;
```

```
    miss.push_back(playermiss);
}
```

12.5.3 创建炸弹

1. 添加资源

添加资源步骤与 12.5.2 节添加防空导弹资源相同，找到图片之后双击图片，会出现图 12-18 所示的对话框，在“资源类型”文本框中写上“IMAGE”，单击“确定”按钮，就会在项目中看到增加了一个资源，然后在资源上单击右键选择属性，修改 ID 为“BOMB”。

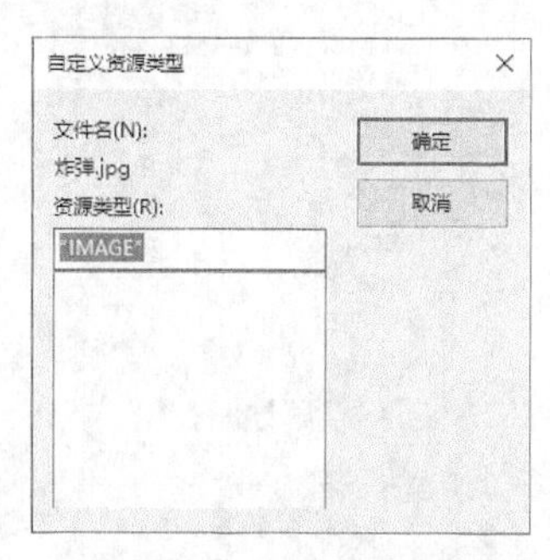

图 12-18 导入炸弹资源

2. 代码实现

添加完资源之后，接下来在源文件中编写创建炸弹的代码，具体代码如下：

```
// 炸弹
struct BOMB
{
    int x;
    int y;
};

//声明炸弹容器
vector<BOMB> bomb;

// 创建一颗炸弹
void createbomb(PLANE p)
{
    BOMB b;
    b.x = p.x + threeplane[p.type].width / 2 - 4;
    b.y = p.y + threeplane[p.type].height+2;
    bomb.push_back(b);
}
```

12.5.4 创建飞机

1. 添加资源

添加资源步骤与 12.5.2 节添加防空导弹资源相同，找到图片之后双击图片，会出现类似图 12-18 所示的对话框，在“资源类型”文本框中写上“IMAGE”，单击“确定”按钮，就会在项目中看到增加了一个资源，然后在资源上单击右键选择属性，修改 ID 为“PLANE0”。如此反复，将 3 种飞机都添加为 IMAGE 类型，将 ID 分别改为“PLANE0”“PLANE1“PLANE2”。

2. 代码实现

添加完资源之后，接下来在源文件中编写创建飞机的代码，具体代码如下：

```
// 飞机类型
struct THREEPLANE
{
    int speed;  // 飞机速度
    int width;  // 飞机宽度
    int height; // 飞机高度
} threeplane[3] = { {15,85,25},{12,79,22},{8,100,45} };
```

```
// 飞机
struct PLANE
{
    int x;
    int y;
    int type;
    int reload;                    // 还有多少帧重新扔炸弹
};

  //声明飞机容器
vector<PLANE> plane;

// 创建一架飞机
void createplane()
{
    PLANE newplane;
    newplane.x = 500;
    newplane.y = rand() % 100 +40;
    newplane.type = rand() % 3;
    newplane.reload = 10;          // 炸弹发射间隔10帧
    plane.push_back(newplane);
}
```

12.5.5 加载图片

1. 添加资源

前面已经添加了防空导弹、炸弹，以及 3 种类型飞机的图片，还有背景图片和防空车图片没有添加，按照 12.5.2 节的步骤添加背景图片资源和玩家图片资源，添加之后分别修改 ID 为“BG”和“PLAYER”。

2. 代码实现

添加完资源之后，在源文件中编写加载图片代码，具体代码如下：

```
// 设计透明图片函数
void setpicture(int x, int y, IMAGE img)
{

    HDC dstDC = GetImageHDC(&buffer);    //获取图片缓冲区
    HDC srcDC = GetImageHDC(&img);       //获取图片资源
    //对指定的源设备环境中的矩形区域进行位块转换
    TransparentBlt(dstDC, x, y, img.getwidth(), img.getheight(), srcDC, 0, 0, img.getwidth(),
img.getheight(), RGB(40, 112, 162));
}
// 加载图片资源
void loadpicture()
{

    loadimage(&background, "IMAGE", "BG");
    loadimage(&player, "IMAGE", "PLAYER");
    loadimage(&planebomb, "IMAGE", "BOMB");
    loadimage(&missible, "IMAGE", "MISS");
    char filename[10];
```

```
    for (int i = 0; i < 3; i++)
    {
        sprintf_s(filename, "PLANE%d", i);
        loadimage(&planes[i], "IMAGE", filename);
    }
}
```

12.5.6 绘图设计

创建完本游戏需要的资源，接下来需要在控制台上显示，具体绘图代码如下：

```
// 绘图设计
void drawing()
{
    char info[25];
    SetWorkingImage(&buffer);                                  // 先在缓冲区绘图
    putimage(0, 0, &background);
    setpicture(playerx, playery, player);                      // 显示防空车
    vector<PLAYERMISSIBLE>::iterator it1;
    vector<PLANE>::iterator it2;
    vector<BOMB>::iterator it3;
    for (it1 = miss.begin(); it1 != miss.end(); it1++)
    {
        setpicture(it1->x, it1->y, missible);                  // 显示防空导弹
    }
    for (it2 = plane.begin(); it2 != plane.end(); it2++)
    {
        setpicture(it2->x, it2->y, planes[it2->type]);         // 显示飞机
    }
    for (it3 = bomb.begin(); it3 != bomb.end(); it3++)
    {
        setpicture(it3->x, it3->y, planebomb);                 // 显示炸弹
    }
       SetWindowText(GetHWnd(), "防空大战"); //设置窗口标题文字，GetHWnd获取窗口句柄
       putimage(0, 0, &buffer);     // 把缓冲区绘图内容一次性绘制上去，这样能消除闪烁
}
```

12.6 碰撞检测设计

碰撞检测设计

12.6.1 模块概述

本游戏的主要计分点就是防空车发射的防空导弹与飞机发生碰撞，一旦发生这样的碰撞，玩家就会得1分；而生命值也是通过碰撞来减分，一旦炸弹与防空车发生碰撞，生命值就会减1，直到生命值为0，游戏结束。由此看来碰撞检测是计分的重要依据。

12.6.2 代码实现

本程序的碰撞检测的具体代码如下：

```
// 矩形碰撞检测函数
bool collision(int x1, int y1, int w1, int h1, int x2, int y2, int w2, int h2)
```

```
    {
        if ((abs((x1 + w1 / 2) - (x2 + w2 / 2)) < (w1 + w2) / 2) && abs((y1 + h1 / 2) - (y2 + h2 / 2)) < (h1 + h2) / 2)
        {
            return true;
        }
        else
        {
            return false;
        }
    }
```

12.7 开始游戏设计

开始游戏设计

12.7.1 模块概述

开始游戏模块包含了 3 种飞机随机出现、加载音乐设计、按键设计、生命值和得分设计、弹出游戏结束对话框以及重新开始游戏等功能。开始游戏主界面如图 12-19 所示。

图 12-19 开始游戏主界面

12.7.2 加载音乐

为了增加游戏的趣味性，游戏中添加了背景音乐和音效，游戏的背景音乐从进入游戏便开始播放。当玩家击中飞机时，会播放击中音效；被击中飞机消失，音效就会停止播放。实现这一功能可以使用 mciSendString 函数。

1. mciSendString 函数介绍

此函数用来播放 mp3 文件，在使用时需要在程序前加上#pragma comment (lib,"winmm.lib")。

mciSendString 函数的一般形式如下：

```
MCIERROR mciSendString(
    LPCTSTR lpszCommand,            //MCI命令字符串
    LPTSTR lpszReturnString,        //存放反馈信息的缓冲区
    UINT cchReturn,                 //缓冲区的长度
    HANDLE hwndCallback             //回调窗口的句柄，一般为NULL
);
```

平时只需要用到第一个参数，将另外三个参数置为 NULL、0、NULL 即可。

第一个参数是多媒体命令字符串，不区分大小写。以操作 back.mp3 音乐文件为例，第一个参数的值可以为以下四种。

（1）open back.mp3：打开音乐文件。可以使用 alias 指定别名，这样在后面的代码中就可以方便地通过别名访问该音乐了。当然，并不是必须指定别名，每次通过文件名访问也是可以的。

open 后面的 back.mp3 用绝对路径或相对路径都可以，最好是将 mp3 文件放到源文件的文件夹中，这样可以省略路径。

（2）play back.mp3：开始播放音乐。如果需要重复播放音乐，可以在音乐文件名后面加上 repeat。

（3）stop back.mp3：停止播放音乐。

（4）close back.mp3：关闭音乐文件。

如果需要同时播放多个音乐，请为不同的音乐指定不同的别名，然后分别操作即可。

另外还有一个 PlaySound 函数也可以用来播放声音，不过不支持 MP3/WMA 格式，这里就不多做介绍了。

如果文件名中有空格，则需要用双引号将文件名括起来，并且要注意文件路径中“\”和双引号的转义，例如：

```
mciSendString("open \"E:\\My Music\\觅香 栗先达.mp3\" alias mymusic", NULL, 0, NULL);
```

2. 播放背景音乐

在本项目中，默认播放背景音乐，在开始游戏函数中，播放背景音乐的代码如下：

```
mciSendString("play bj.mp3 repeat", NULL, 0, NULL);//播放背景音乐
```

3. 播放击中音效

在本项目中，当防空导弹与飞机发生碰撞时，就会播放音效，被击中飞机消失，停止播放音效。实现这个功能，需要在开始游戏函数遍历防空导弹图像中添加如下代码：

```
//判断玩家发射的防空导弹是否打中飞机，如果打中
    if (collision(it1->x, it1->y, 5, 7, it2->x, it2->y, threeplane[it2->type].width,
threeplane[it2->type].height))
    {
        mciSendString("play ss.mp3", NULL, 0, NULL); //播放音效
        it1 = miss.erase(it1);
        it2 = plane.erase(it2);
        yon = true;
        score += 1;

    }
    else                                              //否则
    {
        mciSendString("close ss.mp3", NULL, 0, NULL); //关闭音效
        ++it1;
    }
```

在挑选音效时，需要选择时长 1~2s 的，不然有拖沓的感觉。

12.7.3 显示每帧图片

本游戏使用 3 种飞机类型，这 3 种飞机随机出现，炸弹也是随机出现，游戏需要显示防空车、炸弹、防空导弹以及 3 种飞机的每帧图片，实现这一功能的具体代码如下：

```
int startGame()
{
    mciSendString("play bj.mp3 repeat", NULL, 0, NULL);     //播放背景音乐
    srand((unsigned)time(NULL));                            //设置随机数种子
    loadpicture();                                          //加载图片
    initgraph(500, 400);                                    //初始化背景
    vector<PLAYERMISSIBLE>::iterator it1;                   //创建防空导弹迭代器
    vector<PLANE>::iterator it2;                            //创建飞机迭代器
    vector<BOMB>::iterator it3;                             //创建炸弹迭代器

gamestart:                                                  //开始游戏标识符
    bool yon = false;
    while (true)
    {
        if (strength < 1)                                   //生命值小于1，退出程序
        {
            break;
        }
        if (plane.size() < 3)
        {
            createplane();                                  //创建飞机
        }
        for (it1 = miss.begin(); it1 != miss.end();)            //发射防空导弹
        {
            it1->y -= 15;
            if (it1->y < 0)
            {
                it1 = miss.erase(it1);
            }
            else
            {
                ++it1;
            }
        }
        for (it2 = plane.begin(); it2 != plane.end();)     //显示飞机
        {
            it2->x -= threeplane[it2->type].speed;
            if (it2->x + threeplane[it2->type].width < 0)
            {
                it2 = plane.erase(it2);
            }
            else
            {
                if (it2->reload == 0)
                {
                    it2->reload = 10;
```

```
                    createbomb(*it2);
                }
                else
                {
                    it2->reload -= 1;
                }
                ++it2;
            }
        }
        for (it2 = plane.begin(); it2 != plane.end();)          //遍历飞机每帧图像
        {
            for (it1 = miss.begin(); it1 != miss.end();)        //遍历防空导弹每帧图像
            {
                //判断玩家发射的防空导弹是否打中飞机，如果打中
                if (collision(it1->x, it1->y, 5, 7, it2->x, it2->y, threeplane[it2->type].
width, threeplane[it2->type].height))
                {
                    mciSendString("play ss.mp3", NULL, 0, NULL);   //播放音效
                    it1 = miss.erase(it1);
                    it2 = plane.erase(it2);
                    yon = true;
                    score += 1;

                }
                else                                                //否则
                {
                    mciSendString("close ss.mp3", NULL, 0, NULL);  //关闭音效
                    ++it1;
                }

            }
            if (yon == false)
            {
                it2++;
            }
            else
            {
                yon = false;
            }

        }

        for (it3 = bomb.begin(); it3 != bomb.end();)            //遍历随机显示炸弹每帧图像
        {
            it3->y += 5;
            if (it3->y > 400)
            {
                it3 = bomb.erase(it3);
            }
            else
            {
```

```
                ++it3;
            }
        }
        for (it3 = bomb.begin(); it3 != bomb.end();)                    //遍历炸弹每帧图像
        {
            if (collision(it3->x, it3->y, 5, 7, playerx, playery, 58, 49))//判断是否发生炸弹碰撞
            {
                it3 = bomb.erase(it3);
                strength -= 1;
            }
            else
            {
                ++it3;
            }
        }
    }
    return 0;
}
```

12.7.4 按键设计

本游戏需要通过按键控制，键盘的向左、向右键控制防空车的左右移动，键盘的空格键控制防空车发射防空导弹。实现此功能需要在开始游戏函数中加入以下代码：

本节代码加在 12.7.3 节的显示每帧图片代码倒数第二个“}”之前。

```
if (KEY_DOWN(VK_LEFT) && playerx >= 10)                 //判断按键向左
{
        playerx -= 10;                                  //防空车坐标x减10
}
if (KEY_DOWN(VK_RIGHT) && playerx <= 384)               //判断按键向右
{
        playerx += 10;                                  //防空车坐标x加10
}
if (KEY_DOWN(VK_SPACE) && firereload == 0)              //判断按空格键
{
        createmissibles();                              //创建防空导弹
        firereload = 5;

}
if (firereload >= 1)                                    //如果有时间
{
        firereload -= 1;                                //继续执行减1
}
        drawing();                                      //绘图
        sleep(33);
```

12.7.5 生命值和得分设计

防空导弹与飞机发生碰撞，玩家就会得 1 分，炸弹与玩家发生碰撞，防空车生命值就会减 1，程序设定的

生命值初始值是 50。在游戏主窗体中，显示生命值和得分情况如图 12-20 所示。

生命值：28 得分：2

图 12-20　显示生命值和得分情况

生命值和得分的背景是黄色的，文字是红色黑体字，字体高度是 20，实现这个功能，需要在绘图设计 drawing 函数中添加如下代码：

本节代码加在绘图设计 drawing 函数中的 putimage 这行代码之前。

```
setbkcolor(YELLOW);                              //字体背景设置透明
settextstyle(20, 0, _T("黑体"));                 //字体样式，高度20，黑体
settextcolor(RGB(255, 51, 68));
sprintf_s(info, "生命值：%d 得分：%d", strength, score);
outtextxy(150, 0, info);                         // 显示游戏数据
SetWorkingImage();                               //设置绘图目标为绘图窗口
```

12.7.6　游戏结束界面

当防空车的生命值为 0 时，游戏结束，同时会弹出游戏结束对话框，如图 12-21 所示。

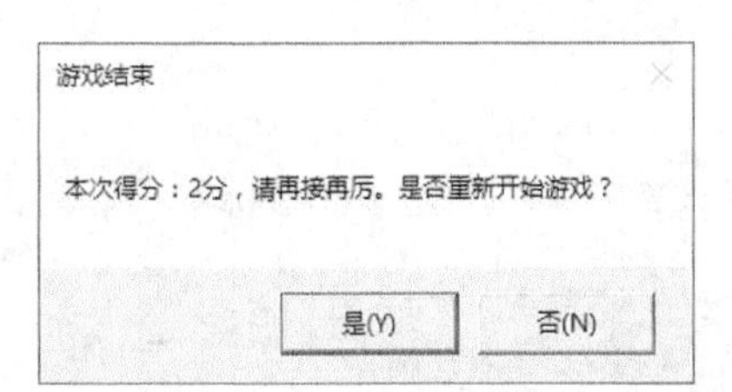

图 12-21　游戏结束对话框

实现此功能，需要在 startGame 函数的按键设计代码之后加如下代码：

```
char result[100];//显示结果
sprintf_s(result, "本次得分：%d分，请再接再厉。是否重新开始游戏？", score);//输出提示窗口
```

12.7.7　重新开始游戏

游戏结束对话框中有 2 个按钮，一个“是”，一个“否”，当玩家单击按钮“是”时，就会重新开始游戏，当玩家单击“否”时，就会退出游戏。实现此功能，需要在 startGame 函数的游戏结束代码后加如下代码：

```
//判断是否重新开始游戏
if (MessageBox(GetHWnd(), result, "游戏结束", MB_YESNO) == IDYES)
    {
        //清屏 重新开始游戏
        playerx = 0;
        playery = 333;
        strength = 50;
        score = 0;
        firereload = 5;
        miss.clear();
        plane.clear();
```

```
        bomb.clear();
        goto gamestart;                                    //回到gamestart重新开始游戏
    }
```

12.8 为游戏应用添加图标

为游戏应用
添加图标

12.8.1 添加图标概述

本项目为应用程序添加了图标，该图标可以显示在游戏界面的标题栏中，也可以显示在系统的任务栏中，如图 12-22 所示。

图 12-22 游戏图标

12.8.2 实现步骤

通过下面的步骤可以在 Visual Studio 2017 中为应用程序添加图标。

（1）在项目名称上单击右键，然后依次单击“添加”→“资源”选项，打开添加资源对话框，如图 12-23 所示。

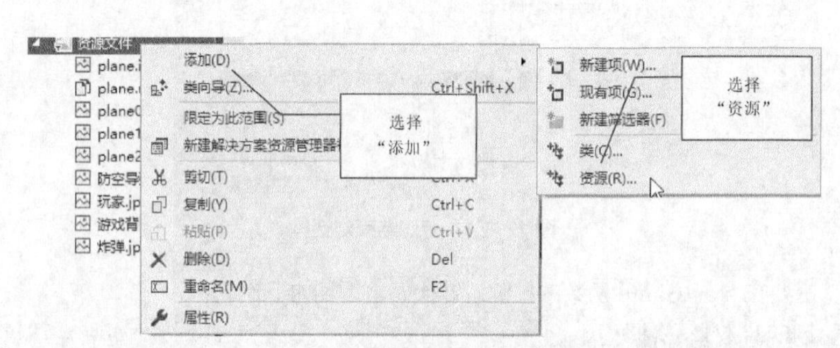

图 12-23 打开添加资源对话框

（2）因为图标资源的文件类型是 Icon，所以在添加资源界面中，选择的资源类型是 Icon，然后单击“导入”按钮，打开导入对话框，如图 12-24 所示。

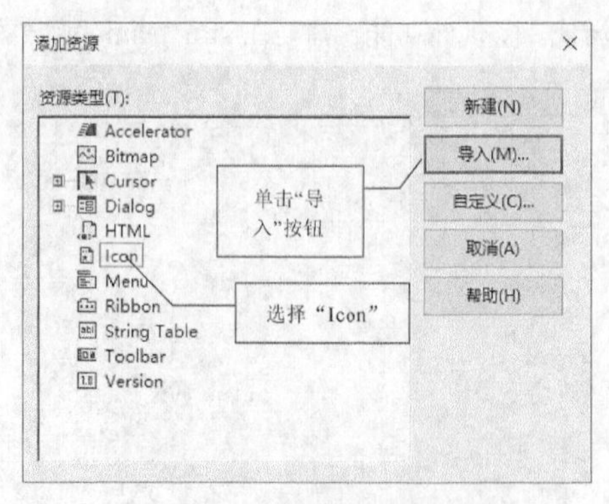

图 12-24 选择导入资源类型

（3）找到 Icon 文件，单击“打开”按钮，如图 12-25 所示。

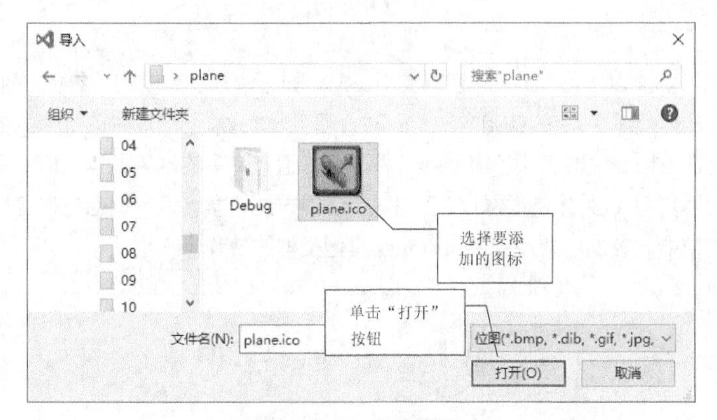

图 12-25　打开资源

（4）如果想对图标进行进一步的设计，可以在图 12-26 所示的窗口中完成。

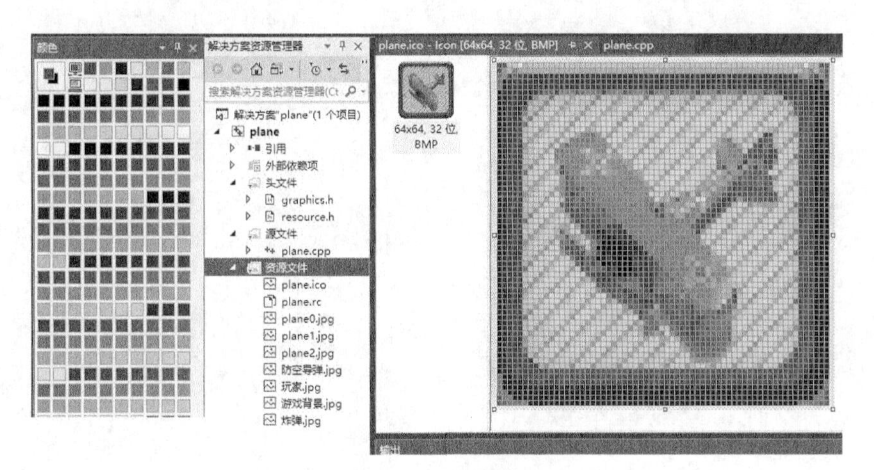

图 12-26　设计图标

（5）运行项目，发现图标已经添加成功，如图 12-27 所示。

图 12-27　图标添加成功

小 结

本游戏是利用 Visual Studio 2017 以及 EasyX 图形库开发完成的。本章分别介绍了 Visual Studio 2017 和 EasyX 图形库的使用方法，同时介绍了 EasyX 图形库中的几个函数，希望读者能够熟练使用 Visual Studio 2017 以及 EasyX 图形库。通过本章的学习，读者应熟悉图片的导入以及如何加载图片，掌握用 C 语言播放 MP3 格式音乐的方法，学会设计键盘的按键控制，也希望读者知道 C 语言不仅能做控制台游戏，还可以做出其他类型的游戏。